아이를 망치는 부모

옮긴이 · **이혜상**

연세대학교 영문과, 서울외대 통역대학원 한영과 졸업. 건설교통부, 푸르덴셜 생명 보험 상근 통번역사로 근무한 후, 현재 한영 프리랜서 국제회의 통역사 · 전문 번역가로 활동하고 있다.

유엔 글로벌 컴팩트 심포지움, 글로벌 인재포럼, 신춘 파이낸셜 심포지움 등 각종 국제회의에서 다수의 동시통역과 순차통역을 진행했으며, 삼성전자, 한국능률협회 교육자료, 하버드 비즈니스 리뷰 등 다수의 관련 번역을 담당했다. 현재 하나금융 경영연구소 전속 번역사로 활동하고 있다.

THE ICONNECTED PARENT:

Staying Close to Your Kids in College (and Beyond) While Letting Them Grow Up By Barbara K. Hofer and Abigail Sullivan Moore

아이를 망치는 부모

바바라 호퍼, 애비게일 설리반 무어 공저 | 이혜상 옮김

팩컴북스

사랑하는 아이들 셀렌과 자크, 잭과 카를로스,
그리고 돌아가신 부모님의 영전에 이 책을 바칩니다.

동서고금을 막론하고 부모들은 항상 아이들에게 최고를 주고 싶어 합니다. 많은 부모는 자식이 학교와 사회에서 성공할 수 있도록 도와주고, 대학에 합격할 수 있도록 지원하는 것이 곧 자녀를 도와주는 길이라고 생각합니다.

휴대폰과 노트북 컴퓨터 등의 등장으로 우리는 어느 때보다 서로 손쉽고 빠르게 아이와 연락할 수 있습니다. 부모는 유아기뿐만 아니라 자식이 대학으로 떠난 후에도 그들의 교육적, 사회적, 감정적 삶에 직접 참여하고 있습니다. 이런 기술력에 기반을 둔 참여는 전대미문의 현상이며, 동시에 《아이를 망치는 부모》가 집필되기 전까지는 전혀 볼 수 없었던 일이었습니다.

이 책에서는 부모와 자식 간의 새로운 소통 방식이 어떤 영향을 미치는지 자세히 살펴보고 있습니다. 이러한 소통에 대한 분석이 동양이든, 서양이든 문화적 배경이 서로 다르더라도 모든 가족에게 유익이 되리라 생각합니다. 우리는 부모와 자식이 자주 연락하면서도 아이들을 성인으로 이행하는 것을 방해하지 않고 병행하도록 균형점을 찾아주고 있습니다. 이러한 관계를 통해 더욱 건강한 가족 관계를 만들 수 있을 것입니다.

한국과 미국뿐만이 아니라 브라질, 일본, 이탈리아 등 여러 나라에서 자녀들이 이십 대 후반이 될 때까지 부모님과 함께 사는 유례없는 현상이 대규모로 발생하고 있습니다. 경제적 어려움이라는 영향도 있지만 부모가 자신들의 삶을 경영하는 것에 익숙해져 있고, 집이라는 편안한 안식처를 떠나기 힘들어 하는 것이 아닌가 생각합니다.

《아이를 망치는 부모》는 자녀가 스스로 삶을 꾸릴 수 있도록 어떻게 키워야 하는지 부모들에게 구체적인 방법을 제시하고 있습니다. 자식과 부모 사이에 건강하고 행복한 관계를 유지하는 데 이 책이 큰 도움이 되기를 바랍니다.

Barbara K. Hofer, Ph.D.
Abigail Sullivan Moore

Contents

아이페어런팅이란?

대학 2학년인 미셸은 하루 세 번 부모와 통화한다. "마음이 편해져서 좋아요. 저녁에 한 번, 낮에 한 번, 그리고 자기 전에 통화해요. 부모님과 별의별 얘기를 다 하죠." 룸메이트와 점심을 먹으며 미셸은 말했다. 요즘 유행하는 옷을 입은 미셸은 주변의 다른 학생들과 다를 게 없어 보였다. 부모와 자주 통화한다는 사실을 부끄러워하거나 숨기지 않았다. 룸메이트도 미셸의 이야기에 전혀 놀라지 않는 눈치였다. 그녀의 완벽하게 손질된 눈썹은 아무런 미동도 없었다. 본인도 가족들과 매일 연락하고 지내기 때문이다. 패스트푸드 음식을 앞에 놓고도 두 친구는 휴대전화를 확인하느라 바빴다.

"늘 문자를 하느라 바빠요. 친구나 부모님에게 문자를 보내면 바로 답장이 와요." 이렇게 말하는 룸메이트도 가족들과 자주 연락하는 것을 부끄러워하지 않았다. 도대체 무슨 할 말이 그렇게 많은 걸까? "그냥 사소한 학교 성적이나 일상적인 얘기에요. 어쩔 땐 심각한 대화를 피하려고 부모님이 말을 꺼내기 전에 미리 문자를 보내기도 해요."

미셸은 강의실로 이동하면서 부모에게 문자를 보낸다고 말했다. 미셸뿐만이 아니다. 어느 대학이든 강의가 끝나는 시간에 학생들이 건물에서 쏟아져나오는 모습을 자세히 살펴보라. 마치 큐 사인이 떨어진 것처럼, 학생들은 하나같이 휴대전화를 꺼내든다. 미네소타대학에 다니는 버크는 자신의 휴대전화를 친구들에게 건네기도 한다. 누구와 통화하는 걸까? 그린베이에 계시는 버크의 부모이고, 대부분은 어머니이다. 친구들이 버크 어머니와 통화를 하기도 한다. "강의실 가는 길에 부모님이랑 통화하는 것을 좋아해요. 이제는 거의 습관이 된 걸요. 친구들도 저희 부모님을 좋아하죠. 아주 사적인 얘기가 아니라면 중간에 같이 통화할 때도 있어요."

버크가 고등학교에 다닐 당시, 어머니는 아들의 미식축구 경기 때마다 헬멧 밑에 작은 응원 쪽지를 놓아두곤 했다. 쪽지 내용이 꽤나 감동적이었기 때문에 친구들이 자기한테도 쪽지를 놓아달라고 할 정도였다. 버크의 어머니는 직장에도 다녔고 세 자녀가 있었지만 기꺼이 해주었다고 한다. 이제 버크 어머니는 쪽지보다 한 단계 업그레이드된 휴대전화로 아들을 응원한다. 아들과 속마음을 터놓는 것도 즐겁고, 그렇게 하는 것이 자신의 기쁨이라고 말한다. "강의실로 이동하면서 통화할 때 가장 솔직한 대화가 오고 가는 것 같아요. 통화 내용에만 집중하기 때문이죠. 뒤에서 친구들이 닌텐도나 다른 게임을 하면서 시끄럽게 굴지도 않고 주변에 신경 쓰이는 게 아무것도 없을 때 가장 마음을 잘 연답니다.”

이들 말고도 미국의 많은 학생들이 매일같이 부모와 통화한다. 얼마 전에 헤어진 남자친구 이야기, 오늘의 점심 메뉴, 심지어 내일까지 제출해야 하는 기말고사 리포트를 이메일로 보낼 테니 수정해달라는 부탁까지 한다. 사랑이 듬뿍 담긴 작별 인사를 마지막으로 전화를 끊지만 부모와의 밀착 관계는 이것으로 끝이 아니다.

이것이 바로 ‘아이페어런팅 iConnected Parenting’ 이다. 불과 몇 년 전, 우리가 익히 알던 대학생과 부모의 모습과는 천지차이다. ‘아이페어런팅’ 이란 성인기에 접어드는 자녀들의 삶에 부모가 깊숙이 개입하는 새로운 양육 문화를 말한다. 그들은 언제 어디서나 연락이 가능한 통신기술을 활용해 밀착 관계를 유지한다. 이러한 문화를 가장 잘 관찰할 수 있는 곳은 아마도 부모와 자녀가 떨어져 생활하는 대학 캠퍼스일 것이다. 이와 같은 새로운 밀착형 양육 문화는 대학생 자녀와 부모의 관계를 크게 바꾸어놓았다. 그리고 여기에는 분명히 장점과 단점이 존재한다.

불과 얼마 전까지만 해도 대학에 진학한다는 것은 자녀가 청소년에서 어른으로 성장하는 중요한 자립의 시간을 의미했다. 사사건건 성격이 맞지 않는 룸메이트, 까다로운 교수와 부딪치면서 자녀들은 힘겨운 대학생활을 어떻게든 헤쳐나갔다. 기말고사 때문에 밤을 새면서도 어떻게든 학과 일정을 잘 마쳤고, 세탁하는 법, 수강신청하는 법도 스스로 익혔다.

첫 데이트 경험담이나 한바탕 놀았던 일을 친구들과 얘기하면서 때로는 즐겁고, 때로는 힘든 대학생활을 잘 버텼다. 그러면서 자립하는 법을 알게 되고 언제, 어떻게 타인에게 도움을 요청해야 하는지 터득했고, 부모와 상의하지 않고 스스로 결정하는 법도 배웠다. 모든 것이 성장의 한 과정이었다.

일주일에 한 번씩 부모에게 안부전화를 할 때면 대부분의 문제는 해결된 상태였다. 학점이 마음에 들지 않거나, 코치가 자신을 선발하지 않아 속상했던 일, 충동적인 하룻밤 잠자리 때문에 찜찜했던 기분은 이미 사라진 뒤였다.

대부분 그랬다. 부모는 난생처음 독립의 자유를 만끽했던 자신들의 대학 시절을 떠올리며 자녀들도 마찬가지일 거라 생각했다. 대학 입학은 어른이 되는 과정이었고 정든 집과 가족들로부터 떨어져 성인기로 이행하는 중요한 전환점이었다. 자녀에게 유난히 간섭하는 부모조차도 이러한 규칙을 따랐다. 사실 그다지 어려운 일이 아니었다. 집 근처 대학에 다니지 않는 한 사사건건 간섭하기가 물리적으로 불가능했기 때문이다.

자녀의 대학 진학은 부모에게는 큰 변화이며 가족들에게도 새로운 장을 여는 사건이었다. 대학생이 된 자녀는 청소년이 아닌 성인으로 대접해야 했다. 그리고 돌볼 자녀가 하나 줄면서 양육 부담도 줄게 된 부모는 자신의 삶에 더욱 집중할 수 있었다.

이제는 상황이 완전히 달라졌다. 통신기술의 발달과 자녀 중심의 생활이 이러한 문화를 더욱 빠르게 변화시키고 있다. 휴대전화와 인터넷 덕분에 부모와 자녀는 대학생활뿐만 아니라 그 이후에도 계속해서 밀접한 관계를 유지한다. 부모는 이러한 밀착 관계가 좋은지 나쁜지 확신하지 못하지만 자녀와 가깝게 지내는 것을 좋아하고 그러한 관계를 자랑스럽게 여긴다. 자녀가 대학에 가기 전까지 이미 많은 신경을 써왔기에 갑자기 멈추기도 쉽지 않다. 휴대전화와 컴퓨터가 집과 캠퍼스를 언제든지 연결해주기 때문이다.

이러한 부모가 바로 '아이페어런츠[iParents]' 이다. 이들은 새로운 양육 문화의 본보기이다. 그들은 자녀에게 헌신적인 부모이자 멘토, 친구 역할까지 맡고 있다. 그리고 스마트폰, 페이스북, 컴퓨터를 다루는 데에도 전혀 어려움이 없다.

언론에서는 그동안 이러한 현상을 여러 번 보도했다. 대학에서 신입생 부모를 대상으로 '독립적인 대학생' 관련 세미나를 개최한다든지, 부모가 자녀의 대학 근처에 주택을 구입한다든지, 여름방학 캠프 참가자를 위해 그들의 부모에게 매일 이메일과 사진을 보내준다는 기사들이 그렇다. 더군다나 대학을 졸업해도 직업과 배우자, 주거 문제를 스스로 결정하지 못하고 부모에게 의존하면서 성인기로 넘어가지 못하는 '초기 성인기' 자녀들이 늘어난다는 기사도 눈에 자주 띈다. 특히 큰 기대를 갖고 자녀의 삶에 과도하게 간섭하는 '헬리콥터 맘' 에 대한 기사는 크게 주목을 받았다. 하지만 헬리콥터 맘은 앞서 언급한 아이페어 런츠 중 극단적인 일부에 불과하다. 아직 알려지지 않은 부분이 많기에 우리는 이 책을 쓰게 되었다. 통신기술이 발전하면서 부모와 자녀의 관계, 대학생활, 사회생활에 커다란 변화가 일어나고 있음을 보여주기 위해서다.

아이페어런츠 중 상당수는 성인기로 접어든 자녀와 어느 정도 거리를 유지해야 하는지 궁금해하며 과연 무엇이 최선인지 혼란스러워한다. 이 책은 부모에게 가이드라인을 제시하고 아이페어런팅이라는 새로운 양육 방식의 장단점을 보여주고자 한다. 또한 도움이 아닌 간섭, 심지어 침해라고 느낄 정도의 부정적인 사례뿐만 아니라 다양한 긍정적인 사례도 다루고 있다. 이를 통해 부모와 자녀 사이의 적절한 밀착 수준은 어느 정도이고, 자녀와 관계를 형성할 때 무엇을 고려해야 하는지를 알려줄 것이다.

우리는 여러 사례를 보면서 부모와 자녀가 어느 정도 거리를 둬야 하는지 판단하기가 사실상 어렵다는 것을 알았다. 예를 들어, 스무 살 대학생을 둔 한 어머니는 동아리 환영식 때문에 이틀 동안 아들과 연락이 되지 않았던 적이 있었다. 그 이후 아들에게 매일 집에 전화하라고 요구했다. 아들은 술을 마셨을 뿐이라고 했지만 어머니는 마음이 놓이질 않았다. 지금도 그 규칙은 계속된다. 부모는 낯선 곳에서의 생활이 위험하지 않을까 걱정한다. "아들은 스무 살이나 돼서 매일 집에 전화하는 사람이 어딨느냐고 하지만 저는 그렇게 하지 않으면 도저히 견딜 수 없어요. 주변에서도 지나치다고 하지만 정말 지나친지 잘 모르겠어요.

우리는 사실 부모 역할에 대해 정식으로 교육받은 적이 없어요. 그래서 확신이 없습니다.”

쉽게 연락을 주고받는 시대는 말 그대로 하룻밤 사이에 이루어졌다. 그러나 휴대전화와 노트북에 ‘양육을 위한 활용 가이드’가 딸려오지는 않는다. 많은 부모는 대학생 자녀와 바람직한 밀착 관계를 유지하는 방법을 알고 싶어 한다. 대학뿐 아니라 그 이전과 그 이후에도 자녀와 어떻게 지내야 하는지 궁금해한다.

이 책은 최근 연구 결과와 심리학적 이론뿐 아니라 학생, 부모, 대학 운영진, 교수, 정신과 전문의 등, 실제 경험과 사례를 기반으로 올바른 방향을 제시할 것이다.

아이페어런팅이 생긴 문화적 배경

아이페어런팅은 지난 십 년간 대대적인 문화적 변화로 생겨난 현상이다. 끊임없이 발전하는 통신기술 덕분에 부모와 자녀는 ‘원하는 즉시’ 서로에게 연락할 수 있다. 많은 이들이 이러한 변화를 반긴다. 부모는 그들이 자랐던 시대보다 세상이 더 위험해졌다고 생각하기 때문에 걱정이 많다. 그리고 휴대전화가 자녀를 지켜줄 일종의 안전망이라고 생각한다. 실제로 늦은 밤 도서관에서 기숙사로 돌아가는 길에 부모와 통화하는 학생들이 많다. 멀리 떨어졌지만 부모가 마치 바로 옆에서 자신을 지켜주는 것처럼 느끼기 때문이다.

요즘 부모들은 양육과 부모 역할을 적극적으로 하고 있다. 예전보다 출산시기가 늦어지고 아이를 적게 낳으며, 아이들과 떨어져 직장에 다니는 부모가 많아졌다. 따라서 자녀와 함께하는 매 순간을 최대한 의미 있게 보내려는 욕구가 강하다. 그들의 부모 세대와 비교할 수 없을 정도로 자녀의 삶에 깊숙이 개입하려고 한다. 부모들이 학교에 다니던 때와 비교하면 많은 것이 달라졌다.

아이들의 과외 활동도 매우 다양해졌으며 부모가 개입하는 기회도 수도 없이 많아졌다. 아이를 학교에 보내려고 부모들이 돌아가면서 카풀을 하는데 갑작스런 일이 생길 수 있다. 가령, 아파서 카풀을 할 수 없으니 대신 애들을 축구장에 데려다 달라는 부탁 등으로 스케줄은 늘 바쁘다. 맞벌이 부모가 많아지면서 이러한 바쁜 스케줄은 그들의 업무 일정에도 영향을 주었다. 아이들을 데려다 주고 데려오는 반복되는 일상 속에서 전화, 문자, 이메일은 필수가 되었다.

한편, 입시 경쟁이 치열해지면서 자녀의 학업 성적과 과외 활동에 대한 부담도 커졌다. 이러한 요소들이 부모의 개입을 더욱 심화시키는 결과를 낳았다.

이로 인해 휴대전화와 컴퓨터는 부모에게 필수품이 되었다. 자녀의 학업 성적을 걱정하는 상당수 부모는 교사와 학교 운영진과 언제든지 연락하기를 바란다. 이러한 통신기술의 발달과 부모 세대와는 전혀 다른 문화적 변화를 생각하면 아이페어런팅의 등장은 어쩌면 불가피한 현상일지도 모른다.

아이페어런팅 시대의 아이들

통신기술을 활용해서 이러한 밀착 관계를 중요시하고 의존하는 것은 부모뿐만이 아니다. 많은 학생들이 부모의 개입을 기대하고 심지어 기꺼이 받아들인다. 아이페어런팅 시대에 부모는 절대 부끄러운 존재가 아니다. 사실 우리가 인터뷰했던 상당수 학생들은 부모를 그들의 '가장 친한 친구'라고 말했다.

십 년 전만 해도 상상할 수 없었던 일이다. 정신과 치료가 필요하다는 진단을 내렸을지도 모른다. 학생들은 부모에 대한 애정을 거리낌 없이 자유롭게 표현했다. 대학 기숙사 사감인 프랭키 마이너는 캠퍼스를 순찰하면서 어쩔 수 없이 내용을 엿듣곤 하는데, 학생들이 대부분 부모와 통화한다고 말했다. "'사랑해요.'라는 말만 들어도 누구와 대화하는지 바로 알 수 있죠."

십 년이란 세월과 그 사이 발전한 기술이 가져온 변화는 정말 놀랍다. 부모는 이제 첨단기술을 활용해 자녀를 양육하며 대부분의 자녀는 아무런 문제의식 없이 이를 받아들인다. 부모는 자녀를 대학에 보냈으니 이제 품에서 떠났다고 생각하면서도 물리적인 거리에 아랑곳하지 않고 여전히 각종 전자기기로 자녀에게 길을 알려준다. 자녀는 어떨까? 이들은 시도 때도 없이 부모에게 전화하면서 청소년기에서 성인기로 이행하지 못하고 중간 지점에 머물러 있다. 이것이 바로 아이페어런팅의 심각한 부작용이다.

어른이 되는 멀고도 험한 길

어른이 되는 과정은 점점 길어지고 있다. 원래 십 대 후반에서 이십 대 초반까지는 어른이 되기 전, 중요하지만 짧게 거치는 시기였다. 이제는 이것마저 바뀌고 있다. 새로 등장한 '중간 세대'는 이 단계에 더 오래 머무른다. 심리학자 제프리 아네트는 이를 '초기 성인기^{emerging adulthood}'라고 불렀다. 성인기로의 이행을 미루는 것이다. 대학 졸업도 늦어졌다. 대학생들의 평균 재학 기간은 4년이 아닌 5년에 가깝다. 졸업 후 부모와 함께 사는 자녀도 늘고 있고, 출산뿐 아니라 결혼도 미룬다. 이전보다 자립하기까지 시간이 오래 걸린다. 심리적으로 여전히 자아가 확립되지 못한 상태에서 스스로 세상을 헤쳐나가는 법을 배우느라 고전하는 경우가 많다.

이러한 변화는 경제 침체로 더욱 극심해졌다. 하지만 이미 그 전부터 시작된 현상이다. 장성한 자녀들이 완벽한 커리어를 찾아 헤매는 동안 집값, 자동차 보험료, 옷값, 휴대전화 비용을 계속해서 대주는 부모, 부모와 상의 없이 취직을 결정하거나 연봉 협상을 제대로 하지 못하는 젊은 사람이 많다. 또한 대학 졸업 후 집으로 돌아가 고등학생처럼 늦잠을 자고 쓰레기가 넘쳐나는 십 대같이 지저분한 방에 둘러싸여 생활하는 졸업생도 늘고 있다. 할리우드에서도 이러한 세태를 풍자한 영화가 여러 편 제작되었다. 부모 집에 얹혀사는 삼십 대 철부지와 이를 못마땅하게 여기는 부모의 이야기를 그린 〈달콤한 백수와 사랑 만들기^{Failure to Launch}〉, 한집에 사는 중년의 철부지 이복형제의 이야기를 다룬 〈스텝 브라더스^{Step Brothers}〉가 대표적이다. 이러한 현상은 자녀들의 성장 방식이 크게 변했음을 보여준다. 아이페어런팅은 이런 변화의 핵심이다.

아이페어런팅 시대의 대학생활

아이페어런팅 시대의 이와 같은 밀착 관계는 분명히 대학생활을 바꾸고 있다. 휴대전화와 노트북 덕분에 대학 교정뿐 아니라 강의실에서도 부모와 대화할 수 있다. 지겨운 강의, 매너 없는 룸메이트, 머리 깨지는 시험 등 부모는 자녀에게 생긴 새로운 소식을 즉시 접할 수 있다.

부모가 겪었던 대학 시절과 요즘 시대는 천지차이다. 애비게일은 신입생 시절, 룸메이트 때문에 힘든 적이 있었다. 하지만 부모의 도움 없이 본인이 할 수 있는 방법을 동원해 문제를 해결했다. 기숙사에 몇 개밖에 없는 1인실을 배정받으려고 밤새 줄을 서서 기다린 것이다. 부모는 애비게일이 새로운 방 번호를 알려줬을 때에야 비로소 그 사실을 알았다. 최선이었는지는 모르지만 열일곱 살의 애비게일은 스스로 문제를 해결한 것이다.

대학 시절 호퍼 박사는 중요한 문제를 결정할 때 부모에게 도움을 요청했다. 하지만 그녀의 부모는 의견을 제시했을 뿐 최종 결정은 스스로 내리도록 했다. 사소한 일은 일일이 의견을 구할 필요가 없었다. 대학 2학년 때 학교생활에 싫증이 났던 호퍼 박사는 학교를 자퇴하고 워싱턴에 있는 사회복지 프로그램에 지원해 인턴으로 일하거나, 다른 학교로 옮기고 싶다는 의사를 부모에게 밝혔다. 부모는 진지하게 듣고 몇 가지 질문만 했을 뿐 별다른 충고는 하지 않았다. 호퍼 박사는 곧 워싱턴으로 떠났다. 그리고 그곳에서 학문에 불을 붙이게 된 일생일대의 경험을 통해 다시 학교로 돌아왔다.

오늘날의 상황은 이와 다르다. 부모가 처음부터 개입해 적극적으로 조언을 제시한다. 대학에 등록할 때부터 이러한 현상이 두드러지게 나타난다. 온라인으로도 쉽게 등록할 수 있지만 대학이 의도적으로 전통적인 방식을 고수하는 이유가 있다. 예전에는 각 단과대학을 대표하는 교수들이 운동장에 모여 신입생들을 직접 맞이했고, 학생들은 어떤 과목을 수강할지 그 자리에서 교수들에게 직접 질문하고 조언을 얻었다.

하지만 오늘날에는 이런 광경을 볼 수 없고, 신입생들은 휴대전화를 꺼낸다. "유기화학을 못 듣게 되면 생물학을 들을까요?" 아이들의 징징대는 소리가 학교 운동장에서부터 전 세계 부모들에게 퍼져나간다. 이제 막 학교 주차장을 벗어난 부모도 물론이다.

신입생들은 이미 전날 학과 지도교수를 만나 수강신청에 대해 상담을 받았기 때문에 충분히 도움을 받을 수 있다. 하지만 아이페어런팅 시대에는 이마저도 변하고 있다. 부모와 자녀가 이미 밀착되었고 언제든지 연락할 수 있기 때문에 더욱 긴밀해졌다.

대학생 자녀를 둔 부모는 '자녀를 독립적으로 양육하는 방법'을 배워야 한다는 이야기를 많이 듣는다. 레이건 대통령 시절, '그냥 싫다고 말해요^{Just Say No}' 라는 청소년마약반대 캠페인 슬로건이 있었다. 그러나 슬로건만으로 의미 있는 사회적 변화를 이끌기 어렵다는 것을 알았다.

많은 부모가 자녀를 대학에 보내려고 수년간 헌신한다. 자녀의 학업을 관리하고 이력을 한 줄이라도 더 추가하려고 수많은 과외 활동에 자녀를 끌고 다닌다. 하지만 대학 진학이라는 목표가 달성되면 어느 정도까지 자녀에게 개입해야 하는지 혼란스러워한다. 휴대전화와 컴퓨터를 통해 즉시 연락을 주고받게 되면서 혼란은 더욱 가중되었다. "언제 어디서든 즉시 연락할 수 있는데 어떻게 손을 떼라는 건가요? 내 아이와 대화하고 싶고, 아이도 나와 대화하는 걸 좋아하고, 남들도 그렇게 하는데 무엇이 문제인가요?" 부모들은 이렇게 반문한다.

자녀의 대학생활에 부모의 개입이 점점 더 심해지고 있다. 단순한 양육 가이드가 해결책이 되지 못한다. 부모도 이 사실을 본능적으로 알고 있다. 버크의 형을 대학에 내려주고 집으로 돌아오면서 어머니는 자신의 심정을 이렇게 말했다. "나는 폐인이었어요. 《Letting Go^{놓아주기}》라는 책까지 읽었지만 도움이 되지 않았죠. 집으로 돌아오는 내내 울었답니다." 어머니는 버크를 포함해 나머지 두 명의 자녀를 모두 대학에 보냈다. "이미 겪었다고 해서 더 쉬운 것은 아니었어요. 하지만 지금은 아이들과 정말 가깝게 연락하며 지내요. 집에 없지만 별 차이를 느끼지 못할 정도로요."

자녀들도 이 같은 모순적인 현실을 잘 알고 있다. 한 대학생은 신입생 오리엔테이션에서 비슷한 상황을 경험했다. "커다란 아치 아래에서 신입생들이 부모와 작별 인사를 나누는 상징적인 행사가 있었어요. 그때 엄마가 우셨어요. 정말 서럽게 울면서 작별 인사를 했는데, 그날 밤 바로 엄마한테 전화가 왔죠. 다른 아이들도 모두 그렇게 의미심장하게 작별 인사를 나누고 대부분 밤에 다시 통화했어요."

아이페어런팅의 단점이자 가장 큰 장점은 부모와 자녀 사이의 친밀감이다. 자녀가 정서적, 심리적으로 건전하고 독립적인 인격체로 성장하려면 부모가 자녀와 긴밀한 관계를 유지하면서 동시에 자녀 스스로 성장하도록 여지를 남겨야 한다. 집을 떠나 생활하는 대학생의 경우, 부모는 계속 연락을 하면서도 그들이 성장할 수 있도록 놓아주어야 한다. 자녀의 삶에 개입하고 싶은 욕구와 스물네 시간 내내 언제든지 연락할 수 있는 여건을 고려한다면 적절한 거리를 유지하는 일이 무척 어려울지도 모른다. 하지만 우리는 부모가 이러한 어려움을 극복하도록 돕고 있다.

그동안 연구와 조사를 통해 우리는 아이페어런팅이 학업적, 사회적, 직업적 측면에서 자녀에게 상당히 영향을 미친다는 것을 발견했다. 자녀의 대학생활, 그 이후의 삶, 심지어 자아에 대한 인식, 부모에 대한 인식, 그리고 타인의 눈에 비치는 그들의 모습까지도 영향을 끼친다. 결국 아이페어런팅은 자녀가 성인기로 이행하는 시간을 무기한 지연시키고 있다.

이러한 상황을 그대로 둘 수는 없다. 친밀한 관계를 적절히 유지하면서 자녀가 대학생활을 최대한 만끽하고, 독립적인 성인으로 성장하며, 자신과 부모에 대해 긍정적인 마인드를 가지게 할 방법이 분명히 존재한다. 그 방법을 알려주는 것이 바로 이 책의 목적이다.

놀랍고
충격적인 변화

"정말 어려웠어요." 지도교수에게 학사 논문을 제출하면서 애니는 말했다. 애니에게 어려운 일이 있다는 것은 상상하기 어렵다. 그녀는 대학체육협회지정 우수대학에서 선수로 뛰고 있으며 힘든 해외 유학을 마치고 얼마 전 귀국했다. 애니는 논문이 어려웠던 이유를 이렇게 설명한다. "어떤 주제에 대해 내가 아버지보다 더 많은 지식을 갖게 된 것은 대학 진학 후 처음이었죠."

대학 졸업반 애니는 아버지의 도움 없이 처음으로 논문을 썼던 것이다. 애니는 마침내 자신의 한계를 뛰어넘어 스스로 과제를 처리했다는 사실을 자랑스럽게 여기는 듯했다.

전국의 대학에서 이와 비슷한 현상이 나타나고 있다. 애니뿐만 아니라 많은 학생들이 이메일, 휴대전화, 스마트폰, 컴퓨터, 인터넷 전화 등 온갖 첨단기술을 동원해 크고 작은 문제를 부모와 상의하고 도움을 받는다는 사실을 확인했다. 그 빈도수도 매우 높다. 대학생 자녀를 둔 부모라면 자주 이메일을 보내고 통화하는 것이 과연 바람직한지 고민될 것이다. 대학생은 고등학생보다 더 독립적인 인격체로 성장해야 한다. 휴대전화가 필수품이 되기 전에는 대학생에게 훨씬 엄격한 자립성이 요구되었다.

필수품이 된 휴대전화

미들베리대학은 학생들이 대학 진학 후 부모와의 의사소통이 어떻게 바뀌었는지 알기 위해 간단한 연구를 실시했다. 우선 대상이 되는 그룹 인터뷰와 온라인 조사에서 기본적인 사항을 물었다. 먼저, 대학 입시를 준비하는 학생들에게 '대학 진학 후 예상되는 부모와의 대화 시간' 에 대해 물었다. 한 학기가 지난 후 동일한 학생들을 대상으로 '진학 후 부모와 실제로 대화하는 시간' 에 대해 다시 물었다.

　　대학에 진학하기 전 학생들은 일주일에 평균 한 번 휴대전화, 이메일 등 정도 부모와 대화할 것이라고 예상했다. 이는 상당수의 중년들, 즉 부모가 과거 대학 시절을 떠올리며 응답했던 수치와 일치했다. 학생들 대부분은 부모와 얼마나 자주 연락을 주고받을지 서로 상의한 적이 없다고 말했다. 따라서 이 수치는 학생들의 추측에 불과했다. 부모도 자신들의 생각과 비슷할 거라고 짐작한 것이다.

인터뷰 결과, 학생들은 부모와 연락이 다소 줄어들기를 원했다. 그들은 집을 떠나 스스로 결정하며 부모에게 사사건건 알리지 않아도 되는 생활에 큰 기대를 갖고 있었다. 어떤 학생은 자랑스럽게 말했다. "부모님이 언제나 나를 도와주거나 통제할 수 없다는 것을 보여주고 싶어요. 스스로 자립할 수 있는 기반을 만들 거예요."

이러한 대답은 우리가 앞서 언급한 가설과 일치한다. 즉, 학생들은 대학이라는 공간을 부모가 부재하는 곳, 성장의 중요한 단계로 인식하며 큰 설렘과 기대를 갖고 있었다. 그들은 대학 캠퍼스에 발을 내딛는 순간, 이러한 변화가 쉽게 이루어진다고 믿었다. 그렇기 때문에 일주일에 한 번 정도 통화할 것이라는 그들의 예상은 적절하다고 생각했다.

하지만 학생들의 예측과는 정반대의 결과가 나왔다. 첫 학기가 지나고 동일한 학생들을 대상으로 2차 조사를 실시한 결과, 일주일에 평균 10.4회나 연락한 것으로 나타난 것이다. 또 다른 놀라운 사실은, 팀원으로 일했던 미들베리대학생들의 반응이었다. 그들은 응답자인 학생들과 몇 년밖에 차이가 나지 않았지만 지금의 대학생들이 자신들의 대학 시절과 상당히 다르다는 사실에 매우 놀라워했다. 이번 연구로 학사 논문을 쓴 엘레나 케네디의 경우, 미들베리대학에 처음 입학했을 때만 해도 휴대전화가 없는 학생도 있었으며, 있다고 해도 크게 신경 쓰지 않았다고 말했다. 다른 학생들도 마찬가지였다.

엘레나는 이렇게 회상했다. "그때는 휴대전화를 항상 가지고 다니지 않았어요." 엘레나가 4학년이 되었을 때 신입생들이 휴대전화를 필수품으로 여기며 사방에서 통화하는 모습을 보고 무척 놀랐다고 말했다.

매우 파격적인 변화였고 선배들에게는 다소 짜증 나는 광경이었다. 무엇보다도 엘레나가 입학했던 2002년에는 휴대전화를 사용하는 부모가 거의 없었다. 휴대전화 열풍이 대학가를 휩쓸고 부모에게까지 퍼지기 시작하면서 대학생과 부모 간의 의사소통에도 혁명이 일어났다.

이러한 혁명은 대대적인 변화를 가져왔다. 우리는 새로운 세대가 이러한 변화에 얼마나 잘 적응하는지 알아보았다. 무엇보다 자유와 독립을 기대했던 학생들이 대학 진학 후에도 여전히 부모와 매일 연락하는 것을 답답해하지는 않을까? 우리는 그럴 것이라 예측했지만 결과는 그 반대였다. 대부분의 학생들은 전혀 불편해하지 않았다. 자신들의 예상과 크게 달랐지만 개의치 않았다. 다소 충격적이고 놀라운 결과였다.

대학 진학 후에도 계속되는 부모의 개입

근본적인 질문은 아직 그대로 남아 있다. 부모와 자주 연락하는 것이 과연 학생들에게 도움이 될까? 대학 진학 전, 그리고 첫 학기가 끝난 후 동일한 학생들을 대상으로 조사한 결과, 우려할 만한 내용이 발견되었다. 고등학교 시절 자녀의 시험 준비, 방 청소, 숙제 등을 일일이 챙겼던 부모는 자녀가 대학에 진학한 후에도 마찬가지로 깊이 관여했다. 휴대전화와 이메일이 이러한 상황을 더욱 부추겼다. 자녀가 집을 떠나면 당연히 전화가 줄어든다고 예상했지만 첫 학기가 지난 후까지도 계속되었다.

학생들의 응답에 따르면 부모들은 아주 새로운 방식으로 자녀의 삶에 개입하고 있었다. 한 남학생은 어머니가 강의계획서 네 장을 모두 복사해 가지고 있으며 주기적으로 전화해서 "유럽의 역사 리포트가 금요일 마감인데, 시작했니?"라고 제출 기한을 확인한다고 고백했다. 대상 그룹의 신입생 중에서 이러한 사실을 이상하게 여기는 학생이 아무도 없었다.

조사를 실시한 우리들은 부모의 과도한 간섭을 아무렇지 않게 이야기하는 학생이 걱정됐지만, 그 앞에서 티를 내지 않느라고 힘들었다. 대학생이라면 스스로 학업을 관리하고 독립을 주장해야 하는 시기이기 때문이다. 놀라운 것은, 나머지 학생들도 자신의 어머니의 행동을 너무나 자연스럽게 생각한다는 사실이었다. 연구팀원 중 4학년에 재학 중이던 학생들조차 그러한 신세대 사고방식에 당황했고 학생들이 부모에게 크게 의존하는 모습을 보고 몹시 놀라워했다.

학생들의 이러한 행동은 휴대전화, 정액 요금제, 적극적인 양육 문화가 등장하기 전에는 거의 찾아볼 수 없었다. 우리는 새로운 '전자 족쇄'가 학생들의 심리에 끼치는 영향에 대해 전문가로서 크게 우려했고, 우려는 더욱 커졌다. '사커 맘', '헬리콥터 맘'에 대한 다양한 사례들이 소개되면서 언론은 우리의 연구를 주목하기 시작했다.

〈뉴스위크〉지는 2006년도에 미들베리대학생들에 대한 연구 결과를 가지고 '자녀를 독립적으로 키우는 기술'이라는 제목으로 기사를 보도했으며, 2006년, 2007년에는 〈뉴욕 타임스〉, 〈워싱턴 포스트〉, 〈크리스천 사이언스 모니터〉, 〈월스트리트 저널〉지 등 다양한 매체에서 이

러한 연구 결과를 보도했다. 전문가뿐만 아니라 많은 사람들이 이러한
현상을 우려하고 있었다.

새로운 궁금증

우리의 연구 결과가 널리 보도되면서 몇 가지 궁금증이 생겼다. 부모와
자녀 사이의 이런 잦은 대화는 첫 학기에만 나타나는 현상이 아닐까?
유명 문과대학에 다니는 부모에게만 해당되는 것은 아닐까? 극성스러
운 헬리콥터 맘의 일부 사례는 아닐까?

좀 더 세밀한 분석이 필요했다. 그래서 2학기가 끝난 후 동일한 학생
들을 다시 조사했다. 우리는 학생들이 집에 대한 그리움이 줄어들고 스
스로 문제를 해결하는 방법을 터득하면서 부모와의 대화가 자연스럽게
줄어들 것으로 예측했다.

하지만 이번에도 역시 아니었다. 학생들은 여전히 자주 대화를 하고
있었다. 4학년 케이티 허드가 기획한 세 번째 연구 결과에 의하며, 입
학 전에 한 학기 정도 여행이나 일, 인턴 참여 등으로 휴학했던 학생들
조차도 부모와 자주 연락하며 지내는 것으로 나타났다. 집을 떠나 혼자
있는 시간이 길어졌으니 보다 독립적으로 변했을 거라 생각했지만 이
번에도 결과는 정반대였다.

예를 들어, 우리가 인터뷰했던 줄리아라는 학생은 본격적으로 대학
생활을 시작하기 전, 한 학기를 외국에서 보냈다. 그녀는 새로운 환경

속에서 시간, 돈, 인생을 스스로 관리하는 법을 배웠다. 부모와는 가끔씩만 통화했다. 줄리아는 그때 자신이 어른이 된 것 같았다고 말했다. 하지만 대학에 들어온 후 상황이 바뀌었다. 캘리포니아에 있는 어머니는 딸에게 매일 전화한다. 줄리아는 이해할 수 없다며 이렇게 말했다. "엄마의 주장은 '지금까지 열여덟 해 동안 네 인생의 모든 것을 속속들이 알고 지냈어. 지금 와서 중단할 이유가 있겠니?' 라는 거였어요."

줄리아는 엄마에게 매일 소식을 들으며 가족들을 더욱 그리워하게 되었다. 심지어 외국에 있을 때보다 오히려 그리움이 더 커졌다. 그녀는 열여덟 살 때 외국에 있었던 자신이 더 어른스러웠다고 생각한다. 너무 자주 전화하다 보니 계속해서 집 생각이 났고, 그리움이 줄기보다는 오히려 상황이 악화되었다.

부모와 자녀 사이의 끊임없는 밀착 관계는 우리의 생각보다 훨씬 일상적인 일이었다. 그러나 거기에서 끝나는 것이 아니라 실제로 부정적인 영향을 주는 것으로 파악되었다. 이러한 현상의 핵심을 알기 위해 호퍼 박사는 지도 학생인 낸시 풀먼과 함께 새로운 연구를 시작했다.

이번에는 미들베리대학과 미시간대학에서 천여 명의 학생과 부모를 대상으로 조사를 실시했다. 미시간대학은 미국 중북부에 위치한 대규모 공립대학으로 미들베리대학과는 또 다른 관점을 제시해주었다.

이 연구는 대학 4년 동안 학생과 부모 사이의 의사소통을 관찰하고 이러한 상황이 개별적인 현상인지, 아니면 사립 문과대학에서 더욱 두드러지게 나타나는 현상인지를 파악하는 것이 목적이었다. 우리는 조사의 타당성을 높이려고 연구팀 학생들의 개인적인 경험을 기반으로 질문지를 작성하게 했으며 충분한 데이터를 확보하기 위해 대상 그룹의 수를 늘렸다.

줄어들지 않는 밀착 관계

응답자들은 우리의 기대를 또다시 저버렸다. 우리는 1학년 때만 부모와 자주 연락을 주고받고 학생들이 의사결정, 학업, 독립적인 생활에 대해 자신감을 갖게 되면서 통화나 이메일 횟수가 점점 줄어들 것으로 예상했다. 하지만 결과는 역시 정반대였다. 가족과 연락하는 횟수는 일주일에 평균 13.4회였다.

학년은 상관이 없었다. 2학년이든 4학년이든 부모와 대화하는 횟수는 거의 동일했으며, 수단 중 1위는 휴대전화 학생들의 97퍼센트가 휴대전화를 소유함였고, 2위가 이메일이었다. 미들베리대학은 평균 13.5회, 미시간대학은 평균 13.2회로 연락 횟수는 거의 유사했다. 이후 애비게일이 전국의 학생, 부모, 대학 운영진, 교수 등을 대상으로 실시한 인터뷰에서도 약간의 편차는 있으나 유사한 양상을 보였다. 즉, 특정 지역 또는 소규모 사립대학에만 국한된 현상이 아니었다. 아이페어런팅은 전국적인 현상이었다.

또한 이러한 밀착 관계는 그 이후에도 약해질 기미가 보이지 않았다. 미들베리대학에서 논문을 준비하는 캐서린 티민스가 미들베리대학과 미시간대학 학생들을 대상으로 실시한 후속 연구에 따르면, 학생들은 여전히 일주일에 평균 13회 정도 부모와 연락하는 것으로 나타났다.

누가 전화하는 걸까?

미들베리대학과 미시간대학을 대상으로 실시한 연구 결과, 부모가 이러한 현상을 부추긴다는 가정이 틀린 것으로 입증되었다. 부모만큼이나 학생들도 수시로 연락했다. 학생들이 스스로 응답한 결과라는 것을 생각한다면 실제보다 축소해서 말했을 경우가 크며 과대평가하지는 않았을 것이다.

이러한 '양방향성'은 사실 의외였다. 언론에서는 헬리콥터 맘들이 자녀를 놓아주지 않으며, 자녀가 원하지 않는데도 그들의 삶에 적극적으로 개입한다고 주장했다. 하지만 실제로는 그렇지 않았다. 학생들은 부모의 개입을 쉽게 받아들이고 오히려 적극적으로 요청하기도 했다.

한 여학생은 부모와 어떤 대화를 나눴는지 말해주었는데 분야는 다양했다. 뮤지컬 오디션으로 어머니와 통화했고, 가족들의 근황에 대해 이메일을 주고받았으며, 수강신청과 관련해 아버지께 조언을 얻었고, 어머니와 기숙사 문제로 통화를 했다. 많은 학생들이 이렇게 자주 연락하고, 매일같이 일상생활을 얘기하고, 부모에게 조언을 구하는 등, 대화의 주제는 끝없이 많았다. 이것은 물리적 거리와 관계없이 가족과 밀착된 삶이 대학에서도 그대로 연장된다는 것을 의미했다.

학년	매주	부모가 먼저/자녀가 먼저 연락한 경우
1	13.4회	7.1/6.3회
2	13.2회	7.0/6.2회
3	14.0회	7.3/6.8회
4	13.0회	7.0/6.0회

〈표 1〉 대학생 자녀가 부모와 연락하는 빈도수

이후에 계속된 인터뷰도 마찬가지였다. 처음에 부모와 자주 연락하는 것을 심각하게 여기지 않았던 학생들은 이후에도 연락 횟수가 높게 나타났다. 서부 대학 출신의 한 2학년 학생은 충격적인 연구 결과라고 반응을 보이면서 자신은 일주일에 세 번밖에 통화하지 않는다고 말했다. 그는 다소 경멸하는 어투로 "도대체 누가 그렇게 자주 연락을 하나요?"라고 물었지만, 본인에 대해 얘기할 때는 목소리가 달라졌다. "학교 가는 길에만 아버지와 매일 통화해요. 이메일도 보내고요. 그 정도는 적당한 것 같아요."

불과 몇 년 사이에 일어난 이러한 문화적 변화는 가족들에게 일상이 되었다. 학생들은 부모와 자주 연락을 주고받는 것이 자신의 성장과 독립에 어떤 의미를 갖는지, 또는 자신들의 대학생활이 부모나 손위 형제자매들에 비해 얼마나 다른지 알지 못했다.

학생들 간의 격차

〈표 1〉의 빈도수는 평균치로, 모든 학생들이 그만큼 자주 연락한다는

것은 아니며 학생들 사이에 상당한 격차가 있는 것으로 나타났다. 일주일에 한 번씩 통화하고 이따금 이메일을 주고받는 것을 자랑스럽게 여기는 학생도 있었다. 애비게일이 기사를 준비하면서 만난 코네티컷대학 2학년생인 윌은 이렇게 말했다. "부모님과 18년이나 함께 살았어요. 이제 매일 얘기할 필요가 없어서 좋아요."

윌은 최소한 일주일에 한 번 통화하자고 한 건 어머니의 생각이었다고 말했다. 그는 친구와 놀거나, 공부를 하거나, 식사 중일 때는 어머니의 전화를 바로 받지 않았다. "도무지 전화를 끊으려고 하지 않으세요."라고 이유를 말했다. 대신 주변에 다른 사람이 없는 편한 시간에 어머니에게 다시 전화를 걸었다.

반면 전화를 한 통이라도 하지 않고는 참지 못해 주위 친구들을 괴롭히는 학생도 있었다. 윌의 친구인 팀은 부모가 이혼했고 매일 어머니와 새아버지, 친아버지와 누나들에게 전화를 걸었다. 윌은 "왜 매일 가족에게 전화하니?"라고 수차례 물었다. 부모와 자주 통화하는 학생들은 많지만 유독 자주하면 친구들의 눈에 띄기 마련이다. 그들은 대놓고 놀림을 받기도 하고, 은연중에 반감을 사기도 한다.

매우 극단적인 사례도 있었다. 부모와 관계가 소원해져서 전혀 연락하지 않는 학생도 일부 있었고, 반면 수시로 연락해야 마음이 놓이는 학생도 있었다. 이들 중 일부는 우울증 같은 심리적인 요인도 작용을 했다. 학업의 어려움이나 외로움, 또는 개인적인 혼란과 같은 불안한 심리 상태를 보이는 학생들도 있었다.

연구팀은 학생들이 자란 환경을 살펴보면 부모와 자녀 사이의 밀착 정도를 어느 정도 알 수 있을 것으로 예측했다. 따라서 의도적으로 온갖 다양한 배경의 학생들을 조사에 포함시켰다. 학생들의 민족적 배경이나 부모의 소득 수준 등이 영향을 미칠 것으로 예상했던 것이다. 하지만 별다른 차이는 없었다. 소득, 민족, 인종, 가족과의 물리적 거리 등은 전혀 상관이 없었다.

어렸을 때부터 기숙사 학교에 다녔던 학생들은 이미 어느 정도 독립적이지 않을까 기대했다. 하지만 데이터에 의하면 그렇지 않았다. 한 학생은 이렇게 응답했다. "기숙사 학교에 다닐 때보다 대학에 들어온 지금 더 자주 통화해요. 시간이 많으니까요."

대학은 중학교나 고등학교보다 상대적으로 덜 강제적이기 때문에 학생들은 시간을 자유롭게 활용할 수 있다. 어떤 학생들은 이러한 새로운 자유에 적응하지 못하고 어떻게든 스케줄을 채우려고 한다. 언제든 기꺼이 그들의 이야기에 귀를 기울여주는 부모에게 전화를 거는 것은 빈 시간을 쉽게 때우는 방법이다. 한 부모는 애비게일에게 이렇게 말했다. "딸이 지루할 때마다 재미있게 해주는 것이 내 역할이죠. 점심 약속에 만나기로 한 누군가를 기다리거나, 아침 일찍 연습을 가야 할 때, 아침 식사 후 수업을 들으러 가는 길에 딸과 대화를 나누는 것이 바로 나의 몫이에요."

연락 횟수에 영향을 준 유일한 변수는 학생의 성별이었으나 예상만큼 큰 영향을 주지는 않았다. 여학생은 주 14.5회, 남학생은 주 11.3회로, 남학생들에 비해 여학생들이 더 자주 부모와 연락하는 것으로 나타났다. 남녀를 막론하고 학생들은 아버지보다는 어머니와 더 자주 대화했다. 아마도 아동기 때부터 그랬을 것이다. 그러한 경향은 남학생에 비해 여학생이 더욱 강했다. 조사 대상자 중 25퍼센트는 어머니, 아버지와 동일한 비율로 대화한다고 응답했으며, 남학생들은 37퍼센트가 그렇다고 응답했다.

자녀들은 만족하고 있을까?

조사 대상자의 75퍼센트가 부모와 자주 연락하는 것을 만족스러워했다. 특히 만족도가 높은 학생일수록 더 많은 대화를 원했다. 극단적인 한 학생은 이렇게 말했다. "전화 한 통으로 모든 걸 얘기하긴 어렵죠. 매일 커피 한 잔하면서 부모님과 수다를 떨 수 있다면 더 바랄 게 없겠어요." 대학에 다니는 학생이 매일 부모와 스타벅스에서 수다를 떠는 광경은 이전 세대에서는 좀처럼 상상하기 어려운 일이다. 이것은 분명히 급격한 변화이며 심리학적으로 볼 때 걱정이 되는 문제다.

　너무 자주 연락하는 것 같아 스스로 걱정하는 학생도 있었다. 때로는 자녀의 연락에 즉각 응답하지 않는 것이 자녀의 독립을 돕는 방법이 될 수 있다. 그렇게 하면 자녀는 자신만의 시간을 갖게 되고 새로운 친구를 사귈 필요를 느끼게 된다. 부모가 '가장 친한 친구'라면 자녀는 친구들과 관계를 맺는 방법을 터득하지 못하게 된다. 하루에도 몇 번씩 부모와 통화하느라 바쁘다면 새로운 친구를 만날 시간은 그만큼 줄어드는 셈이다.

	어머니와의 연락			아버지와의 연락		
	과도	만족	불충분	과도	만족	불충분
여학생	7	77	16	4	63	33
남학생	4	80	16	3	73	21

〈표 2〉 부모와의 연락에 대한 학생들의 만족도(단위: 퍼센트)

부모와 대화가 충분치 않다고 생각하는 학생들 중에는 특히, 아버지에 대해서 그렇게 느끼는 경우가 많았다. 응답자의 **27**퍼센트가 아버지와 더 많은 대화를 원했고, 여학생들은 **33**퍼센트로 그 비율이 더 높았다. 어머니는 더 많은 대화를 하도록 아버지에게 수화기를 넘겨주거나, 아버지가 먼저 전화를 하게끔 유도하는 것도 좋은 방법이다.

	어머니의 만족도에 대한 인식			아버지의 만족도에 대한 인식		
	과도	만족	불충분	과도	만족	불충분
여학생	3	46	52	3	43	54
남학생	2	36	62	1	56	43

〈표 3〉 부모의 만족도에 대한 학생들의 인식(단위: 퍼센트)

대부분의 학생들은 연락 횟수에 만족했지만 부모들도 자신들과 똑같이 만족할거라고 생각하지는 않았다. **50**퍼센트 이상의 학생들은 부모들이 더 자주 연락하기를 원하는 것 같다고 응답했다.

부모들은 어떻게 생각할까?

부모들이 어떻게 생각하는지 알기 위해 우리는 또 다른 조사를 실시했다. 학생들은 놀라겠지만 대부분의 부모는 ^{70퍼센트} 대화 횟수에 만족했으며 특별히 더 자주 연락하고 싶지는 않다고 말했다. 적어도 학생들이 생각하는 것만큼은 아니었다. 3학년 여학생을 둔 한 아버지는 이렇게 말했다. "딸을 정말 사랑하지만 이미 대학에 간 아이한테 휴대전화나 인터넷을 동원하면서까지 쫓아다니고 싶지는 않아요. 다양한 주제에 대해 솔직한 대화를 나누는 건 좋지만 너무 자주 연락하지 않으려고 가급적 먼저 전화하지 않습니다. 아이가 도움을 요청하지 않는 한 되도록 개입하지 않으려고 해요. 우리에게는 무소식이 희소식이죠."

하지만 더 많은 소통을 원하는 부모도 ^{29퍼센트} 있었다. 연락을 자주 하지 않는 신입생 여학생을 둔 한 어머니는 딸에게 자주 연락하라고 은근히 압력을 넣는다고 말했다. 더 자주 연락하기를 바라는 부모의 마음을 알지만 대학생활에 몰입한 나머지 그럴 시간이 없거나 원하지 않는 학생들도 있다.

학생들끼리의 강한 유대감에 자부심을 갖고 있는 그리넬대학에 다니는 한 학생은 이렇게 말했다. "입학 후 첫 주에는 부모님과 매일 통화했어요. 하루에 여러 번 했을 거예요. 그러다가 학교생활에 재미를 붙이고 교내 활동과 친구들, 학업 등으로 바빠지면서 삶의 중심이 가족에서 학교로 옮겨졌어요. 지금은 가끔 이메일이나 문자까지 포함해서 일주일에 두세 번 정도 연락하고 있어요. 가족들은 더 자주 연락하기를 원하고 있고, 저도 그 사실을 잘 알아요. 고향 친구들도 아쉬워하는 것 같고요. 하지만 그리넬대학은 다른 곳에서 얻을 수 없는 뭔가가 분명히 있어요."

　자신만의 삶을 구축하면서도 가족들과 연락을 유지하는 것, 특히 시도 때도 없이 연락하기보다는 나름의 독립성을 추구하는 태도는 바람직하다. 하지만 다른 대학에 다니는 학생들이 모두 그렇진 않다. 이 학생에 대한 친구들의 반응을 보면 실제로 학생들이 부모와 자주 연락하는 것을 얼마나 당연하게 여기는지 알 수 있다. "부모님과 매일 통화하지 않는다고 하니 친구들은 모두 믿기지 않는다는 반응이었어요. 하나같이 '설마! 진짜야?' 라고 물어봤죠."

　연락 횟수가 줄기를 바라는 부모는 단 1퍼센트밖에 되지 않았다. 자녀가 연락을 줄이길 원한다고 생각하는 부모도 1퍼센트였다. 만족스럽지만 자녀가 너무 자주 연락해서 걱정이 된다는 부모도 일부 있었다. 한 아버지는 그 이유를 다음과 같이 설명했다. "우리가 학교에 다닐 때보다 훨씬 더 자주 연락하고 있어요. 아이가 친구들과 잘 지내는지 걱정될 정도죠." 그러나 대부분의 부모들^{88퍼센트}은 자녀들이 연락 횟수에 만족하고 있다고 생각했다. 자녀들이 더 자주 연락하기를 원하는 것 같다고 생각하는 부모는 11퍼센트에 불과했다.

　부모와 자녀가 서로 어느 정도 연락하는 것이 적절한지 생각해보고, 너무 자주 연락하는 건 아닌지 주의를 기울이는 것이 매우 중요하다. 부모는 한 발짝 물러나 자녀가 새로운 관계를 탐색하도록 시간을 주어야 한다. 낯선 환경에서 새로운 사람들과 어울리는 일이 쉽지 않다. 당연히 부모에게 전화하는 것이 훨씬 쉽지만 장기적으로 보면 전자가 더 도움이 되는 길이다.

도대체 무슨 얘기를 할까?

우리는 전화, 이메일, 문자 그리고 드물지만 편지나 카드 등을 통해 부모와 자녀가 주고받는 대화 내용을 파악하는 것이 중요하다고 판단했다. 가장 흔히 등장하는 주제는 가족의 안부였다. 학업에 관한 내용도 많았지만 "잘 지내니?"라는 간단한 인사부터 시작해서 "스페인어 수업이 아침 8시만 아니면 좋겠어요."라는 일상적인 내용, "어제 시 낭송회에 갔었는데, 그 시간이 제 인생을 완전히 바꿔놓았어요."라는 진지한 내용, 약간의 투정, "이번 주 읽기 과제는 기한 안에 도저히 못 끝낼 것 같아요." 또는 "경제학 수업은 완전 짜증 나요.", "심리학 개론 리포트를 내일까지 내야 하는데 아무 생각이 안 나요. 뭐 좋은 아이디어가 없을까요?"와 같은 도움 요청 등, 내용도 다양했다. 룸메이트, 운동, 친구 관계, 재정 문제는 끊임없이 등장했다. 연구에 참여한 부모들은 자녀와 이런 대화를 나누면서 대학생활의 일부를 함께할 수 있어 즐겁다고 응답했다. 미들베리대학의 한 학부모는 이렇게 말했다. "아들이 들려주는 대학생활이 너무 재미있고 흥미진진해요. 수업이나 관람한 연극, 행사 이야기를 듣는 것이 즐겁죠. 아들이 재미있게 이야기하기 때문에 대학생활을 조금이나마 엿볼 수 있어 좋아요."

그 밖의 주제들은 학기나 학년에 따라, 학생의 성장 단계에 따라 차이를 보였다. 부모에게 평소보다 자주 연락할 때가 언제냐는 질문에 학생들은 두 가지로 답을 했다. 스트레스를 너무 받아서 누군가에게 털어놓고 싶을 때, 심심하거나 갑자기 자유 시간이 생겼을 때였다. 어떤 학생들은 '시간 때우기'라고 불렀다. 강의실로 가는 길이나 저녁 먹기 전, 남는 시간에 주로 통화한다는 것이다. 한 학생은 이렇게 말했다. "헬스장 가는 길에만 통화해요. '이제 끊어야 해요. 다 왔거든요.'라고 핑계를 댈 수 있어서 좋아요."

조만간 집에 내려가거나 크고 작은 결정을 할 때도 부모에게 연락한다. 과거 학생들은 아주 중요한 결정을 내리거나 재정이 어려울 때만 부모와 상의를 했다. 하지만 요즘 학생들은 감자 요리법, 타이어 교체법, 세탁법, 수강신청이나 리포트 주제에 대해서도 수시로 부모에게 전화를 걸어 조언을 구한다.

이렇게 자주 조언을 구하게 되면 부모에 대한 의존도가 지나치게 높아질 수 있다. 하지만 부모를 자신의 삶 속에 받아들인다는 표시가 될 수도 있다. 자신의 논문으로 이번 연구에 도움을 준 엘레나 케네디는 본 연구의 공식 발표회에 참석하기 전 엄마에게 전화를 걸었다. "대학생처럼 입을까요? 아니면 정장을 입을까요?"

엘레나는 엄마가 어떤 대답을 할지^{정장} 알고 있었다. 본인이 원하는 대답이기도 했다. 이러한 대화를 통해 중요한 행사를 앞둔 자녀의 설렘과 기대를 부모도 함께 느낄 수 있다. 그러나 스스로 의사를 결정하는 능력이 약해지기도 한다. 호퍼 박사의 연구 발표회에 참석했던 한 학생은 연구 결과를 통해 얻은 깨달음을 직접 실행해보기로 결심했다. 그 후, 이 학생은 호퍼 박사에게 부모의 도움 없이 겨울학기 수강신청을 스스로 했고, 그 사실이 자신에게 큰 해방감을 주었다고 이메일을 보내왔다. 그에게는 처음 있는 일이었다.

자녀가 수시로 전화해서 어떤 결정을 내릴지 조언을 구하는 경우, 우리는 부모에게 먼저 기다리는 법을 배우라고 권한다. 바로 의견을 제시하기보다는 일단 이야기를 들어보고 자녀가 스스로 결정을 내리는 데 도움이 될 만한 교수, 지도교수, 친구 등을 캠퍼스 내에서 찾도록 격려하는 것이 좋다.

언제나 그렇듯 학생들은 매 학년마다 새로운 도전과 선택에 직면한다. 우리의 조사에 따르면 조언을 구하는 유형도 학년마다 다르게 나타났다. 신입생들은 부모에게 학업과 관련된 도움을 요청한다. 부모의 입장에서도 고급 과정보다는 입문 과정에서 도움을 주는 것이 한결 수월할 것이다. 모든 학생들이 직면하는 중요한 결정은 바로 전공 선택이다. 대학마다 시기는 다르지만 일반적으로는 1, 2학년 때 전공을 선택한다. 2학년은 유학 문제로 고민하기도 한다.

대부분의 학생들은 이러한 중요한 결정에 부모가 개입한다고 응답했으며 일부 학생들은 그 개입이 지나치다고 생각했다. "제가 행복하면 그걸로 충분하다고 하세요."라고 말하면서 본인이 관심이 있고 즐길 수 있는 전공을 택하라고 조언하는 부모도 있지만, 돈을 많이 벌 수 있는 전공을 권하는 부모도 있다. 부모가 미래의 연봉을 생각해서 전공을 선택하라고 조언할 수는 있지만 그러한 기대는 자녀에게 부정적인 영향을 주기도 한다. 때로는 그 전공이 자녀와 맞지 않을 수도 있다. 본인은 전혀 관심이 없는데 성공할 수 있다는 부모의 말을 듣고 억지로 경제학을 선택한 학생도 있었다.

일부 대학에서 복수전공을 선택하는 학생들이 늘어나고 있다. 이 경우 많은 학생들이 한 과목은 부모를 위해, 나머지 한 과목은 자신을 위해 선택한다고 응답했다. 한 학생은 복수전공으로 심리학과 극문학을 선택했는데, 자신이 극문학만 전공한다면 부모가 크게 실망하겠지만 그렇다고 극문학을 포기하고 싶지는 않았다고 이야기했다. 하지만 복수전공이 쉽지만은 않다.

자녀가 복수전공을 이야기할 때 부모는 주의 깊게 듣고 그 이유를 물어보는 것이 좋다. 부모의 기대를 충족시키기 위해 그러한 결정을 내릴 수도 있기 때문이다. 그로 인해 자녀가 지게 되는 학업에 대한 부담과 스트레스가 과연 그만한 가치가 있는지 생각할 필요가 있다. 조사했던 학생들 중 상당수는 최근의 경제 위기를 걱정하면서, 비싼 등록금을 부담하는 부모를 실망시키고 싶지 않다고 말했다. 부모의 기대 때문에 자신의 꿈을 미루는 학생도 있었다.

한 조사에서 많은 학생들이 3학년 정도가 되면 취직을 위해 인턴십이나 방학 동안 하게 될 아르바이트에 대해 부모와 의논한다고 밝혔다. 4학년이 되면 취직이나 대학원 진학, 이사 문제 등에 대해 의논하고 다시 한 번 부모들은 자녀들에게 조언을 해준다. 학년이 올라갈수록 취직 문제를 놓고 부모와 더 많이 대화를 나누게 된다. 특히 3학년과 4학년 사이, 미래에 대한 계획을 본격적으로 세우면서 더욱 많은 대화가 이루어진다. 미시간대학에 다니는 한 학생은 이렇게 말했다. "아버지는 내가 좋아하지만 돈은 적게 받는 일보다는 내가 잘하는 일, 돈도 많이 주는 일을 선택하라고 조언해주셨어요. 결국은 돈과 권력이 가장 중요한 것 같아요."

대부분의 학생들은 부모의 조언을 따른다. 특히 먼저 조언을 요청한 경우라면 더욱 그렇다. 하지만 학생들이 늘 먼저 조언을 구하는 건 아니기 때문에 부모들이 예전처럼 잔소리를 하기도 한다. "야채도 골고루 먹어."라고 했던 잔소리는 이제 "내일 시험이니 잠을 푹 자는 게 좋겠다."로 바뀌었다. 이러한 잔소리가 반갑지 않다고 응답한 학생이 한두 명이 아니었다. "제가 먼저 말을 꺼내지도 않았는데 부모님은 여전히 이것저것 잔소리를 하세요."

어떤 문제든 부모의 조언이 항상 똑같다고 웃으며 말하는 학생도 있었다. "아버지는 언제나 '이것 또한 지나갈 거야. 그러니 푹 자고 좀 쉬도록 해.' 라고 하시죠." 학생들은 먼저 조언을 구했거나 부모가 그 문제에 대해 전문 지식이 있는 경우 부모의 조언을 가장 잘 받아들였다. 반대로, 부모의 조언이 간섭처럼 느낄 때에는 달가워하지 않았다. 한 학생은 이렇게 불만을 털어놓았다. "엄마는 어떤 문제든 대인관계가 문제라고 잔소리를 하세요." 부모가 먼저 나서기보다는 자녀들이 조언을 구할 때까지 기다린다면 더 깊어지고 서로 유익한 대화를 나눌 수 있다.

자녀들이 부모의 삶이 어떤지 묻는다면 대화는 좀 더 양방향으로 이루어진다. 학생들은 고학년일수록 부모의 삶과 일에 대해 궁금해하며 더 많은 대화를 나누었다. 또한 가족이 겪고 있는 문제에 관심을 갖고 형제자매에 대한 대화도 늘어난다고 대답했다. 학생들 대부분은 부모와의 대화를 특정 주제로 제한한다고 말했다. 하지만 모든 것을 털어놓는다고 응답한 학생도 있었다. 말 그대로 '모든 것' 을 털어놓았다. 성문제, 파티, 폭음 등도 예외가 아니다. 그 정도는 아니더라도 요즘 학생들은 부모 세대가 대학 시절에 그들의 부모와 나눴던 대화에 비해 훨씬 솔직하게 이야기하는 편이다.

우리의 연구 결과에서 알 수 있듯이, 요즘 대학생들은 의도하지는 않았지만 부모와 정기적으로 빈번하게 연락을 취한다. 대학 진학 후 언제, 어떻게 연락할 것인지 미리 정하는 가족은 없다. 뿐만 아니라 그렇게 빈번하게 통화하고 이메일을 주고받는데도 자주 연락하는 것을 실제로 어떻게 생각하는지 서로 이야기하지 않는다. 학생들은 하루 두 번씩 통화하면서도 부모가 더 자주 연락하기를 바라는 것 같다고 응답했지만 실제로는 그렇지 않았다. 신입생 자녀를 둔 학부모라면 미리 대학을 답사하기 전에 어느 정도까지 대화하는 것이 적절한지 자녀에게 생각해보라고 권하는 것이 좋다. 먼저 얼마나 자주 연락하는 것이 좋은지 물어보라. 간단한 이메일이나 전화, 문자 등을 주고받더라도 자녀와 의논하여 정기적으로 시간을 정하는 것도 좋다.

"그렇다면 이러한 의사소통이 과연 좋은 것인가, 나쁜 것인가?" 우리는 종종 이런 질문을 받는다. 물론 상황에 따라 다르다. 다음 장에서는 부모와 밀착된 관계가 자녀의 심리 발달에 어떤 영향을 미치는지 살펴보기로 하자.

성장이라는
출발점에 서서

많은 학생들이 대학에 들어가면 자신의 삶을 스스로 통제할 수 있다고 생각한다. 부모를 잊는 것은 아니지만 무엇을 언제, 어떻게 할지 스스로 결정하는 자유로운 대학생활을 기대한다. 하지만 이번 조사에 따르면 대학에 진학하고 이미 상당한 시간이 흘렀지만 학생들은 여전히 "공부해.", "방 좀 치워라.", "보고서 잊지 마!" 등 예전과 똑같은 잔소리를 듣고 있었다. "해외연수 프로그램 신청했니? 인턴십은?"과 같은 새로운 잔소리가 늘기도 했다. 학생들이 기대하고 원했던 대학생활과는 사뭇 다르다.

부모가 아예 삶의 일부가 되어 실습, 운동 경기, 학점, 교수와의 관계, 파티 등 새로운 뉴스거리가 생길 때마다 집으로 전화하는 학생도 있다. 그들의 대화는 대학 진학 전 식탁에 앉아 부모와 나누던 대화의 연장선에 가깝다. 일부 학생들은 계속 그래 왔고, 실제로도 그렇게 하고 있었다. 많은 학생들은 어머니나 때로는 아버지를 '가장 친한 친구'로 여긴다.

집에서의 생활이 캠퍼스까지 연장되면서 대학생활이 변하고 있으며 우리의 연구나 언론 보도에서도 그런 변화가 분명하게 드러났다. 우리는 부모와 자주 연락을 주고받는 것이 성인기에 접어든 대학생들의 발달에 어떤 영향을 주는지 알고 싶었다. 우리는 휴대전화, 이메일, 문자, 인터넷 전화, 무제한 통화와 데이터 요금제가 점점 확산되는데도 이러한 문제에 대한 연구가 얼마나 적은지 놀랄 수밖에 없었다.

요즘 대학생들의 독립성

우리는 부모와 지속적으로 연락을 취하는 대학생 자녀의 독립성이 어느 정도인지 살펴보았다. 먼저 학생의 심리적 발달, 대학생활에 대한 부모의 개입, 부모와의 관계 등 가능한 많은 상관관계를 파악하기 위해 조사를 설계했다.

예전 대학생들은 부모와 얼마나 자주 연락할지 쉽게 결정을 내렸고 부모의 기대치도 낮았다. 당시 부모들은 자녀가 무엇을 하고 있는지 지금처럼 쉽게 알 수 없었다. 아마도 모르는 편이 훨씬 속편했을 것이다. 그리고 연락 수단이 극히 제한되었기 때문에 학생들은 학과 공부, 마약, 성문제 등을 스스로 결정한다는 것이 어떤 의미인지 빠르게 경험했으며 그러한 자유를 만끽했다. 당연할지도 모르지만, 이러한 자유로운 선택과 독립성 때문에 자녀가 집을 떠나고 나서 부모와 관계가 더 좋아진 것으로 연구 결과가 나타났다.

통금, 숙제, 집안일 등 매일 잔소리를 듣지 않아도 되기 때문에 자녀들은 부모와 겪는 갈등에서 해방되었다. "엄마! 맨디는 통금이 없대요. 왜 나만 11시까지 집에 들어와야 해요?" 고등학교 때 흔히 겪었던 이런 논쟁들은 사라졌다. 대학생활이란 집을 떠나 스스로 살면서 독립하는 법을 배우고 더 많은 것을 스스로 결정하는 시간이었다. 그 과정에서 시행착오를 겪었을지 모르지만 이를 통해 아이들은 성인으로 성장했다. 하지만 이제는 달라졌다.

독립적인 성인이 되기 위한 집중 훈련

청소년기부터 성인기까지 계속되는 중요한 과제 중 하나는 독립적인 인격체가 되는 법을 배우는 것이다. 이것은 가족과 관계를 단절해야 한다는 것이 아니다. 오히려 가족과 독립성 사이에서 균형점을 찾아야 한다는 의미다. 독립적인 학생은 자신의 문제를 스스로 결정하고 그 결정에 책임을 진다. 부모와 강력한 애착 관계가 형성되었을 때 학생들은 이를 가장 잘 해낸다. 이번 연구에서 한 학생은 이렇게 표현했다.

"부모님이 내 삶에 얼마나 중요한 부분을 차지하고 있는지 깨달았어요. 처음에는 집을 떠나 혼자 생활한다는 것 자체가 몹시 설레었지만 이제는 집을 떠났다는 게 그다지 의미가 없어요. 부모님이 언제나 내 곁에 계시고 앞으로도 계속해서 내 삶의 일부로 남았으면 좋겠어요.”

부모와 단절되는 것이 아니라 여전히 연결되어 있으면서도 어느 정도 분리된 삶이 가장 이상적이다. 학생들이 자신의 삶에 부모가 필요하다는 것을 스스로 깨달으려면 부모와 떨어져 있는 시간을 가져야 한다. 그런 자유가 주어지지 않는다면 부모에게서 벗어나고 싶은 욕구와 함께 고등학교 시절의 분노가 계속될 수 있다.

대부분의 부모는 자녀의 독립을 원하며 자녀도 독립을 원한다는 사실을 잘 알고 있다. 교수, 운영진, 학생처나 기숙사 관리자 등의 대학 관계자들은 독립하려고 노력하는 모습을 학생들에게 기대하며 이를 도울 준비가 되어 있다. 하지만 부모의 과도한 개입이 학생들의 독립을 방해하기도 한다. 이러한 개입은 고등학교 때부터 시작된다. 처음에는 자녀를 도우려는 좋은 의도에서 시작하지만 단기적인 성과를 거두면서 더욱 강화된다. 학교 숙제를 봐주었는데 자녀가 더 좋은 점수를 받게 됐다는 것이 대표적인 예다. 그러나 장기적으로 봤을 때 이러한 행동은 건강한 발달을 저해한다.

심리학자들은 자율성을 인간이 기본적으로 갖추어야 하는 필수 요소로 간주한다. 성인은 프로젝트를 선택하거나 휴가 일정을 계획하는 등, 어떤 사안이든지 직장에서 발언권을 인정받고 의견을 표명할 수 있을 때 더욱 동기부여가 된다. 청소년들도 마찬가지다. 스스로 리포트 주제를 선택한다든지 집안일을 도울 시간을 결정한다면 동기부여가 될 수 있다. 하지만 부모나 교사는 동기를 부여하는 이러한 요소가 자녀에게도 똑같이 적용된다는 사실을 때때로 간과한다. 대학 진학과 함께 독립을 기대했지만 휴대전화에 묶여 부모가 조종하는 인형이 된 듯한 느낌이라고 토로하는 학생을 생각해보라. 이런 학생은 자신의 의지가 아니기 때문에 좀처럼 학업에 관심을 두거나 흥미를 느끼지 못한다.

대학생들은 매일 수많은 결정에 직면한다. 언제 잘지, 무엇을 먹을지, 금요일 아침에 수업이 있는데 목요일 저녁 파티에 가도 괜찮을지 등을 결정한다. 과거에 부모가 결정해주던 것을 이제는 스스로 결정하면서 부모나 그 밖에 신뢰할 만한 사람에게 조언을 듣기를 원한다. 합리적인 결정을 내리는 법은 하룻밤 사이에 배우는 것이 아니라 연습이 필요한 일이다. 친구, 관계, 전공, 여름방학 계획, 해외 여행 등 결정이 필요한 문제가 등장하기 시작한다. 독립적인 대학생활이란 술, 결석, 종교, 과제 등을 스스로 결정하는 것이다.

이 모든 결정이 독립적인 정체성과 자아를 형성하는 데 도움을 준다. 단, 이러한 결정은 본인 스스로 내려야 한다. 하지만 오늘날 상당수의 부모는 자녀의 의사결정 과정에 참여하길 원하며 실제로 그렇게 하고 있다. 부모들은 이것이 자녀와 '상당한 금액의 투자^{비싼 등록금}'를 보호해준다고 생각한다. 하지만 과거 학생들은 부모가 아닌 대학 친구나 주변인들의 도움을 받아 스스로 결정을 내렸다. 그러한 과정을 통해 온전한 인격체로 성장해갔다.

자율성에 대한 욕구가 대학에 진학하면서 갑자기 나타나는 것은 아니다. 청소년 초기부터 이미 시작된다. 대부분의 부모는 자녀가 처음으로 자신의 주장을 드러냈던 때를 너무도 생생하게 기억한다. 심리학에서는 이것을 '탈이상화^{de-idealizing}'라고 부른다. 자녀가 부모와 함께 있는 것을 처음으로 불편해하던 때가 생각나는가? 라디오에서 나오는 컨트리 가수의 노래를 따라 부를 때 자녀가 못 말린다는 표정을 지었던 것을 기억하는가? 자녀의 아동기는 이제 막 끝났다. 그동안 의존했던 '부모'라는 기둥이 사라진다면 자녀들은 훨씬 힘들 수도 있다. 하지만 독립적인 성인으로 성장하는 과정의 일부다.

"꼭 가족들하고만 휴가를 보내야 하나요? 친구도 데려가면 안 돼요?" 십 대 자녀가 이제는 자신을 가족과 분리된 개체로 인식한다는 증거다. 부모와 별개로 선택한다는 것은 단순히 엄마, 아빠가 아닌 부모도 자신의 삶이 있고 관심사가 있는 하나의 인격체로 인식한다는 성숙의 또 다른 징표다.

부모를 하나의 인격체로 인식하는 이 마지막 단계는 대부분 후기 청소년기 또는 초기 성인기에 나타난다. 때로는 부모와 통화를 하는 중에 나타날 수도 있다. 온통 자신에게만 관심이 있던 십 대 자녀가 갑자기 "엄마, 오늘 하루는 어땠어요?"라고 묻거나 부모의 어린 시절을 궁금해하는 경우다. 우리의 연구에 따르면 이러한 현상은 고학년은 높게, 저학년은 낮게 나타났다. "아들은 나를 어떻게 생각하는지 모르겠지만 나는 아들을 하나의 독립된 인간으로 보려고 노력합니다." 한 아버지가 학부모 오리엔테이션에서 말했듯이, 부모도 자녀를 하나의 자율적인 인격체로 봐야 한다.

이러한 독립성이 발달되고 시간이 지나면 새로운 인간 대 인간의 관계를 맺는 것이 가능해진다. 가족 내에서 독립적인 인격체가 되는 법을 배우는 것은 물론 쉽지 않다. 자신만의 신념과 가치관을 구축하는 것이 힘들 수 있다. 비판적인 분석 끝에 부모의 가치관을 대부분 받아들일 수도 있고, 반대로 버릴 수도 있다. 많은 학생들이 부모가 가르쳤던 종교에 의문을 갖고 새로운 시각으로 보기도 한다.

애비게일은 신입생 때 앞으로 미사에 참석하지 않겠다고 부모에게 선언했다. 그녀의 부모, 특히 애비게일이 고민을 말할 때마다 한결같이 "그저 기도해라."라고 조언했던 독실한 가톨릭 신자인 아버지는 크게 걱정을 했다. 애비게일은 아버지와 매우 가깝게 지냈기에 아버지의 마음을 불편하게 한다는 것이 마음에 걸렸다. 하지만 가톨릭의 교리를 받아들일 수가 없었다.

애비게일의 부모는 현명하게도 딸에게 강요하지 않았다. 결국 애비게일은 스스로 의문점을 해결했고 다시 미사에 참석했다. 호퍼 박사도 마찬가지였다. 어느 추수감사절 날, 그는 부모에게 이제부터 채식주의자가 되겠다고 선언했다. 어머니는 궁금해하며 몇 가지 질문만 했을 뿐, 아무것도 판단하지 않고 그의 결정을 받아들였다. 이러한 선택과 시행착오는 대학생활 동안에 흔히 겪는 일이다. 부모가 어떻게 대응하느냐가 중요하다.

우리의 연구에 참여한 학생들은 자신의 가치관을 구축할 때 힘든 점이 많았다고 토로했다. 한 3학년 학생은 이렇게 말했다. "부모님도 인간이기에 실수도 하고, 나에게 무엇이 옳은지 정확히 알려줄 수 없다는 것을 깨달았죠. 부모님이 나에게 그동안 주입해온 가치관에 대해 비판적인 생각을 하게 되면서 부모님과 대화할 때면 자꾸 화가 나요."

또 다른 3학년 학생은 반대로 말했다. "부모님은 저를 존중해주세요. 그러면서 예전보다 대화가 훨씬 즐거워졌어요. 제가 집을 떠나 있어서 그럴 수도 있죠. 독립성이 강해지고 저의 신념과 가치관이 생기면서 부모님과 의견 차이를 보일 때가 많아지기도 했지만, 서로 다른 의견을 나누는 것에 대해 매우 개방적이세요. 가끔 언쟁도 하지만 화를 내는 경우는 거의 없어요. 고등학교 때는 이렇게 서로 존중해주는 관계를 전혀 경험하지 못했죠."

부모와 이렇게 서로 다른 주제에 대해서 대화를 자주 하고 의견 차이를 인정할 경우 이 시기에 자녀와의 관계가 더욱 돈독해진다. 어떤 학생들은 부모의 가치관에 이의를 제기해서는 안 되며 자신의 의견은 결국 존중받지 못한다는 것을 확인하기도 한다. 그렇지만 부모는 자녀의 반대 의견이나 새로운 신념을 막지는 못할 것이다. 다만, 부모와 대화하는 것을 꺼릴 수는 있다.

대부분의 연구를 살펴보면 자신의 삶에 책임을 지고 부모의 개입 없이 스스로 사고하는 법을 터득한 학생들은 높은 학점을 받고 졸업 후에도 의미 있는 직업을 선택할 가능성이 큰 것으로 나타났다. 독립적인 인간이 되기 위한 이러한 성장 과정은 힘들고 길지만 반드시 격려할 만한 가치가 있다. 부모들이 성급하게 개입해 문제를 해결하려는 욕구가 생길 때 이 점을 기억해야 한다.

분명히 실수할 걸 알면서도 실수하도록 내버려두는 것이 가장 어려운 일이다. 임상 심리학자 웬디 모겔은 이러한 과정을 '상처 난 무릎의 교훈the blessings of a skinned knee'이라고 표현했다. 아동기 때도 그렇지만 대학생활을 하면서 경험하는 실패는 자립심 형성에 중요한 요소로 작용한다.

아이들의 성장을 방해하는 요인들

전자 족쇄에 매인 학생의 성장 과정

우리가 미들베리대학과 미시간대학 학생들을 대상으로 실시한 연구를 보면 부모와 자주 연락하는 학생이 그렇지 않은 학생에 비해 독립성이 부족했다. 해당 연구에서 시행한 표준심리 실험 결과, 과거 그 나이 학생이 가져야 할 독립성과 심리적 기준들이 가장 낮게 관찰되었다. 매우 우려되는 일이다.

우리가 이러한 결과에 주목하는 이유는 이 시기에 자율성 정립이 특히 중요하기 때문이다. 자율성이 낮은 학생들은 스스로 일을 실행할 때 어려움을 겪는다. 옆에서 모닝콜을 해주고, 과제 마감일을 알려주며, 여름방학 계획을 미리 세우라고 챙겨주는 사람이 있어야 한다. 이런 학생들은 부모와 상대적으로 적게 대화하는 학생들보다 정서적으로 부모에게 의존할 가능성이 크다. 이들은 독립적인 사고와 의사결정 능력이 크게 부족하다. 부모에게도 개인적인 삶이 있다는 것을 인식하지 못하며 부모가 계속해서 양육자 역할을 해야 한다고 기대한다. 한 학생은 이렇게 표현했다. "지금 부모님이 캘리포니아에서 휴가를 보내고 계세요. 부모님들이 제 일이 아닌 다른 일에 몰두한다는 사실을 이해할 수 없어요."

부모의 헌신을 당연하게 여기는 생각이 이러한 잘못된 기대를 더욱 부추긴다. 학생들은 부모가 모든 시간과 에너지를 자신에게 쏟을 것으로 생각하고 그 과정에서 부모의 희생과 고마움을 쉽게 잊는다. 자신이 부모에게 언제나 세계의 중심이 되고 싶다는 이러한 욕구는 자신의 신념과 가치관을 제대로 형성하지 못했기 때문에 나타나는 현상이다.

부모에게도 자신의 인생이 있다는 사실을 인식하지 못하는 학생들은 스스로 기준을 세우는 것을 어려워한다. 혼자서 생각하기도 어렵고, 어떤 상황이나 의견을 스스로 분석해본 적도 없다. 예를 들어, 대통령 후보의 장단점을 주의 깊게 살펴보는 것이 아니라 부모가 지지하는 후보한테 생각 없이 표를 던지는 식이다. 이들은 힘든 경험이 없기 때문에 자신의 의식에 깊숙이 반영된 가치관을 갖지 못하고 부모의 가치관을 여과 없이 따른다. 또한 자신의 인생과 가치관을 부모와 분리해서 인식하지 못한다.

물론 부모와 지속적으로 연락을 주고받는 것이 이들의 발달을 방해한 것인지, 아니면 부모에 대한 높은 의존도 때문에 그렇게 빈번하게 대화를 나누는 것인지, 그 인과관계는 분명치 않다. 다만 그러한 밀착 관계와 낮은 자율성이 밀접하게 연관되어 있으며, 휴대전화와 이메일이 자녀의 의존성을 그대로 유지하고 오히려 강화시킨다는 사실은 분명하다.

대학생활은 자녀가 처음으로 집을 떠나 몇 년 동안 스스로 생활하는 시기이며 졸업 후에도 집으로 완전히 돌아갈 계획이 없기 때문에 특히 중요하다. 일부 부모는 마치 열두 살짜리 아이가 캠핑을 떠난 것처럼 생각하기도 하지만 대학생활은 분명히 다르다. 청소년에서 성인으로 이행하는 전환기이자 세상을 경험하고 스스로 방식을 만드는 중요한 시기다. 대부분 대학에서 이와 관련해서 여러 가지 도움을 제공하고 있다. 안락한 둥지에서 차가운 세상으로 그대로 던져지는 과도기가 아니다. 또래 집단이나 조언자들의 도움을 받아 독립적인 인격체로 서서히 성장하는 시기다.

대학에서의 의사결정, 책임은 누가 지는가?

우리의 연구에 참여한 학생들은 중요한 결정은 대부분 스스로 내린다고 응답했다. 그러나 스스로 내린 결정을 부모에게 이야기하면 수많은 조언과 상당한 부담을 지게 된다고 말했다. 많은 부모가 자녀가 졸업 후 안정적인 직업을 구하기 어려운 전공을 선택할까 봐 걱정하고 자녀에게 주의를 준다. 어떤 학생은 부모가 "철학이 무슨 소용이 있니?", "영어교사 자격증도 함께 따는 게 좋겠다."라고 조언했다고 응답했다. 다른 학생은 부모가 "이탈리아어=무익, 경제학=유익"이라고 조언했다고 말했다.

　UCLA 고등교육연구소가 전국 대학생을 대상으로 실시한 조사에 따르면, 4년제 대학 08학년 입학생들을 기준으로 가장 인기 있는 전공은 경영학이었으며 부모들도 경영학을 가장 선호하는 것으로 나타났다. 미시간대학의 경우, 조사 대상 학생 중 경제학이나 경영학 전공을 만류한 부모는 두 명에 불과했으며 상당수의 학생이 부모가 경제학이나 경영학으로 전공을 바꿀 것을 강하게 권유했다고 말했다. 한 학생은 부모가 경영학 전공을 원했기 때문에 그 기대에 부응하고자 심리학에서 경제학으로 전공을 바꿨다고 응답했다. 일부 학생들은 전공에 대한 흥미를 잃었다고 안타까움을 토로했다. 교수들도 전공에 관심과 열정이 없는 학생들을 가르치기가 쉽지 않다고 밝혔다.

많은 학생들은 "부모님은 전공을 어떻게 '활용' 하느냐에 가장 큰 관심을 보이셨어요.", "부모님은 지금 전공으로는 졸업 후 아무것도 못할 거라고 걱정하셨어요."라고 언급하면서 부모가 취직 가능성이나 연봉 수준이 어떻다는 사실을 전반적으로 조언해주었다고 응답했다. 하지만 모든 부모가 이처럼 완강한 것은 아니었다. 조언은 하되 자녀에게 최종 결정을 맡긴 부모도 일부 있었다. 한 학생은 이렇게 말했다. "내가 원하는 분야기 때문에 부모님도 환경학 전공을 강하게 추천해주셨어요. 하지만 이십 대에는 돈을 전혀 벌지 못할 수도 있다고 말해주셨죠."

드물기는 했지만 부모가 자신의 결정을 지지하고 무조건 존중해주어서 큰 힘이 되었다고 만족스럽게 말하는 학생도 있었다. "부모님은 제가 원하는 것을 선택한다면 평생 '일' 할 필요가 없다고 말하셨죠. 저는 지금 재즈를 전공하고 있고 부모님은 전적으로 지지해주세요."

부모를 만족시키는 직업을 선택해야 한다는 부담이 어제오늘 일은 아니다. 하지만 최신 통신기술에 능한 신세대 부모들은 새로운 방식으로 예전보다 더 깊이 자녀의 전공에 개입을 한다. 전공 결정 기한을 대학 홈페이지에서 확인하고 자녀에게 전화를 걸어 어떻게 결정할지 대화를 나누고 수시로 통화하면서 설득 작업을 벌인다. 자신들의 대학 시절에는 상상하기 어려웠던 모습을 부모가 된 지금 자녀에게 하고 있는 것이다.

대학 졸업 후 자녀가 자립할 능력이 있는지 염려하는 것은 물론 당연하다. 특히 지금 같은 경제 상황에서는 더욱 그렇다. 하지만 현실적인 경력으로 부모를 만족시켜야 한다는 부담감은 학생들을 전형적인 진퇴양난의 상황으로 몰아넣는다. 부모를 실망시키지 않으려고 마지못해 부모의 조언을 따르지만 자신이 원하는 것을 선택했을 때만큼 학업과 대학생활을 즐기지 못한다.

미네소타대학에 다니는 버크를 참고하면 도움이 될 것이다. 대학생활의 절반이 지나간 시점에서 버크는 실용적인 과학에서 다소 애매모호한 언론학으로 전공을 바꿨다. 그는 이러한 결정을 내릴 때 부모와 자주 대화를 나눴다. 하지만 결국 전적으로 자신이 결정했다고 버크는 말했다. "새로운 전공에 대해서는 매우 만족스러워요. 내가 진정으로 원했던 거니까요. 하지만 그 결과 학비 부담이 커졌죠. 새로운 과목을 이수해야 하기 때문에 학비가 더 들게 됐어요."

이것은 버크뿐 아니라 가족들에게도 영향을 미쳤다. 부모는 안정적인 소득을 유지했지만 부유한 상류층은 아니었다. 버크와 다른 두 형제도 모두 아르바이트로 각자의 학비를 보태야 했다. 버크의 어머니는 이렇게 말했다. "세 아이가 모두 전공을 바꿨죠. 버크의 경우도 그렇게 놀랄 일은 아니었어요. 그래픽 아트에서 심리학으로 전공을 바꾼 아들도 있는 걸요."

버크의 부모는 상당히 현실적이면서도 자녀의 의견을 존중해주었기 때문에 그들의 선택을 모두 지지해주었다. "남편과 저는 이렇게 이야기 했어요. 우리가 아이들의 일을 대신 해주는 것도 아니고, 대학을 대신 다니는 것도 아니기 때문에 진로 상담사와 충분히 대화해보라고 얘기 했을 뿐이죠. 스스로 계획을 세워야 했고 아이들은 실제로 그렇게 했어 요. 스스로 미래를 계획하고 준비해야 한다고 말했고 아이들은 그 말에 따랐죠. 우리가 결정할 문제는 아니었어요. 물론 돈이 더 많이 들기는 했죠. 학비를 내려고 아이들도 일조해야 했어요. 때가 되면 이런 것도 스스로 할 수 있도록 이끌어야 하죠."

물론 이러한 방식에 모든 사람이 동의하지는 않는다. 조사에 참여한 학생 중 75퍼센트 이상이 부모에게 학업과 관련한 조언을 구한다고 응 답했고, 대부분 그 빈도수가 주 또는 월 단위라고 답했으며 그 이상이 라고 응답한 경우는 3퍼센트였다. 개인적인 문제로 조언을 구하는 경 우는 빈도수가 더 높았는데, 거의 25퍼센트가 매일, 매주 부모에게 조 언을 구하는 것으로 나타났다. 학장이나 상담교수와 약속을 잡기보다 는 단축번호를 눌러 부모와 통화하기가 훨씬 쉬울 것이다. 하지만 적어 도 학업에 대해서는 학장이나 상담교수와 대화하는 것이 필요한 정보 를 얻는 가장 좋은 방법이다.

부모는 영원한 가장 좋은 친구?

물론 부모와 자녀의 관계가 밀착되어서 좋은 점도 있다. 조사에 참여한 학생들은 부모와의 관계를 1점에서 10점까지로 봤을 때 7.8점 정도로 대부분 밀접하다고 응답했다. 좋은 현상이다. 하지만 자세히 들여다보면 나쁜 현상일 수도 있다. 부모가 먼저 전화나 이메일을 하는 경우 학생들은 이를 통제라고 생각했으며, 부모와 갈등이 계속되고 있다고 느꼈다.

유명 문과대학에 다니는 레베카는 어머니가 하루에 여덟 통의 이메일을 보내며 이것과는 별도로 전화도 자주 한다고 말했다. 레베카는 엄마를 사랑하지만 이러한 밀착 관계 때문에 힘들어했다. 부모와 분리되어 스스로 의사결정을 내리는 일에도 어려움을 겪고 있었다. 그녀는 이렇게 말했다. "늘 엄마에게 보고해야 하죠. 이제는 제 행동이 과연 옳은지 엄마가 확인해주면 좋겠어요." 이전 세대라면 대학 졸업 전에 성인기로 문제없이 이행했을 것이다. 요즘 대학생들의 안타까운 현실이다. 반면, 본인의 주도하에 부모와 연락하는 학생들은 긍정적인 반응을 보였다. 어느 정도 동등한 비율로 연락을 주고받는 학생도 부모를 편하게 여기며 친밀한 존재로 인식했다. 자신이 먼저 전화하는 학생들에게 이러한 긍정적인 감정이 더욱 강한 것으로 나타났다.

애비게일이 다른 대학의 학생과 학부모를 인터뷰한 결과도 비슷했다. 매사추세츠대학에 다니는 릭은 부모와 대화하는 것을 즐기며 일주일에도 수차례 전화나 문자를 주고받는다. 수업, 인턴십, 레드삭스 경기 등 주제도 다양하다. 주말이 다가오는데도 연락이 없으면 어머니가 먼저 전화하기도 하지만 대부분은 릭이 먼저 연락한다. 그의 부모는 대학생활 내내 릭이 모든 일을 주도하도록 내버려두었다. 릭은 부모들이 느긋한 편이라고 얘기한다.

1학년 초에 어머니는 지나칠 정도로 자주 전화를 했다. 어느 날 어머니는 릭의 목소리에서 귀찮아하는 듯한 느낌을 받았고 연락을 줄여야 겠다고 생각했다. 아버지도 신중하게 자녀와 연락했다. 릭의 아버지는 혼자 힘으로 치열한 경쟁을 뚫고 인턴십 기회를 얻은 아들을 자랑스럽게 여겼다. 우리는 릭의 아버지가 독립적인 인격체로 자라도록 아들을 얼마나 배려하는지를 알 수 있었다.

릭은 인턴십에서 알게 된 사람들을 통해 꿈에 그리던 레드삭스 경기 티켓을 얻을 수 있었다. "아들이 경기에 함께 가자고 했죠. 정말 뿌듯해 하더군요." 릭의 아버지도 아들만큼 뿌듯해했다.

릭은 부모와 만족스러운 관계를 유지했기 때문에 친구들이 그러지 못한다는 사실에 놀라워하며 안타깝다고 말했다. 릭은 1학년 때 친구들이 부모와의 대화를 "귀찮고 짜증 난다."고 표현하는 말을 듣고 믿을 수 없었다. 그는 우리에게 이렇게 물었다. "부모님과 대화하는 것을 좋아하는 제가 바보인가요?" 2학년 때 릭의 친구는 대학생활에 적응하지 못해 힘들어했지만 부모에게 그런 이야기를 할 수가 없어 힘들어했다. "그 친구는 아버지가 정말 실망할 것이라고 했어요. 처음에는 이해할 수가 없었죠. 그런데 그 친구 부모님은 정말 모든 것을 통제하려고만 했어요."

릭은 부모와의 관계에 만족하고 있다. 얼마나 자주 부모님과 연락할지 스스로 결정하고 대부분 먼저 연락한다. 전화 횟수와 그 내용을 만족해하면서 독립적인 성인의 특성도 보이고 있다. 하지만 말로는 부모와 강한 유대 관계를 유지한다고 하면서도 너무 자주 부모와 연락을 주고받으면서 독립성을 포기하고 밀착된 관계만을 추구하는 학생도 있었다. '가장 친한 친구'인 어머니와 매일 일상을 공유하는 학생을 생각해 보라. 모든 결정과 크고 작은 사건을 이야기하는 이러한 지속적인 밀착 관계는 스스로 사고하는 여지를 거의 남겨두지 않는다. 기대하는 대학 생활과 완전히 다르다.

전반적으로 부모와 자주 연락하는 학생은 그렇지 않은 학생에 비해 자율성이 낮은 것으로 파악되었다. 매일 통화하고 보고하고 조언을 구하고 문제 해결을 함께한다면 마음의 위안을 얻을지는 모른다. 하지만 자녀가 거의 성장할 수 없다는 사실을 알게 된다면 부모는 생각이 달라질 것이다. 인생의 모든 것이 그렇듯이 여기에서도 중요한 것은 '균형'이다. 너무 자주 전화하지 않고 거리를 두면 학생들은 독립적인 삶을 살 수 있고, 가족과 건전한 정서적 거리를 유지할 수 있다.

학업 성공의 열쇠는 자기 관리다

독립성이 중요한 또 다른 이유는 자신의 행동을 조절하는 법을 배울 수 있기 때문이다. 특히 대학생들은 학업을 관리하는 방법을 배운다. 여기에는 시간 관리, 노트 정리, 다양한 학습 기술 등이 포함된다. 고등학교와 비교해서 상대적으로 스스로 채우는 부분이 많기 때문에 이러한 기술을 습득하지 못한 학생은 대학생활이 힘들 수 있다. 예전에는 언제, 어디에서, 어떻게 공부할지 부모나 교사가 알려주는 대로 따르면 됐지만 이제는 대학생활의 무한한 자유를 어떻게 누려야 할지도 모르는 상황이다.

이번 연구에서 우리는 학생들이 학업을 어떻게 관리하는지 살펴보기 위해 '과제를 미리 준비하는가?', '스스로 작은 목표를 세워 더 큰 목표를 달성하는가?'라는 질문에 응답해달라고 요청했다. '그렇다.'라고 답한 학생들은 효과적으로 자기 관리를 잘하고 있었으며 학업에 대한 열정과 대학생활에 대한 만족도도 높았다. 마찬가지로 학점도 높게 나타났다. 당연히 자기 관리 기술이 부족한 학생들보다 과제나 리포트 작성을 미루는 일도 훨씬 적었다. 재미있는 사실은 이러한 학생들은 부모와 관계가 만족스럽다고 답했으며 높은 수준의 자율성을 보였다는 것이다.

성공적인 대학생활에서 자기 관리는 분명히 중요하다. 고등학교 때부터 부모가 공부에 대해 서서히 개입을 줄이면 그 자녀는 대학에 진학했을 때 성적도 좋고 삶에 대한 만족도도 더 높을 것이다. 그러나 이 일은 하룻밤 사이에 이루어지지 않는다. 한 번에 조금씩 자녀가 홀로 서도록 개입을 줄여야 한다. 자녀가 자신의 문제를 주도적으로 이끌면서 모든 것을 신중하게 결정하고 균형을 잡으려면 이러한 과정을 거쳐야 한다. 대학 입학 원서를 접수할 때쯤이면 그 결과는 분명히 나타날 것이다. 부모가 원서를 접수해주기를 기대하지 않고 자신이 주도해서 스스로 헤쳐가는 자녀는, 대학에 진학하는 것은 '부모'가 아닌 자신이라는 사실을 잘 아는 어른으로 어느새 성장해 있을 것이다.

부모의 통제는 자녀의 성장을 방해한다
이처럼 자기 관리는 중요하며 부모와 각 대학은 학생들이 자기 관리 기술을 습득하도록 도와야 한다. 하지만 안타깝게도 일부 부모는 대학생 자녀의 학업을 여전히 통제했다. 우리는 참가자들에게 '부모가 내가 작성한 리포트를 첨삭해주는가?', '부모가 과제를 제대로 하고 있는지 확인하는가?'라는 질문에 답해달라고 요청했다. '예.'라고 답한 학생들의 경우, 부모는 도움을 주려는 의도였지만 실제로는 부작용을 낳고 있었다.

사실 이번 조사 결과에 따르면 이러한 부작용이 높을수록 부모의 연락하는 빈도수도 높았으며 일을 미루는 습관도 함께 비례하는 것으로 나타났다. 대부분 자녀의 학업을 일일이 관리하기 위해 자주 전화하는 것이다. 이러한 행동은 자녀가 독립적으로 학업을 관리하려는 동기를 박탈할 수도 있다.

전화를 자주 하고 과제 기한을 확인하거나 실제로 과제를 도와주는 것이 자녀를 돕는 일이라고 생각하는 부모가 있다면 심리적으로든 학업적으로든 전혀 도움이 안 된다는 것을 기억할 필요가 있다. 이번 연구를 보면 부모가 자녀의 학업을 도우려고 할수록 자녀의 자율성과 독립성이 더욱 낮게 평가되었다. 따라서 이러한 학생들은 스스로 학업 관리를 제대로 못한다고 판단할 수 있다. 부모 입장에서는 의존적이고 일을 잘 미루는 자녀를 돕기 위해 그런다고 생각하겠지만 실제로는 전혀 도움이 되지 않고 오히려 상황을 악화시킨다.

차라리 자녀에게 고등학교 때부터 시간 관리, 정리법, 시험 준비법 등을 가르치거나 대학에 가면 어디에서 도움을 받을지 알려주고 스스로 자기 관리를 하게끔 유도하는 것이 바람직하다. 예를 들면, 학습지원센터에 관한 정보를 알려주는 것이다.

고등학교 때보다 잔소리가 줄었으면 좋겠다고 응답한 학생도 있었다. 이들의 학업 동기 수준이 낮은 것은 어쩌면 당연한 일이다. 한 예로, 2학년인 세스는 숙제가 자신의 일로 느껴지지 않아 의욕을 잃었고 리포트를 점점 늦게 제출하기 시작했다. 당연히 학점은 점점 나빠졌다. 부모의 끊임없는 간섭이 학습 의욕을 저하시킨 것이다. 세스는 갈수록 뒤처졌고 모든 일에 의욕 상실이었다. 결국 단순한 습관 이상으로 문제가 심각해져서 주변 기관에 도움을 요청하기에 이르렀다.

이번 연구 결과 밝혀진 가장 놀라운 사실 중 하나는, 부모가 대학생 자녀의 과제물을 교정하고[19퍼센트] 첨삭해준다[14퍼센트]는 학생들의 응답이었다. 학생들은 학교에 있는 글쓰기 교육을 받은 전문가로부터 대부분 도움을 받을 수 있다. 부모가 자녀의 리포트를 검토해준다면 학생들이 대학에서 권장하는 학습 방식을 습득하지 못하도록 오히려 방해하는 셈이 된다.

어느 교수는 리포트를 파일 형식으로 제출하라고 요청했다. 그러나 변경 내용 추적 기능으로 부모가 여백에 코멘트를 달고 첨삭한 내용을 발견하고는 정말 놀랐고 거부감까지 들었다고 말했다. 교수들은 그러한 리포트를 발견하면 학생을 불러서 다음부터는 스스로 작성하라고 충고한다. 이러한 모습이 많은 교수들에게는 아직 새롭고 놀라운 일이겠지만, 어쩌면 더 많은 학생들이 그럴지도 모른다. 부모의 도움을 받았지만 그 내용을 감출 수도 있고 변경 내용이 추적되지 않는 하드 카피로 리포트를 제출할 수도 있기 때문이다. 현재는 이러한 문제가 얼마나 심각한지 파악된 것이 없기 때문에 제도적인 지원도 마련되지 않은 상태다. 부모로부터 어떤 식의 도움이 적절하고 바람직한지 학생들에게 미리 교육하고 부모들도 이를 인식하도록 알려주는 등 여러 가지 예방책이 필요하다.

일부 부모는 학과 공부 외에도 여전히 많은 것을 통제한다. 집에 있는 십 대 자녀에게 하듯이 뭘 먹고, 잠은 얼마나 자야 하는지 성인이 다 된 자녀에게 일일이 전화를 걸어 지시한다. 부모들이 이러한 잔소리를 얼마나 자주 하는지 조사해보았다. 전화를 자주 하는 부모일수록 세부적인 것까지 충고해주는 경우가 많았다. 그러한 부모가 자녀의 학업 문제에 대해서 간섭하는 것은 당연했다. 부모가 사소한 문제에 자주 간섭한다고 응답한 학생들은 여러 면에서 자율성이 낮았다. 독립성도 낮았고 부모를 자신과 다른 인격체로 인식하는 경향도 낮았다. 정서적 자율성 점수도 낮게 나타났다. 학업과 시간 관리를 어려워했으며 학점도 낮았고 대학생활에 대한 만족도도 낮았다. 부모와의 관계는 한마디로 갈등과 통제로 요약되었다.

과거에는 처음부터 바로 적응을 못하는 학생들도 기숙사 사감, 학장, 상담사, 친구, 지도교수, 교정 서비스센터 등의 도움을 받거나 스스로 방법을 터득해서 어떻게든 해결하려고 노력했다. 자녀들에게 방법을 알려주고 도움을 받도록 가르치는 것이 바람직한 일이다.

부모가 지나치게 개입을 하면, 자녀는 자기 관리 기술이나 도움을 구하는 방법을 습득할 필요를 느끼지 못한다. 하지만 이를 배우지 못하면 대학생활, 그리고 이후 성인이 되었을 때도 어려움을 겪을 가능성이 크다. 대학은 학업을 이수하는 곳이자 문제 해결 방법을 배우는 곳이다. 부모가 불필요하게 개입하는 것은 자녀들에게 그러한 기회를 박탈하는 것이다.

부모의 개입, 대학생활 동안에는 잠시 접어라

부모의 개입이 필요한 적절한 시점을 아는 것은 쉽지 않은 일이다. 앞으로 설명하겠지만 그런 경우는 분명히 있다. 특히, 그동안 부모의 역할이 중요하다는 이야기를 많이 들었기 때문에 그렇다. 자녀가 어릴 때부터 학교는 늘 부모의 참여를 요구했다. 학부모 일일 도우미, 부모와 교사의 대화 등, 행사를 열거나 부모가 자녀의 과제를 얼마나 도와주는지 상담하고 학교 행사나 기타 과제를 수행할 때 부모의 적극적인 참여를 요구한다. 이런 식으로 대학 입학 때까지 수년 동안 계속해서 자녀에게 개입해온 부모들은 언제, 어떻게, 왜 물러서야 하는지 결정하는 것을 어려워한다. 특히 자녀가 대학에 진학할 때 부모의 적극적인 개입으로 큰 효과를 보았기 때문에 지금 와서 멈춰야 할 이유를 찾기 어렵다.

대학생활에 쉽게 적응하는 학생들도 있다. 그들은 고등학교 때부터 스스로 결정하고 부모에게 덜 의존하도록 배웠다. 뉴욕대학 2학년생인 해리스는 입학 후 첫해에는 적응하느라 힘들었지만 예상했던 일이었다. 넓은 그리니치빌리지에 있는 뉴욕대학은 학생들이 이만천 명이나 되는 곳이었고, 지방의 작은 고등학교와는 완전히 다른 세계였다. 해리스는 조심스럽고 신중한 성격이라서 그런 분위기에 적응하고 친구를 사귀는 데 다소 시간이 걸렸다. 고등학교 때 만나던 여자친구와 떨어져 있으면서도 관계를 유지하려고 애썼던 것도, ^{지금은 결국 헤어졌지만} 새로운 세계로 적응하는 것을 더디게 했다. 하지만 결국 해리스는 무사히 적응을 했다. "전에는 가져보지 못한 자유였죠. 하지만 고등학교 때도 부모님이 그렇게 엄격했던 것은 아니었어요. 자유를 많이 주셨죠." 혹시 오해할까 봐 해리스는 곧 다시 덧붙였다. "물론 저에게 관심도 많으셨어요."

해리스는 부모와 일주일에 두세 번 연락한다. 연락을 먼저 하는 것은 양쪽 다 비슷하다. 해리스는 경쟁이 치열한 뉴욕대학에서도 학업 때문에 어려움을 겪은 적이 거의 없고, 학점은 평균 A에 가깝다. 부모가 학업에 개입하지 않았으며 대학 입학 후 부모와 훨씬 더 가까운 사이가 되었다고 말했다. 공통의 관심사도 많아졌고 집에 있을 때 종종 들었던 "방 좀 치워!"와 같은 사소한 말다툼은 사라졌다.

자녀가 대학에 진학하면 부모들은 장·단기적 결과에 모두 신경 쓰면서 자녀가 대학이라는 시기를 최대한 활용하도록 도와주려고 한다. 그러나 자녀가 자신의 삶을 스스로 책임지고 부모에 대한 의존도를 줄이는 것이 좋은 방법이다.

또한 학생들은 자신의 성장에 관심을 기울이고 장기적인 관점에서 대학생활을 바라볼 필요가 있다. "도와주세요! 내일 아침까지 제출해야 하는데 좀 봐주세요!" 리포트 때문에 부모에게 도움을 요청하는 것은 세상을 너무 쉽게 살려는 태도다. 전화를 너무 많이 하는 것은 부모들만의 탓은 아니다. 부모와 자녀 모두 각자의 행동을 뒤돌아보고 그 결과를 생각해야 한다. 이번 장을 함께 읽고 대화를 나누는 것도 좋은 출발점이 될 것이다.

당신의 자녀가 아직 고등학생이라면 부모의 역할을 줄이고 자녀가 자신의 행동에 스스로 책임지도록 지도할 수 있는 좋은 시기다. 아직도 자녀의 스케줄을 관리하고 과제를 점검해준다면 더욱 그렇다. 계획을 짜주기보다는 계획표를 사용하는 방법을 가르치라. 대학에서 필요한 기술이라고 설명하며 접근하면 될 것이다. 학습 시간과 과제 제출 기한을 스스로 챙길 때가 되었다고 말하라.

마찬가지로 아직도 자녀에게 과제물이나 시험, 리포트 준비 등 잔소리 습관에서 헤어나지 못한다면 그 역할을 이제는 자녀에게 맡기라. 예를 들어 이렇게 이야기하는 것이다. "지금까지는 무엇을 해야 하는지 내가 다 챙겨줬지만 이제는 스스로 책임지고 그 결과를 받아들이는 법

을 배워야 한단다. 물론 도움이 필요하면 언제든 도와줄게."

부모의 대학 시절이나 처음으로 집을 떠났던 때를 떠올려보는 것도 좋다. 그때 자신이 부모와 얼마나 자주 대화했고 어떤 이야기를 나눴는지, 그리고 룸메이트와 문제가 있거나 학업에 어려움이 생겼을 때 누구에게 도움을 청했는지 기억해보는 것도 도움이 될 것이다. 당신의 전공 선택에 부모가 얼마나 영향을 끼쳤는지, 그리고 부모가 어떤 도움을 주었는지 살펴보라. 통신기술의 발전으로 상황이 달라졌다고 해서 그러한 개입이 바람직하거나 반드시 필요한 것은 아니다. 자녀와 너무 자주 연락을 주고받는 것은 도움을 주기보다는 오히려 필요 이상으로 개입하는 결과를 낳을 수 있다.

자주 연락을 주고받는 것이 얼마나 위험한지 깨닫게 된다면 부모와 자녀에게 더 나은 미래가 보일 것이다. 부모의 소통 방식은 부모가 말하는 내용만큼이나 중요하다. 자녀는 부모와의 소통 방식에 따라 통제받는다고 느낄 수도 있고, 격려받는다고 느낄 수도 있다. 큰 그림을 그리고 장기적인 목표, 즉 자녀가 부모와 건강한 관계를 맺고 독립적인 성인으로 자라는 것에 초점을 맞춘다면 자녀로부터 한발 물러서는 현명한 부모가 될 것이다.

부모들이
저지르는 실수

이번 장에서는 부모가 자녀를 도우려는 좋은 의도였지만
결과적으로 실수하는 부분이 무엇인지 보여줄 것이다.
또한 대학에서 이러한 부모들의 부적절한 개입과 결과를
어떻게 생각하는지 살펴보았다.

대학 시절에 연애는 일종의 통과의례였다. 연인과 오랫동안 관계를 잘
유지하다가도 갑작스러운 이별 통보를 받고 친구들을 불러 함께 아픔
을 달래기도 했다. 하지만 요즘 학생들은 문제가 생기면 친구가 아닌
부모에게 먼저 전화한다. 연애에 실패할 때도 마찬가지다. 부모들은 집
에서, 직장에서, 또는 이동 중에 애인에게 차였다고 징징대는 자녀의
전화를 받는다. 어떤 자녀는 한 통의 전화로 끝내지 않고 감정이 북받
칠 때마다 수시로 전화하는 등 그 여파가 오랫동안 계속되기도 한다.

　최근에 헤어진 한 커플에게 일어났던 일이다. 이들은 신입생 때 헤어
졌는데 여학생이 이별을 원하지 않았다. 여학생은 부모, 특히 어머니에
게 수십 통의 전화와 문자로 자신의 괴로운 심정을 퍼부어댔다. 걱정스
러운 부모는 딸을 정성껏 위로했고 급기야 먼 거리도 마다하지 않고 비

행기를 타고 직접 딸에게 찾아가기도 했다. 결과는 어땠을까? 남학생은 친구로 남기를 원했지만 여학생은 이를 받아들이지 못했다. 두 학생의 관계가 갈수록 악화되자, 결국 그들이 관계를 정리하도록 도와달라고 양쪽 부모들이 대학 측에 개입을 요청했다. 대학 관계자들은 당황할 수밖에 없었다. 당시의 관계자는 이렇게 말했다.

"정말 해도 해도 너무했죠. 학생들의 남녀 관계에 개입했던 것은 난생처음 있는 일이었으니까요." 학생들의 신분 노출을 우려해 대학 이름을 밝히지 말라고 요청한 관계자는 이렇게 말했다. "상황이 심각했느냐고요? 아뇨, 아주 흔하고 평범한 경우였어요. 학생들 스스로 극복할 일에 이렇게까지 개입하는 부모를 이해하기 어렵습니다. 학생들이 자신의 삶을 주도하지 못한다는 거죠." 자신도 대학 때 여러 번 연애를 해봤지만 대학은 물론이고 부모도 자신의 연애사에 관여한 적은 단 한 차례도 없었다고 말하며 최근의 실태에 대해서 안타까움을 드러냈다.

그가 이 문제를 떠맡게 된 데에는 대학의 역할에 대한 부모의 잘못된 인식을 포함해서 여러 가지 이유가 있을 것이다. 그러나 그는 학생들이 부모와 스물네 시간 내내 연락을 주고받는 것이 가장 큰 이유라고 말했다. 화가 난 여학생이 문자를 보내고 전화를 걸 때마다 부모는 딸의 삶에 점점 더 깊이 빠져들었다. "그 여학생은 문자든 이메일이든 전화든 쉴 새 없이 부모에게 자신의 일상을 이야기했어요. 집까지 천 마일이나 떨어져 있었지만 부모는 딸의 일상을 속속들이 알 수 있었죠." 부모들도 대학 관계자들에게 도움을 요청하려고 끊임없이 이메일로 연락했다. 결국 커플 중 한쪽이 해외 유학을 가면서 상황은 종료되었다.

물론 자녀의 불행을 원하는 부모는 없다. 특히 자녀가 힘들다는 이야기를 계속해서 들으면 이성을 잃을 수도 있다. 헬리콥터 맘을 연상시키는 이 사례는 요즘 대학생들의 현실을 보여준다. 부모들은 자녀와 밀착 관계를 유지하며 수준 미달의 리포트, 지각, 매너 없는 룸메이트, 이별의 아픔 등 온갖 위험으로부터 자녀를 보호하느라 적정선을 넘기 일쑤다. 컴퓨터 기술의 발달로 편리해진 세상은 이러한 부모들을 더욱 부추기고 있다.

이번 장에서는 부모가 자녀를 도우려는 좋은 의도였지만 결과적으로 실수하는 부분이 무엇인지 보여줄 것이다. 또한 대학에서 이러한 부모들의 부적절한 개입과 결과를 어떻게 생각하는지 살펴보았다. 먼저 부모와 대학의 관계가 최근 들어 어떻게 변했는지 잠시 살펴보자.

부모와 대학, 쉽지 않은 관계

최근 대학에서는 학부모들에 대한 태도가 변하고 있다. 처음에는 헬리콥터 맘이 극성을 부리면서 많은 대학에서 학부모의 개입을 반대하는 입장이었다. 물론 그동안 사무처에서는 학교를 지원하는 부모를 환영했지만 기부금을 거부할 학교는 없을 것이다. 부모가 참여하는 것에 대해서는 다소 부정적이었다. 하지만 아이페어런팅이 일반화되고 대학 등록금이 갈수록 인상되면서 일부 대학에서는 부모의 개입을 적극적으로 받아들이기 시작했다.

인터넷 덕분에 부모들은 예전보다 손쉽게 대학 사무처 문을 두드릴 수 있다. 휴대전화와 이메일로 스물네 시간 소통이 가능해지면서 자녀를 걱정하는 학부모들은 대학 관계자들에게 온갖 종류의 질문을 던진다. 캘리포니아 주 피처대학은 독립성이 강한 학생들을 우선 선발하는 대학으로 유명한데 그럼에도 최근 사무처에는 학부모들의 문의가 넘쳐난다고 한다. "본인이 대학생이 되었다고 착각하는 것처럼 보일 때도 있습니다." 피처대학의 짐 마천트 학생처장 겸 학생복지차장은 농담 삼아 이렇게 말했다. 대학 관계자들은 수많은 학부모의 문의에 일일이 대응하기가 쉽지 않기 때문에 보다 전략적인 대응 방법을 찾고 있다.

대학 측에서는 자녀와 적절한 거리를 유지하는 것이 왜 중요한지 부모들에게 강조한다. 편지나 이메일, 때로는 신입생 오리엔테이션에서 강연을 열어 학부모들에게 이제 그만 자녀를 둥지에서 떠나보내라고 촉구한다. 하지만 대학의 이러한 노력이 실제로 효과가 있는지는 단언하기 어렵다. 《고등교육에 대한 부모의 개입 : 학생, 학부모, 교육 기관의 관계에 대한 이해》의 공동저자인 마조리 새비지와 캐서린 와트먼에 따르면, 대학 홈페이지에서 '학부모 전용' 메뉴는 필수가 되었고, 캠퍼스 내 학부모 모임도 점점 증가하는 추세라고 한다. 대학이 학부모들의 참여를 적극적으로 받아들이기는 했지만 관계자들과 대화해보면 상당수가 학부모에게 불편함을 느끼는 것으로 파악되었다. 그리고 학부모의 역할을 비중 있게 높이고 이를 교육하는 것에 대해서도 우려했다. 대부분의 교육자들은 학부모까지 관리하는 것이 아니라 단지 자신들의 전문 분야, 즉 학생들을 교육하는 데에만 몰두하기를 원했다. 실제로 한 대학 관계자는 학부모들의 지나친 관심과 요구에 지친 나머지, 홈페이지의 최근 신설한 학부모 메뉴명을 '제발 신경 좀 끄세요!' 라고 하고 싶다고 말했다. 부모들은 자녀가 다니는 대학 교수, 기숙사 사감, 또는 학생처장 등에게 전화를 하거나 이메일을 보내기 전에 이러한 대학의 입장도 고려하는 것이 좋을 것이다.

도가 지나친 부모들

너무 자주 전화한다

대학 교육 담당자들은 학생과 부모가 쉴 새 없이 연락을 주고받는 것을 우려했다. 앞에서도 언급했듯이 그러한 관계는 학생들이 친구들과 끈끈한 관계를 맺고 캠퍼스 내 관계자들에게 도움을 받을 기회를 박탈하기 때문이다. 또한 학생들이 대학에 소속감을 갖게 되는 과정을 지연시키거나 저해한다는 전문가의 견해도 있다. 그리넬대학 학생복지차장 휴스턴 도허티는 이렇게 말했다. "게다가 이러한 전자 족쇄의 종류가 너무나 다양해졌기 때문에 이제는 부모가 대학생활의 최대 침입자라고 할 수 있죠. 학부모들은 하루에 몇 번씩 전화하거나 이메일을 주고받는 것이 개입이 아니라고 말합니다. 하지만 현실은 그렇지 않아요."

친구들이 바로 옆을 지나가는 것도 의식하지 못하면서 강의실을 나서자마자 바로 휴대전화를 꺼내는 학생들을 볼 때마다 도허티 차장은 안타까움을 느낀다고 말했다. "가까이 있는 사람에게 아무런 관심을 기울이지 않는 학생들이 정말 걱정스러워요. 우리로서는 참으로 안타까운 현실입니다." 물론 같은 대학이거나 다른 대학을 다니는 친구의 전화일 수도 있다. 하지만 부모와 통화하는 경우가 대부분이다. 현명한 부모라면 자녀에게 너무 자주 전화하는 것을 잠시 고려해야 한다. 특히 낯선 환경에 적응하고 새로운 친구를 사귀는 대학 첫 학기는 매우 중요한 시기다. 부모에게 전화를 자주 해달라고 요청하는 자녀도 있을 것이다. 대학에서 실제로 어떤 일이 벌어지는지 알 수 없기 때문에 자녀의 요청에 맹목적으로 따르는 부모도 있다.

사건의 일면만 보고 판단한다

또 한 가지 문제점은, 부모가 자녀의 이야기만 듣는다는 것이다. 대화하는 상대가 자녀뿐이니 당연한 일이지만, 학생들은 문제가 발생했을 때 자신의 입장만 설명한다. 자기 입장에서 상황을 해석하고 "그 시험에서 C를 받았어요. 교수가 시험 범위도 안 알려줬으니까요!", 자신에게 불리한 부분은 숨긴다 "사실은 지난주에 수업을 빼먹었어요." . 물론 이전 세대도 그런 경우가 있었지만, 요즘에는 통신기술이 발달하면서 작위적인 편집이 더 쉬워졌다. 학생들은 자신의 입장을 합리화하고 자신의 편을 들어줄 사람을 찾으려고 순간적으로 부모에게 전화하는 것이다.

어떤 학생은 자신이 처한 상황을 책임지지 않으려고 한다. "맥주를 그렇게 많이 마시지 말걸 그랬어요.", "룸메이트의 옛날 보고서를 베낀 게 잘못이에요." 학생들이 스스로 잘못을 인정할 가능성은 매우 낮다.

비슷한 상황을 수차례 경험한 콜비대학의 학생처장 및 학생복지차장 제임스 터훈은 이렇게 말했다. "지적을 받을 때 학생들은 우선 '내가 한 일이 아니다.' 라고 일단 부정을 하죠."

궁지에 몰리면 학생들은 부모에게 전화를 한다. 터훈 학생처장은 대화 도중에 학생들이 단축번호를 눌러 부모에게 전화하는 모습을 수없이 봤다고 한다. "과거에는 어느 정도 시간차가 있었죠. 일단 책상에 앉아서 무슨 일이 있었는지 부모에게 손수 편지를 쓰거나 타이핑을 쳐야 했으니까요. 그리고 편지를 접어서 봉투에 넣고 우표를 붙여 보내기 전에 다시 한 번 생각할 기회가 있었죠. 하지만 이메일은 일단 보내면 끝입니다. 그래서 일이 더 어려워지는 것입니다."

때로 학생들은 자신의 입장을 옹호하는 데 몰두한 나머지 거짓말을 늘어놓기도 하고, 어떤 경우는 그것이 사실이라고 믿어버리기도 한다. 바로 이것이 앞서 언급한 헤어진 커플에서 가장 문제가 되었던 부분이다. 그 여학생은 캠퍼스 내에서 남자친구를 볼 때마다 소리를 질렀다는 얘기를 부모에게 말하지 않았던 것이다.

자녀의 역할을 대신한다

자녀의 대학생활에 부모가 얼마나 관여해야 하는지 판단하기가 쉽지 않다. 부모들은 유치원부터 고등학교까지 자녀에게 관여하는 일이 익숙하기 때문에 자녀가 대학에 진학할 시기가 되면 이제부터는 어떻게 해야 할지 몰라 당황하게 된다. 제임스 터훈 학생처장은 자신도 십 대 자녀를 둔 아버지로서 오늘날 부모의 현실에 공감한다. "우리의 고민은 과연 어떤 시점부터 부모가 단순한 자녀의 대리인으로 바뀌느냐 하는 것입니다." 많은 부모들은 이러한 적정선을 판단하는 것을 어려워한다. 이제는 스물네 시간 내내 자녀와 연결되어 있기에 상황은 훨씬 어려워지고 있다.

부모는 휴대전화와 화상전화로 자녀의 삶을 실시간으로 경험한다. 대테러 요원의 스물네 시간을 한 시간씩 나누어 그린, 미국 드라마 〈24〉와 매우 흡사하다. 이러한 즉각적인 소통 때문에 부모들은 당장 자녀의 삶에 뛰어들어 문제를 해결해주고 싶은 유혹을 느낀다. 버지니아대학 부 학과장 겸 학생복지처장 패트리샤 M. 램프킨은 대학에 다니는 두 자녀를 둔 어머니로서 자녀가 어려움을 호소할 때 다음과 같이 대응한다고 밝혔다. "어떤 해답이나 의견을 바로 제시하지 않으려고 말 그대로 끊임없이 자신을 자제시킵니다."

이런 해결법이 더 어려운 이유는 학생들이 일이 풀리지 않을 때 전혀 꺼리지 않고 당장 부모에게 도움을 요청하기 때문이다. 이번 조사에서 학생 12명 중 1명은 부모에게 전화해 학장이나 교수에게 학점을 고쳐달라고 요청하거나 거짓말을 해서라도 기숙사 방을 새로 배정받아달라고 부탁한 적이 있다고 응답했다. 학생들에게 설문했기 때문에 실제 비율은 더 높을 것이다.

순간의 감정에 잘 휩싸이는 학생들은 불만을 호소하려고 부모에게 전화한다. 문제를 직접 해결해달라고 얘기하지는 않지만 일부 부모는 결국 그렇게 한다. 대학 운영진들은 다시 학생을 불러 묻는다. 어느 대학 학과장의 표현에 의하면 학생들은 "어머니가 뭐라고 하시던가요?

저는 그냥 불평만 늘어놓았을 뿐이에요!"라고 대답한다고 한다. 하지만 그런 순진한 대답도 가려서 들을 필요가 있다. 걱정이 가득한 목소리로 전화하면 부모가 어떻게 반응할지 본인이 이미 잘 알기 때문이다. 문제가 해결되고 나서 한참 후에 다시 물어보면 그 학생들은 본인의 잘못을 부끄러워할지도 모른다.

자녀를 대신해서 문제를 해결한다

이야기의 전말을 다 듣지 않은 상태에서 일부 부모들은 자녀를 대신해 책임을 떠맡기도 한다. 자녀가 룸메이트나 친구가 자신을 무시했다면서 흐느끼거나 격분한 목소리로 전화한다면 부모는 당장 나서고 싶을 것이다. 심지어 부모가 룸메이트에게 직접 전화하는 일도 있다. 뉴욕주 마리스트대학의 사라 잉글리시 기숙사 사감에 따르면, 딸의 룸메이트에게 전화해서 "왜 우리 딸을 못살게 구니? 대학까지 들어간 애가 어떻게 친구한테 그럴 수 있니?"라고 따지는 부모도 있다고 한다. 이러한 부모의 개입을 오히려 반기는 학생들도 있다.

잉글리시 사감은 "결국 부모는 자식의 거울이다."라고 말하며 부모가 넘지 말아야 할 선을 지키지 않는다면 자녀도 부모와 똑같이 된다고 지적했다. "룸메이트에게 전화하는 것은 그 선을 넘는 것입니다." 잉글리시 사감과 대학 관계자들은 부모의 그러한 전화가 바람직하지 않다고 본다. 부모가 자신의 자녀가 아닌 다른 학생에게 압력을 휘두르는 것은 불공평하고 부적절하다.

간접적인 방법을 택하는 부모도 있다. 상대방 학생의 부모에게 연락하는 것이다. 수잔은 유명한 남부 대학에 다니는 딸이 있는데 딸의 룸메이트 어머니에게 전화를 받고 놀랐다. 그 어머니는 다짜고짜 아이들 사이가 어떤지 알고 있느냐고 물었다. 수잔은 딸에게 들은 이야기가 있지만 모르는 척했다. 알고 보니 딸은 룸메이트가 벽에 무엇을 걸지, 언제 불을 끌지 등 사사건건 간섭하는 것이 싫어서 가을학기에는 다른 사람과 방을 쓰고 싶어 했다.

룸메이트의 어머니는 두 아이가 계속 방을 같이 쓰고 새로운 룸메이트를 들이지 말라는 입장을 전하려고 전화한 것이었다. 딸을 설득해달라고 직접 말하지는 않았지만 뜻은 분명했다. "대화는 점잖게 주고받았어요. 하지만 나는 절대로 아이들의 일에 개입하고 싶지 않았어요. 아이들은 오늘 싸우다가도 내일은 둘도 없는 친구가 되죠. 날개를 펴서 성장하는 과정이라고 생각합니다."

룸메이트 문제에 부모가 개입하는 것은 지나친 일이다. 학생들은 자신과 상대방이 다르다는 사실을 배워야 하고 그러한 배움은 성장의 중요한 과정이다. 룸메이트와 합의가 어렵다면, 기숙사 관계자들에게 언제든지 도움을 요청할 수도 있다. 기숙사 관계자들은 그러한 상황을 해결하는 법을 전문적으로 교육받은 사람들이다.

대부분 대학에서는 에어컨 고장, 전구 교체, 새는 수도꼭지 등 문제가 발생했을 때 학생들이 스스로 기숙사 관계자들에게 연락할 것이라고 생각한다. 찢어진 방충망 수리, 책상 서랍 교체 등의 사소한 문제로 부모가 기숙사 사무실에 시도 때도 없이 연락한다면 정말 중요할 때만 도움을 요청하는 부모보다 아무래도 늦게 도움을 받을 것이다. 우는 아이 젖 준다는 속담이 있지만 기숙사에서는 울지 않는 아이가 더 빨리 젖을 먹기도 한다. 부모가 자녀에게 스스로 문제를 해결하도록 격려해야 하는 또 다른 이유가 바로 이것이다.

온라인에서 자녀 행세를 하는 부모

요즘은 학사관리가 대부분 온라인으로 이루어지기 때문에 자녀가 해야 할 일을 부모가 대신해주기가 쉽다. 자녀의 이메일 계정에 접속해 마치 자신이 학생인 것처럼 대학 측과 대화하는 부모들이 있다고 관계자들은 수차례 토로했다. 노스캐롤라이나 주 데이비슨대학 신입생을 자녀로 둔 한 어머니는 자녀 대신 수강신청을 하려고 학교 홈페이지에 들어갔으나 접속이 잘 안 되었다. 기다렸다가 다시 시도했지만 마찬가지였다. 어머니는 포기하지 않고 30분 동안 75번이나 접속을 시도했다. 인내심을 가지고 계속했지만 접속은 되지 않고 오히려 학교 홈페이지 서버가 다운됐다. 데이비슨대학의 학사관리차장 레슬리 마르시카노에 따르면, 어머니가 자기 대신 접속하려다 문제를 일으킨 사실이 알려져 그 학생이 매우 부끄러워했다고 한다.

대학에서는 본인 외에 다른 사람과 비밀번호를 공유하지 말라고 학생들에게 권유한다. 여기에는 부모도 포함된다. 부모가 안전 문제로 어렸을 때부터 자녀의 인터넷 사용을 점검하는 데 익숙해져서 아직도 그러한 습관이 계속된다면 지금이라도 당장 중단해야 한다. 온라인 학사관리는 자녀가 스스로 책임지고 자신의 행동을 통제하는 법을 배우는 과정이다. 당연히 학생들 스스로 해야 한다. 부모가 자녀의 계정에 접속하는 것은 자녀의 독립성 발달을 방해하는 것이다. 부모가 이런 수준까지 관여한다면 다른 문제도 개입하기 쉬워진다. 마찬가지로 바람직하지 않은 행동이다.

지나친 개입과 부정행위로 물을 흐린다

어떤 부모들은 자녀가 대학에 진학하고 나서도 예전처럼 계속해서 이메일로 자녀의 리포트 작성을 도와준다. 우리의 연구에 따르면 미들베리대학과 미시간대학 학생 5명 중 1명은 리포트를 제출하기 전에 먼저 부모에게 검토를 요청한다고 응답했다. 미들베리대학과 미시간대학에만 국한되는 이야기가 아니다. 그 외 여러 대학의 학생과 교수를 대상으로 한 인터뷰를 보면 어느 대학이나 마찬가지였다. 그러나 각 대학의 명예 규범은 이러한 현실을 반영하지 못하고 있다. 조지타운대학의 평생교육원 학사관리처장 월터 랜킨 박사는 다음과 같이 설명했다. "우리는 명예 규범이 불변하다고 생각합니다. 전통적이고 누구나 이해하는 규범입니다. 하지만 요즘 들어 부모들의 개입 범위가 급속히 확장되었습니다. 우리와 부모가 스스로 작성한 리포트에 대한 개념이 서로 다르니까요." 랜킨 박사는 조지타운대학의 명예위원회 회장으로 십 년 넘게 명예 규범 관련 업무를 맡아 이를 주제로 대학교직원협회나 미국대학 학사지도협의회에서 논문을 발표하기도 했다.

밴더빌트대학의 앤드류 반 샤크 교수는 다음과 같이 말했다. "학생들이 부모에게 리포트를 보내 첨삭을 받는 일이 없을 것이라는 예상은 빗나갔어요. 비윤리적이며 용납할 수 없다는 것을 부모들이 당연히 알기 때문에 그런 일이 없다고 생각했죠." 샤크 교수에 따르면 한 개의 강의를 기준으로 학생의 **41**퍼센트가 리포트를 작성할 때 부모의 도움을 받는다고 응답했다. 그리고 **90**퍼센트는 다른 학생이 그렇게 하는 것을 본 적이 있다고 응답했다.

얼마 전까지만 해도 부모에게 첨삭을 부탁하고 싶어도 리포트를 우편으로 보내는 것이 너무 느리고 번거로워서 사실상 불가능했다. 부모가 대학생 자녀의 삶에 그렇게까지 개입하는 것에 대한 문화적인 반감도 있었다. 하지만 오늘날 학생들은 이러한 개입을 당연하게 여긴다. 부모가 교수에게 전화를 걸어 과제물이나 리포트가 무엇인지 상세히 묻기도 한다. 어떤 부모들은 리포트 점수를 따지기도 한다. 자신들이 직접 공을 들여 써줬기 때문이다. 테레사 피시먼 박사는 이렇게 말했다. "'그 리포트에는 문제가 없습니다. 내가 직접 썼기 때문에 잘 압니다.'라고 말하는 부모와 대화를 나눈 적도 있습니다." 피시먼 박사가 퍼듀대학에서 강의를 할 때, 한 학생이 리포트 점수가 너무 낮다며 불만을 토로했다. 피시먼 박사가 점수를 정정할 수 없다고 하자 학생의 부모가 직접 전화했다. "자녀의 리포트를 자신들이 직접 썼다고 당당하게 밝히는 것이 너무나 놀라웠어요."

피시먼 박사는 그 부모가 자신의 개입을 당당하게 인정한 충격적인 사건이 가장 기억에 남는다고 말했다. 또한 '가족의 교육권리 및 사생활보호법the Family Educational Rights and Privacy Act, FERPA' 때문에 부모의 행동이 학생의 학점에 미치는 영향에 대해 제대로 설명할 수 없는 한계를 느낀다고 토로했다. FERPA 법에 따르면 "부모는 자녀가 **18**세 미만인 경우

학생의 학교 기록을 열람할 권리가 있지만 **18**세가 되면 자녀의 동의를 받아야 열람할 수 있다. 또한 의무사항은 아니지만 학생이 세법상 부양가족이라면 대학은 그러한 권리를 부모에게 허가할 수 있다.”라고 되어 있다. 당시 피시먼 박사는 **FERPA** 법과 관련해 해당 학생이 어떤 상황인지 자세히 알지 못했기 때문에 부모가 리포트를 대신 쓰는 것은 자녀를 망치는 일이라고 말할 수 없었다. 자녀의 리포트 작성을 도와주는 것은 그다지 바람직하지 않다고 말한 게 다였다. 어쨌든 피시먼 박사는 점수를 정정해주지 않았다. 그는 현재 클렘슨대학 산하 비영리 단체인 학업윤리센터 소장 및 교수로 재직 중이다. 이 기관은 고등교육의 학업윤리를 증진하기 위해 노력하는 단체다.

이와 같이 대부분의 대학 관계자들은 '불법적인 공동 저자'에 대해 부정적인 입장이다. 부모가 자녀의 리포트를 직접 고쳐주거나 대신 쓰는 것은 자녀의 학습이나 자립 능력을 저해하고 학업윤리를 침해한다. 미들베리대학은 학생들한테 모든 과제와 시험마다 어떠한 부적절한 도움도 받지 않겠다는 서약서를 받는다. 명예 규범을 실천하는 대학에서는 강사, 조교, 대학 내 작문교정센터의 도움을 받는 것만 허용할 뿐이다. 여러 학생들이 공동으로 프로젝트를 진행하거나 서로 협력해서 과제를 수행할 때도 있다. 하지만 그 어떤 대학에서도 이러한 '적절한 도움' 목록에 부모를 포함시키지 않는다. 그렇다고 해서 공식적으로 '부모는 제외함.'이라고 일부러 명시할 필요는 없다. 이러한 문제가 나타난 것은 최근이다. 극단적인 학생과 부모는 이러한 개입이 부모의 권리라고 생각한다.

자녀의 학업에 부모가 과도하게 개입하는 원인 중 하나는, 요즘 부모들이 과거 세대보다 교육 수준이 높기 때문이다. 교육통계센터에 따르면 현재 대학생 자녀를 둔 부모는 1970년대 중반의 부모보다 대졸자 비율이 훨씬 높다. 부모의 개입은 교육의 불평을 더욱 악화시킨다. 교수는 부모의 도움을 받아 작성한 리포트와 그렇지 않은 리포트를 구분하기가 쉽지 않다. 하지만 모든 학생이 부모로부터 도움을 받는 것은 아니다. 도움을 받지 못한 학생은 다른 학생이 쉽게 얻을 수 있는 기술을 스스로 습득하느라 상대적으로 어려움을 겪을지도 모른다.

조지메이슨대학에 다니는 한 학생의 리포트를 보고 담당 교수는 표절이라고 판단했다. 하지만 학생은 자기 잘못이 아니라며 부모 탓을 했다. "학생은 어머니가 표절했다고 하더군요. 어머니가 리포트를 베껴 썼는데도 아무런 문제의식 없이 그걸 그냥 제출한 겁니다. 정말 끔찍한 일이에요." 당시 학사관리처장이었던 월터 랜킨은 이렇게 말했다.

다른 부모가 모두 그렇게 하기 때문에 자신도 그렇게 한다는 부모도 있었다. 피시먼 박사에게도 두 명의 대학생 자녀가 있는데, 아이들이 다른 부모처럼 어머니가 자신들의 과제를 도와주기를 원한다고 한다. "아이들은 다른 부모도 모두 그렇게 한다고 말하죠. 그럴 때에는 아이들과 함께 부모가 할 수 있는 일과 할 수 없는 일이 무엇인지 진지하게 대화를 나눠야 합니다. 예를 들면, '제안하거나 조언해줄 수는 있지만 부모가 직접 써줄 수는 없어. 그건 네 리포트야.' 라고 말해야 합니다."

부모의 도움을 받는 것이나 교내 작문교정센터를 찾는 것이나 마찬가지라고 대답하는 학생도 있다. 차이가 있다면 교정센터에서는 강사나 동료 학생들이 개선점을 지적해주고 더 나은 리포트 작성을 위해 기술과 규칙을 가르쳐주지만 리포트 자체를 써주지 않는다는 것이다. 밴더빌트대학의 샤크 교수는 다음과 같이 말했다. "작문교정센터는 리포트 마감 전날 밤 10시에 도움을 주거나 고쳐주지는 못하지만 부모라면 가능하죠." 리포트의 오자만 확인해주는 부모도 있지만 표현을 바꾸고 문단을 다시 배열하고 새로운 개념과 정보를 추가하는 등 내용을 일일이 고쳐주는 부모도 있다. 이 정도면 거의 부정행위에 가깝다. 심리학자이자 오하이오주립대학의 학생복지부차장 및 상담실장 루이스 두스 박사는 이렇게 표현했다. "다른 사람의 리포트를 돈 주고 사는 것과 다를 바 없어요. 이것은 분명한 표절이자 아주 부적절한 행위입니다."

이를 부정직한 행동이라 생각하는 학생도 있다. 경쟁이 심한 버지니아대학에 들어온 학생들은 입학 첫날부터 엄격한 명예 규범에 따라서 신뢰라는 문화에 대해서 진지하게 고민해본다. 버지니아대학 명예위원회 회장을 지낸 한 인사는 이렇게 표현했다. "이곳 학생들은 누구나 본인 스스로 리포트를 작성하는 공정한 경쟁의 장에서 공부를 합니다. 그것이 바로 우리 대학의 신뢰 문화죠. 우리 학생들이 다른 사람이 대신 써준 리포트를 제출하지 않는다고 확신할 수 있어요. 굳이 상대방보다 앞설 필요가 없으니까요."

미네소타대학의 한 3학년 학생은 흑인 가정에서 태어나 가족 중에 처음으로 대학에 진학했다. 그는 요즘 세태에 대해 약간 다른 의견을 내놓았다. "어머니는 대학에 가지 못했어요. 그래서 자신이 보내는 편지에 행여나 잘못된 단어가 있을까 봐 저에게 모두 읽어달라고 부탁하시죠." 부모에게 도움을 받아 리포트를 제출하는 학생들을 어떻게 생각하느냐고 물어본 질문에 그는 "일종의 부정행위이며 리포트는 스스로 작성해야 합니다."라고 대답했다.

도덕적인 문제는 둘째로 치더라도 교육 관계자들이 부모의 도움을 반대하는 이유가 있다. 대신 리포트를 써주는 것이 학생들의 작문 실력을 방해하며 장기적으로 불행한 결과를 가져올 수 있기 때문이다. 매번 부모의 도움을 받아 제대로 된 작문기술을 갖추지 못한 학생들은 자신의 능력을 착각한 채로 사회에 나가게 될 것이다. 반 샤크 교수는 이렇게 지적했다. "리포트 점수는 A일지도 몰라요. 하지만 부모가 문법이나 철자 오류를 고쳐주고 어떤 부분은 좀 더 명확히 써주었기 때문에 A를 받았다는 사실을 기억하지 못하죠. 명료한 의사소통 기술은 하나의 능력이에요. 좋은 아이디어만으로는 충분하지 않죠. 그 아이디어를 문장으로 전달할 수 있는 능력은 변호사, 작가, 또는 과학자로 성공할 수 있는지를 가늠하는 기준이 되기도 하죠."

최근의 변화를 파악하기가 쉽지 않았기 때문에 대학 측에서 이런 문제를 인식하기까지 꽤 시간이 걸렸다. 하지만 일부 대학들은 벌써 전략을 세우기 시작했다. 예를 들면, 수업 중에 바로 작성하는 리포트나 수업 내용을 중심으로 작성하는 리포트의 비중을 늘리는 것이다. 일부 교수들은 학부모의 도움을 금지한다는 내용을 강의계획서에 명시하는 방안을 고려하고 있다. 분명히 대학들은 이러한 물밑 협력을 벌이는 학생과 학부모에 대해 엄격해지고 있다. 학업윤리센터에서는 이 문제에 대해 아직 공식적인 견해를 밝히진 않았지만 소장인 피시먼 박사는 문제를 해결하려면 결국 부모를 교육시켜야 한다고 말했다. 피시먼 박사는 다음과 같이 지적했다. "부모들은 리포트의 목적을 잘못 이해하고 있어요. 훌륭한 리포트가 목적이 아니라 훌륭한 학생을 길러내는 것이 목적이죠. 우리는 지나치게 목적 지향적인 나머지 평가 결과에 상당한 의미를 부여합니다. 하지만 평가 결과가 목표는 아니에요. 점수는 학생의 현재 상황을 보여주는 지표일 뿐이죠. 교육자와 부모들이 생각하는 목표는 큰 차이가 있어요." 이러한 차이 때문에 학부모와 교수 사이에 갈등이 생기기도 한다. 부모가 자녀의 담당 교수에게 직접 연락할 때에는 더욱 그렇다.

교수를 찾아다닌다

대학 홈페이지에 교과 과정과 교수진 연락처가 나와 있다. 이러한 접근의 용이성과 함께 대학 등록금이 비싸지면서 부모들이 과도하게 개입하는 여지가 많아졌다. "과거와는 달리 지금은 부모들이 교수들과 쉽게 연락할 수 있어요. 십 년, 이십 년 전에는 어려웠던 일이죠. 하지만 요즘 부모는 다들 능숙하게 찾아내요. 심지어 입학 전부터 연락하기도 하죠." 오하이오 주 케니언대학의 제인 마틴델 학사상담 및 지원처장은 이렇게 설명했다.

호퍼 박사의 동료 교수는 7월에 한 학부모로부터 음성 메일을 받았다. 자녀가 미리 관련 서적을 읽을 수 있도록 가을학기 강의계획서를 팩스로 보내줄 수 있느냐는 내용이었다. 그 교수는 아직 강의계획서가 마무리되지 않았으며 학기가 시작되는 날 모든 학생에게 동시에 배부

할 예정이라고 답장했다.

일부 부모들은 직접 교수와 대화를 나누고 싶은 유혹을 뿌리치기 힘들어 한다. 자녀가 적합한 과목을 선택했는지 확인하고 싶다는 부모, 자녀의 결석을 변명해주거나 리포트나 재택 시험 제출 기한을 연장해달라고 요청하는 부모, 또는 자녀의 학점을 상의하거나 항의하는 부모 등 별의별 부모가 있다. 부모의 개입이 점점 늘어나면서 교수들은 학부모로부터 연락을 받는 일에 점차 익숙해지고 있다. 하지만 반기는 것은 아니다. "교수 입장에서는 참견으로 느껴지죠." 마틴델 처장은 이렇게 말했다. 교수들은 학생들과 직접 대화하는 것을 선호한다. 부모의 과도한 개입은 해당 학생의 학습 능력과 생활 능력, 나아가 사회생활 적응 능력을 의심하게 한다.

"부모를 보고 교수들은 '아이가 불쌍하다. 저런 부모 밑에서 자랐으니 혼자서 공부하는 것이 무리다.'라고 생각할 거예요. 그것이 동정으로 이어질 수도 있지만 그 학생에 대해 부정적인 이미지가 생길 수도 있습니다." 마틴델 처장의 말이다. 학생의 판단력과 독립성에 의문을 갖는다면 교수는 그 학생이 인턴십이나 대학원에 지원할 때 좋은 추천서를 써줄 리가 없다. 부모들은 자녀가 스스로 도움을 찾도록 해야 한다. 대학 관계자들과 대화를 나누는 것도 포함해서 말이다.

자녀의 의사결정 능력을 박탈한다

부모와 자녀가 끊임없이 연락을 주고받으면서 교육 관계자들은 학생의 독립적 의사결정 능력과 그러한 능력이 학생의 미래에 끼치는 영향에

대해 우려한다. 뉴욕 주 세인트토마스아퀴나스대학의 커크 매닝 학생
복지차장 겸 학생개발처장은 한 여학생에 대한 이야기를 들려주었다.
"그 학생은 식당에서 휴대전화로 누구와 통화를 하는지 휴대전화만 귀
에 대고는 꼼짝도 하지 않는 거예요. 통화 내용을 들어 보니 '오늘 메뉴
는 햄버거예요. 햄버거 먹을까요?' 라고 말하는 겁니다. 좀 더 들어보니
어머니와 통화하는 중이였어요. 부모와 상의하지 않고는 점심 메뉴도
결정하지 못했죠."

코네티컷 주 페어필드대학의 마크 리드 학생차장은 이러한 현상을
'선택의 마비^{paralysis of choice}' 라고 표현하며 두 가지 원인을 들었다. 우선,
학생과 부모의 관계가 지나치게 밀착되어서 학생들이 쉽게 부모에게
의존한다. 두 번째 원인은 통신기술의 발전이다. 요즘 학생들은 휴대전
화나 노트북 등 다양한 통신기기와 늘 연결되어 있기 때문에 스스로 생
각할 시간이 없다. 매일 스물네 시간 언제든지 연락할 수 있게 되면서
부모들이 과거보다 더 적극적으로 개입하고 있고 상황이 달라지고 있
다. 점심 메뉴 선택부터 전공 선택에 이르기까지 부모들은 자녀의 의사
결정 과정에 그 어느 때보다도 깊이 개입하고 있다. 하지만 그 결과가
항상 바람직한 것만은 아니다.

우리의 연구에 의하면 자녀가 전공을 선택할 때 부모들은 상당한 영
향력을 행사한다. 그리고 자녀는 자신이 진정 원하는 전공, 자신에게
가장 잘 맞는 전공을 제대로 선택하지 못한다. 최근 마틴델 차장은 곧
3학년에 올라가지만 자신의 전공을 바꾸고 싶은 한 학생과 상담했다.
그는 물리학자인 아버지가 과학 전공 선택을 강요했다고 한다. 마틴델

차장은 이렇게 말했다. "아무래도 자신은 과학과 맞지 않다는 결론을 내린 거죠. 중요한 깨달음입니다. 하지만 이러한 깨달음이 더 빨리 이루어질 수도 있었어요."

대학생활이 반이나 지난 상황에서 전공을 바꾸려면 학점을 채우려고 강의를 더 듣거나 대학을 한 해 더 다닐 수도 있다. 자신이 원하지 않는 전공, 결국에는 포기한 전공을 위해 시간과 돈을 허비한 것이다. 교수들은 학생들이 자신이 가르치는 과목에 대해 열정을 갖고 흥미가 있길 바라기 때문에 학생들이 부모가 강요한 선택으로 전공을 선택하는 현실을 안타까워한다.

부모의 개입은 어느 수준까지는 이해할 수 있다. 대학 입시에서 점수를 높게 받는 것이 중요하다. 하지만 대학 진학 후에도 부모가 여전히 자녀의 학점이나 대학원 진학이나 취직을 걱정할 때 어떤 영향을 끼칠지 염려한다. 자신이 직접 지도하지 않으면 자녀가 좋은 성적을 내지 못하고 로스쿨 진학이나 앞으로의 이력에 방해가 된다고 생각하는 부모도 있다. 대학 운영진과 교수들은 이러한 부모들의 걱정과 우려를 모르는 것이 아니다. 하지만 부모들이 그러한 걱정을 직접 자신들에게 털어놓는 것을 아무렇지 않게 받아들이기 어렵다. 부모는 자녀가 실수를 통해 스스로 배우도록 해야 한다. 부모가 지나치게 걱정하면 자녀에게 나쁜 영향을 줄 수 있다. 학생들이 어려운 과목을 수강하거나 숨겨진 적성을 발견하는 데 도움이 될 만한 일을 시도할 때, 시작부터 몸을 사리고 도전을 기피하는 성향을 갖게 될 수도 있다.

케니언대학의 신입생 학부모 오리엔테이션에서 마틴델 차장은 자녀들이 스스로 결정하도록 내버려두라고 학부모들에게 조언한다. "때로는 학부모들의 저항에 부딪히기도 해요. 조언한 대로 자녀를 그대로 내버려두었다가 미래를 망치면 어떡하느냐고 따져 묻기도 합니다. 저는 차라리 실수하는 편이 더 낫다고 대답하죠." 우리는 실수를 통해 배운다. 대학에서도 이를 잘 알고 있다. 무조건 자녀를 과잉보호하는 부모는 학생들을 돕고 싶은 대학 관계자들의 의욕을 떨어뜨릴 뿐이다.

뉴욕 주 북부에 있는 콜게이트대학은 부모들에게 개입을 자제하고 자녀가 스스로 문제를 해결하라고 직접적으로 요청하는 대학으로 유명하다. 콜게이트대학의 비버리 로우 학과장은 다음과 같이 설명했다. "실패에 굴하지 않고 학생들 스스로 문제를 해결하게 하는 것이 우리 대학의 주요 목표입니다. 우리는 절대 학생들의 문제 해결에 직접 나서지 않는다고 부모들에게 누누이 강조합니다. 직접 나선다면 오히려 학생들의 학습 기회를 박탈할 수도 있기 때문이죠. 학생들이 어느 정도 겪는 어려움은 성장의 한 단계일 뿐입니다."

대학 관계자들은 교육에 온전히 집중하기를 원한다. 부모의 지나친 개입은 교육 관계자들의 역할을 방해하는 것이다. 아무리 우호적인 대학이라도 지나치게 간섭한다면 해당 부모와 자녀에게 불필요한 반감이 생길 수도 있다.

부모라면 자신의 개입으로 자녀들이 피해를 당하는 것을 원하지 않을 것이다. 우리는 부모들에게 자신이 적정선을 넘었다는 것을 어떻게 판단하는지 질문했고, 몇 가지 기준을 얻을 수 있었다. 부모가 자녀의 연애나 룸메이트 문제에 과도하게 개입한다고 느낀다면 선을 넘은 것은 아니지만 어느 정도 위험한 수준까지 왔다고 보면 된다. 자녀를 대신해 수강신청을 하거나, 부모가 원하는 전공 선택을 강요하거나, 과제나 학점과 관련해 교수에게 직접 연락하는 것도 마찬가지다. 리포트를 직접 고쳐준다면 이미 선을 한참 넘은 것이다. 이러한 행위는 학사윤리 규범에 어긋날 수도 있다.

절박하게 도움을 요청하는 자녀의 말에 순간적으로 휩쓸려 성급하게 문제를 해결하는 경우는 일종의 회색 지대에 해당한다. 자녀가 심각하게 전화를 걸어오면 바로 대답하지 말고 먼저 신중하게 들으라. 그리고 자녀가 어떤 조치를 취했는지 확인하라. 다음에 마찰을 빚고 있는 상대방의 생각이 어떤지 물어보라. "너의 룸메이트는 그 문제를 어떻게 생각할 것 같니?" 그러면 어렵지 않게 문제가 해결될 것이다.

대학 관계자들이 기대하는 이상적인 부모는 직접 나서기보다는 자녀가 스스로 독립하도록 곁에서 격려하며 교육 관계자들의 역할, 즉 학생들에게 양질의 교육을 제공하고 미래를 준비하도록 돕는 역할을 존중해주는 부모다.

계속되는
갈등과 혼란

부모가 자주 연락하는 것이
자녀에게 별다른 부정적인 영향을
주지 않는 듯 보여도 실제로는
분명히 부정적인 영향을 준다는 사실을
부모는 기억해야 한다.

유명 대학에 다니는 사라는 교수가 처음 과제를 내주었을 때 아버지에게 교정을 부탁했다. 아버지는 예전에도 자주 리포트 첨삭이나 시험 준비를 도와주었고 그녀가 대학생이긴 했지만 기꺼이 도와주었다. 거리상 멀리 떨어졌지만 이메일이 있어 어려움은 없었다.

사라의 아버지처럼 많은 부모들이 매일 밤 식탁에 앉아 고등학생 자녀의 리포트를 읽으면서 잘못된 문법이나 철자, 심지어 내용까지 보충해준다. 이제 부모들은 매일 밤 컴퓨터 앞에 앉아 대학생이 된 자녀의 리포트를 읽고 교정을 해준다. 연구를 보면 대학생 5명 중 1명은 교수에게 리포트를 제출하기 전에 부모에게 먼저 확인을 받고 있었다.

어떤 학생들은 이러한 도움을 긍정적으로 생각했지만 불편하게 여기는 학생들도 있었다. 이번 장에서는 우리가 2년에 걸쳐 사라를 포함한 여러 명의 학생들과 심층 인터뷰한 내용을 바탕으로 부모와의 밀착 관계가 학생들의 자아 인식과 대학생활에 어떤 영향을 끼치는지 살펴보려고 한다.

자녀가 느끼는 불안감과 자기회의

"부모님의 도움 없이는 리포트를 한 줄도 쓸 수가 없어요." 아버지에게 이메일로 리포트를 보내고 나서 사라는 좌절감을 느꼈다. 사라는 주저하는 목소리로 당시의 경험을 이야기했다. 다른 학생들은 부모의 도움 없이 스스로 리포트를 쓰는 것이 분명했다. 사라 눈에는 다른 친구들이 모두 똑똑하고 혼자서도 충분히 잘하는 것처럼 보였다. '아버지의 도움을 받아 리포트를 썼다는 사실을 친구들이 알면 어떻게 생각할까?' 사라는 처음 대학생활에 적응하기가 상당히 어려웠고 자신이 다른 학생들과 많이 다르다고 생각했다. 이것 때문에 많은 스트레스를 받았다. 그러나 사라는 계속해서 아버지에게 이메일로 리포트를 보냈고 마음은 여전히 무거웠다.

사라가 부모의 도움을 받은 것은 리포트뿐만이 아니었다. 사라에게 신입생 시절은 무척이나 힘든 시간이었다. 룸메이트와도 잘 맞지 않았다. 그녀는 다른 학생들 틈에서 일종의 괴리감을 느끼면서 시간을 보냈다. 휴대전화로 부모에게 거의 매일같이 전화했고 시시콜콜 대학생활을 털어놓았다. 물론 여전히 아버지에게 리포트를 보냈다. 사라가 기대했던 독립적인 대학생활과는 너무나 달랐다. 이상과 현실의 괴리를 좁히기가 쉽지 않았다. 사라가 기숙사에 들어갔을 당시 부모는 주로 어떻게 연락하며 지내는 게 편하겠냐고 물었다. 사라는 이메일이 좋겠다고 생각했다. 대학에 적응하면서 부모에게 이따금 이메일로 안부를 전하면 된다고 생각했기 때문이다. 그때는 지금처럼 자주 이메일을 보내고 전화를 하게 될 줄은 몰랐다.

우리의 연구에 따르면 많은 학생들이 사라와 같은 문제를 겪는다. 이들은 부모와 언제든지 연락하기를 원하고, 기대하며, 또한 정서적이든 실질적이든 부모의 조건 없는 지원을 원했다. 동시에 일부 학생들은 부모와 지나친 밀착 관계를 혼란스러워했다. 특히 부모의 간섭이 독립을 방해한다고 인식하거나 자신이 구속을 당한다고 생각해 열등감을 느낀다면 더욱 그랬다.

상반된 감정

부모에게 이렇게 상반되는 감정을 느끼는 것은 청소년기의 특징 중 하나로, 자녀가 부모와 함께 생활할 때 더욱 빈번하게 일어난다. 졸업 파티에 가도록 도와주어서 고마움을 느끼다가도 친구 집에서 자고 오는 것을 허락해주지 않는다고 소리를 지르기도 한다. 자녀가 부모로부터 분리되면서도 한편으로 여전히 연결되려는 이러한 과정은 부모와 자녀 모두 힘겹고 매사에 감정이 앞서는 시간일 수 있다.

학생들은 부모와 스물네 시간 연결된 것을 친숙하게 여기면서도 때로는 귀찮고 짜증스럽게 느끼기도 했다. "부모님이 하루가 멀다고 매일 전화한다면 미쳐 버릴지도 몰라요." 미들베리대학 3학년생 짐은 이렇게 말했다. 그는 지금은 부모와 잘 지내고 있지만 1학년 때는 부모가 너무 자주 전화를 해서 일부러 받지 않기도 했다. 부모가 자녀의 삶을 통제하려고 든다면 "셰익스피어 리포트 아직도 안 끝냈니?"라는 부모의 말 자체가 짜증의 원인이 되기도 한다. 호퍼 박사의 연구에 의하면 부모 중 약 3분의 1은 여전히 자녀의 대학 과제물을 확인한다고 한다. 이러한 행동은 삼가야 한다. 학생들이 스스로 학업에 책임지지 못하고 오히려 의욕을 떨어뜨릴 수 있다. 이런 식으로 부모가 계속해서 자녀의 학업을 감시한다면 자녀는 부모가 과연 누구를 위해 그러는지 혼란스러워한다.

과거에는 이러한 갈등이 자녀가 대학에 진학한 후부터 감소하는 추세를 보였다. 물리적으로 떨어졌기 때문에 부모의 감시에서 벗어날 수 있었다. 하지만 오늘날에는 휴대전화와 컴퓨터라는 전자 족쇄로 인해 여전히 부모와 자녀가 묶여 있는 상황이며 갈등은 계속되고 오히려 심화되고 있다.

혼란스러운 대학생활

사라처럼 많은 학생들이 부모에게 지나치게 의존하는 자신을 부끄러워하고 혼란스러워한다. 대학생이 되었으니 이제 독립적으로 행동해야 한다는 사실을 어느 정도는 알고 있다. 가족한테 벗어나 대학생활을 제대로 즐겨야 한다는 부담도 느낀다. 여러 사람에게 "지금이 네 인생에서 가장 좋을 때다!"라는 말을 얼마나 자주 들었겠는가? 하지만 현실은 전혀 그렇지 않다.

소극적인 사라는 대학생활에 쉽게 적응하지 못했다. 대학은 고등학교와 너무도 달랐다. 그래서 더욱 부모에게 의존했고 자신의 행동이 모순적이라는 감정을 느꼈다. 사라는 소규모 사립고등학교에 다녔는데 그곳에서는 의도적으로 모든 학생이 어떤 모임에 소속되거나 연극에서 역할을 맡도록 되어 있었다. 그러한 분위기가 사라에게는 잘 맞았다. 교우 관계도 간단했다. 사라는 두 명의 친구들하고만 어울렸다. 하지만 대학생활은 너무나 달랐다. 규모도 훨씬 크고 경쟁은 더욱 치열하며 예전처럼 학교 측의 보살핌을 받지도 못했다. 학생들은 스스로 결정을 내리고 유능하며 아주 똑똑해야만 했다.

학업 성취도는 둘째로 치더라도 사라가 다니는 대학은 여러 방면에서 뛰어난 학생들이 많기로 유명했다. 사라는 복장이나 분위기가 너무나 단정했다. 애비게일과 첫 인터뷰를 할 때도 사라는 단정한 바지에 재킷을 입고 있었다. 그녀는 수줍은 말투로 한 남자 선배를 짝사랑한다고 말하며 얼굴을 붉히기도 했다.

2학년이 되었지만 사라는 여전히 친구들 몰래 아버지에게 리포트 교정을 부탁했다. 물론 1학년 때만큼 자주는 아니었다. 1학년 때 한 번은 리포트를 너무 오랫동안 미룬 나머지 아버지에게 도움받을 시간이 없었고 마감 몇 분 전에 간신히 마칠 수 있었다. 이번 리포트는 완전히 망했다고 생각했지만 놀랍게도 A-를 받았다. 이 사건으로 사라는 자신감을 갖게 되었다. 하지만 여전히 아버지의 오케이 사인을 받지 않아도 될 만큼은 아니었다.

사라가 교내 작문교정센터를 찾지 않은 이유는 그곳에서 일하는 동료 학생들에게 자신의 무능함을 들키고 싶지 않았기 때문이다. 사라는 아버지에게 도움을 받는 것이나 교정센터로부터 도움을 받는 것이나 같다고 생각했다. 전자는 동료 학생들에게 자신의 상황을 들키지 않는다는 장점이 있었다.

사라는 계속해서 아버지의 도움을 받는 이유를 전혀 망설임 없이 대답했다. "아빠는 저에게 자신감을 북돋워주세요." 자녀들은 자신이 뭔가 새로운 것을 시도할 때 부모로부터 칭찬을 받고 싶어 한다. "엄마, 아빠, 제가 다이빙하는 것 좀 보세요!", "저 수영하는 것 좀 봐주세요!", "방금 혼자서 자전거 타는 거 보셨어요?" 하지만 자녀들이 대학에 진학해 어느 정도 독립성을 갖추게 되면 매사에 부모로부터 칭찬받고 싶은 욕구가 줄어든다. 하지만 사라는 대학생이 된 이후에도 여전히 자신의 능력과 결정을 부모에게 확인받고 인정받기를 원했다.

사라의 부모, 특히 아버지는 언제나 강력한 지원군이었다. 때로는 너무 지나칠 정도였다. 고등학교 학부모 상담 때 한 교사가 아버지가 대신 얘기하지 말고 본인이 직접 이야기하라고 말한 적도 있었다. 대학에 지원할 때에도 아버지가 처음부터 끝까지 모든 부분에 개입했다. 이러한 아버지의 적극적인 개입과 본인의 소극적인 성격으로 사라는 대학 생활에서 자신의 방식을 찾는 것을 무척이나 힘들어했다.

사라의 3학년 시절

애비게일이 사라와 처음 인터뷰하고 2년이 지나서 다시 만났을 때, 스

물한 살이 된 사라는 부모와 여전히 자주 연락한다고 했지만 부모에 의
존하는 것에 대해서는 예전만큼 신경 쓰지 않았다. 사라는 1학년 때
'주의력 결핍 장애^{ADD, attention deficit disorder}' 진단을 받았다. **ADD**란 어떤
일에 집중하는 데 장애가 있는 의학적 증상을 말한다. 부모는 사라가
중학생일 때부터 **ADD**를 의심했었다고 한다. 최근에는 불안 장애 진단
도 받았다. 이러한 정서 장애 진단을 받고 나니 사라는 오히려 마음이
편해졌다.

"부모님한테 너무 의존하는 건 아닌지 많이 불안했었죠. 정말 걱정됐
어요." 하지만 이제는 자신이 학업에 어려움을 겪는 원인을 알게 되어
걱정은 사라졌다. 친구도 많이 사귀고 대학활동에 적극적으로 참여하
는 등 긍정적인 변화도 생겼다. 하지만 조언이나 확신이 필요할 때에는
여전히 부모에게 도움을 요청했다.

사라의 정서, 특히 대학 초년기의 상황은 호퍼 박사의 연구 결과를
반영한다. 즉, 부모가 학업을 관리해주는 학생들은 또래보다 독립성이
나 학업기술 발달이 뒤처진다는 것이다. 이는 사라처럼 장애가 있는 학
생에게도 똑같이 적용될 수 있다.

대학생활에 적응하느라 힘들었던 시기를 떠올리며 사라는 부모에게
자주 전화하지 않았다면 어쩌면 더 빨리 적응했을지도 모른다고 말했
다. 아니면 1학년 때 같은 층에 있던 기숙사 친구들과 잘 맞았다면 상
황이 더 나았을지도 모른다. 하지만 현실은 그러지 못했고 사라는 더
심한 외로움과 스트레스를 느끼게 되었다. 이러한 성향은 아직도 계속
되고 있다. "너무 바쁘면 친구들과 관계를 유지하지 못해요. 한동안 못

만난 친구들도 꽤 되죠. 대신 부모에게 연락해요. 그게 더 쉬우니까요.”
사라의 말대로 휴대전화 단축번호만 누르면 끝이다. 사라의 성격, 성장 배경, 주의력 장애나 불안 증상을 고려하면 유독 경쟁이 심한 대학에 입학한 사라가 처음에는 많이 힘들었을 것이다.

하지만 아버지가 딸의 리포트를 계속해서 도와주어서 오히려 어려움이 계속되었다. 부모의 도움이 없었다면 사라는 아마도 좀 더 일찍 스스로 문제를 해결했을 것이다. 리포트가 처음부터 완벽하지 않았다면 교내 작문교정센터의 도움을 받거나, 교수가 더 나은 리포트를 쓰도록 지도해주었을 것이다. 하지만 그렇지 못했기에 사라의 자존감은 크게 상처를 받았다.

이제 사라는 부모에게 매일 전화해서 하루 일과를 시시콜콜 털어놓지 않는다. 그 시간에 새로운 친구를 더 사귀고 문제를 스스로 해결하는 것이 더 낫다는 사실을 깨닫고 있다. 부모에게 의존한다면 그 순간에는 도움이 될지 모르지만 자녀가 대학생활에서 얻을 수 있는 성장과 발전에는 전혀 도움이 되지 못한다.

자녀에게 너무 자주, 너무 많은 도움을 주고 있는 부모들은 사라의 사례를 잘 살펴야 할 것이다. 부모들은 당장 자녀를 도와야 한다는 마음이 가득한 나머지 정작 더 크고 중요한 것을 보지 못한다. 자녀가 어려움 없이 문제를 해결하도록 돕고 싶은 마음에 넘지 말아야 할 선을 넘게 되고 진짜 문제는 오히려 보지 못하게 된다. 과잉보호는 자녀를 유약하고, 서투르며, 불안한 존재로 만들 수 있다.

후회 그리고 단념

자녀의 리포트 작성을 도와주지 않는다고 해도 부모들은 여전히 자녀의 대학생활에 과도하게 개입하고 있다. 샤리는 대학 2학년 때 처음 애비게일과 인터뷰를 했다. 주에서 가장 유명한 대학에 다니는 샤리는 매일 부모와 통화했다. "전화하지 않으면 부모님이 화를 내세요." 샤리는 이렇게 말했지만 전화를 더 많이 한 건 오히려 부모였다.

샤리는 처음에 다른 주에 있는 대학을 가려고 했지만 경제적인 문제로 원래 살던 곳에 있는 대학을 선택했다. 샤리는 경쟁이 치열한 전문 학위준비 과정에 지원했다. 입학 후 처음 맛보는 자유에 잠깐 당황했지만 곧 열심히 공부했다. 그녀는 가정 형편이 넉넉하지 않았기에 보수가 높은 직업을 선택하고 싶었다. "부모님은 늘 나에게 플로리다 주에 있는 큰 저택을 사서 부모님도 같이 살게 해달라고 농담처럼 말하세요. 어머니는 요리도 하고 청소도 해주겠다고 하세요. 진심일지도 모르겠지만 어쨌든 상관없어요."

샤리는 부모가 자신을 다소 과잉보호한다고 말했다. 1학년 때는 부모와 매일 통화하고 이메일을 주고받았다. 룸메이트와 갈등이 있을 때 부모가 개입하기도 했는데, 사실 룸메이트와 여섯 살 때부터 친구였고 부모끼리도 서로 잘 아는 사이여서 큰 문제가 되지는 않았다.

1학년 가을학기 때는 주말이 다가올 때마다 부모님이 이번 주에는 집에 올 수 있느냐고 물어보았다. 샤리는 대학에 남아 주말을 즐기고 싶은 마음에 대답을 망설였다. 샤리는 주말 내내 수많은 파티에 참석하고 술에 취한 친구들을 자진해서 챙기곤 했다. 그러던 어느 주말, 이번에는 샤리가 술에 취했다. 그날 샤리가 겪었던 일은 부모와 자녀를 묶고 있는 전자 족쇄의 장단점을 잘 보여준다. 룸메이트와 함께 갔던 파티에서 샤리는 술에 잔뜩 취했다. 그녀는 룸메이트에게 알리지 않고 혼자 기숙사로 돌아갔고 너무 과음한 나머지 정신이 없었다. 그리고 간신히 휴대전화를 찾아 고향에 있는 남자친구에게 전화했다. 남자친구는 즉시 샤리의 부모에게 연락했고 부모는 아직 파티장에 남아 있던 룸메이트에게 전화해서 "당장 가서 샤리를 찾아보라."고 다그쳤다.

다음 날 아침, 부모는 한달음에 기숙사로 달려왔다. 샤리는 룸메이트가 미처 치우지 못한 토한 자리를 어머니가 치워준 것으로 기억한다. 좁은 기숙사 방에서 자신에게 크게 실망한 부모와 짜증 내는 룸메이트 사이에서 얼마나 난처했는지 모른다. 부모는 결국 주말 내내 샤리를 집에 붙잡아두었다. 여기에서 그치지 않고 부모는 룸메이트의 부모에게 전화를 걸어 자녀들에게 있었던 일을 모두 이야기했다. 그 후, 일 년 내내 룸메이트 부모는 매일같이 전화를 해댔다. 룸메이트가 방에 휴대전화를 둔 채로 나가버리면 결국 샤리가 뒷수습을 해야 했다. 하지만 샤리는 룸메이트에게 미안해하지도 않고 자기 부모의 행동을 부끄럽게 생각하지도 않는다. "남자친구가 우리 부모님한테 바로 전화해서 천만다행이라고 생각해요."

물론 자녀가 위험에 처했다면 부모가 나서야 한다. 성폭행, 사고, 알코올중독, 신체 부상 등 온갖 위험한 상황에 대비해 부모는 조치를 취해야 한다. 대학에 가기 전에 자녀와 술 마시는 문제를 놓고 진지하게 대화를 나누고 위험한 일이 생기지 않도록 스스로 챙기는 방법을 알려주어야 한다. 예를 들어, 술을 마시던 중에 혼자 밖에 나가서는 안 된다. 그러한 상황에서는 반드시 동행자가 필요하다. 부모가 친구들의 전화번호를 미리 알아두는 것도 좋은 방법이다. 하지만 상황이 수습되고 위험이 사라진 이후에는 어떻게 해야 할까? 과연 샤리의 부모는 딸이 어지럽힌 방을 치워주고, 주말 내내 딸을 집에 붙잡아두고, 룸메이트의 부모에게까지 전화해야 했을까? 어쩌면 샤리가 혼자서 술에서 깨어났다면 그 일은 단순한 해프닝으로 끝났을 것이다.

학생들이 부모에게 얼마나 많은 것을 털어놓는지를 알고 나서 우리를 비롯해 대학 관계자들도 매우 놀랐다. 적어도 십 년 전에는 술을 마시고 크게 취한 일을 부모에게 알리는 학생은 없었다. 요즘 많은 학생들이 일상의 사소한 사건을 부모에게 낱낱이 이야기하고 어떤 부모는 즉각적인 반응을 보인다.

데이비슨대학 관계자의 설명에 따르면, 한 어머니는 학생들이 자신의 딸에 대한 소문을 내지 않도록 당부해달라고 대학 측에 요청했다. 대학 관계자들은 매우 놀랐다. 당사자인 여학생이 부모의 이런 행동을 전혀 부끄러워하지 않는다는 것이 더 큰 충격이었다. 데이비슨대학의 레슬리 마시카노 학사관리차장 겸 전 기숙사 사감은 이것이 가장 큰 변화라고 지적한다. "예전 같으면 학생들이 부모가 과잉 반응한다고 얘기했을 거예요. 하지만 이제는 달라요. 학생들 스스로 부모가 개입해서 문제를 해결해주기를 기대하고 있어요."

샤리도 그렇게 기대하며 자랐다. 부모가 항상 문제 해결을 도와주었다. 샤리가 중학교 때 그녀의 부모가 교장에게 직접 전화를 걸어 교사가 샤리를 좋아하지 않는 것 같다고 말했다. "교장 선생님이 주의를 기울이자 선생님이 나에게 잘해주기 시작했죠." 샤리는 만족스러운 표정으로 말했다. 하지만 성장하면서, 특히 고등학교 사춘기 시절에 부모의 그런 행동이 점점 짜증스럽게 느껴지기 시작했다. "사람들이 말하는 헬리콥터 맘이 바로 나의 부모님이었던 거예요." 샤리는 이렇게 표현했다. 대학에 진학하고 나서도 부모는 휴대전화와 이메일로 여전히 샤리의 주변을 맴돌았다.

샤리는 계속 감시를 받았지만 대학 진학 후 부모와 떨어지면서 어느 정도 혼자만의 자유를 누릴 수 있었다. 샤리는 그 사이 부모로부터 한 걸음 떨어져서 생각하게 되었다. 하지만 현실적인 샤리는 자신의 성공과 플로리다의 멋진 집에 사는 꿈을 이루려면 부모와 무조건적으로 거리를 두는 것은 도움이 되지 않는다고 판단했다. 2학년이 된 샤리는 아직도 2주에 한 번씩 주말마다 집에 간다. 전문 학위를 따기 위한 치열한 경쟁에 지친 샤리에게 집은 좋은 안식처였다. 깨끗한 침대에서 깊이 잠든 후 일어나 아버지가 만든 닭고기 요리와 파스타를 먹었다. 샤리는 부모와 남자친구 모두 좋아하니 2주마다 주말에 집에 가는 것도 괜찮다고 말했다.

모든 부모가 샤리의 부모처럼 자녀의 주변을 끊임없이 맴도는 것은 아니다. 부모가 자주 연락하는 것이 자녀에게 별다른 영향을 주지 않는 듯 보여도 실제로는 분명히 부정적인 영향을 준다는 사실을 부모는 기억해야 한다. 샤리는 부모의 행동을 받아들였지만

100퍼센트 만족하지는 않았다. 샤리의 대답 속에는 체념 이상의 것이 느껴졌다. 대학생활에서 뭔가 놓치고 있다는 느낌, 계속해서 집에 가야 한다는 부담감으로 지쳐보였다. 부모가 정서적으로나 경제적으로 샤리를 돕는 대신 샤리는 어느 정도의 독립성과 대학생활을 완전히 만끽할 기회를 포기한 것이다. 부모의 극성스런 개입으로 샤리가 겪었던 내적 갈등은 이제 뭔지 모를 아쉬움과 함께 현실과의 타협이라는 복합적인 감정으로 바뀌었다.

샤리의 3학년 시절

스물한 살, 3학년이 된 샤리를 애비게일이 다시 만났을 때 그녀는 여전히 열심히 공부하면서 대학활동에 더 많이 참여하고 있었다. 2학년 때부터는 부모와 떨어져 자신만의 시간을 가지려고 노력한다고 말했다. "부모님은 내가 분명한 목표를 가지고 있고 이제는 스스로 현명한 결정을 내릴 능력이 있다고 생각하시는 것 같아요."

　샤리는 고향에 있는 남자친구와 헤어졌고, 예전만큼 집에 자주 가지 않았다. 이제 그러고 싶은 마음도 많이 없어졌다. 그런데도 부모는 여전히 주말마다 집에 오라고 재촉한다. "부모님은 지금도 여전하세요!" 하지만 샤리는 대부분 주말을 기숙사에서 보낸다. 공부하기도 편하고 지금은 친구들도 많아졌다. 결국 부모는 학교에 남아 주말을 보내는 것을 이해해주었고 샤리도 사소한 문제 외에는 부모에게 이야기하지 않는다. 하지만 주말을 집에서 보낼 때 샤리가 외출하면 부모는 여전히 친구들에게 전화를 걸어 그녀가 있는 곳을 확인한다. 샤리는 "이제는 너무 익숙해졌어요.”라고 말한다. 하지만 대학에서 새로 사귄 친구들의 번호를 공유하는 것에 대해서는 선을 그었다. 1학년 때 그 사건 이후로는 그렇게 취할 정도로 술을 마시지 않기 때문이다.

샤리는 부모의 전화를 잘 받는 편이다. 파티 중에는 밖으로 나와서 예의 바르게 전화를 받는다. “지금 친구들이랑 밖에 나와 있는데 나중에 전화해도 되죠?” 전체적으로 부모와 친밀한 관계를 유지했고 대부분 부모가 먼저 연락했다. 샤리의 아버지는 매일 문자를 보내고 어머니는 전화도 하고 이메일도 보낸다. 불안한 마음에 부모가 전화하는 경우는 여전히 많다. “어떤 때에는 뜬금없이 전화해서 ‘차사고 당한 여자애 얘기 들었니?’ 라고 묻기도 하세요.”

어느 날 샤리가 아르바이트를 할 때였다. 근무 중에는 휴대전화를 사용할 수 없는데도 아버지가 문자를 보내고 어머니는 두 번이나 전화를 했다. 기관지염 때문에 집에 다녀온 지 얼마 되지 않았을 때였다. 부모는 샤리가 괜찮은지 걱정되었던 것이다. 아버지보다는 특히 어머니가 성인이 된 자녀와 거리를 유지하는 것을 힘들어했다. 일례로, 예전에 헤어졌던 남자친구가 다시 문자를 보내기 시작했는데 샤리는 그것이 싫었다. 그 일을 이야기했더니 어머니가 바로 남자친구에게 전화를 걸어 그렇지 하지 못하게 한 적이 있었다. 샤리는 어머니가 그렇게 한 줄 모르고 있다가 나중에 그 남자친구를 통해 알게 되었다. “이제는 별로 신경 쓰지 않아요.”

성인기에 접어드는 단계이지만 부모가 전 남자친구에게 전화한 것을 쉽게 받아들이는 모습을 보면 샤리는 아직도 거쳐야 할 단계가 많은 듯 보였다. 스물한 살의 대학생이라면 그런 행동이 일종의 침해이며 스스로 성장할 기회를 뺏긴다는 생각이 일반적이다. 하지만 샤리는 그렇지 않았다. 아마도 어머니의 전화 한 통으로 문제가 간단히 해결됐기 때문에 그럴 수도 있다. 그 전화 이후로 전 남자친구가 다시는 연락하지 않았으니 말이다. 한편 샤리는 더욱 현실주의자가 되었다. 플로리다에 정착하는 꿈을 버리고 대학 졸업 후에도 부모와 가까운 곳에서 살겠다고 마음먹었다. 샤리의 부모도 가족을 떠나 처음 정착할 때 어려움을 겪었다고 하면서 자신은 가족, 친구들 가까이에 사는 것이 좋다고 말했다. 그뿐만 아니라 정작 일을 시작하면 바닷가에서 즐길 여유도 없을 것이라고 재빨리 덧붙였다.

샤리는 대학원에 지원했다. 대학원에 합격하면 졸업할 때까지 부모와 함께 살 계획이다. 하지만 샤리가 집으로 돌아가면 그동안 조금이나마 얻었던 독립성을 아주 잃게 될 수도 있다. 그녀가 대학원에 다니면 대학을 나오지 않는 부모와 점점 벌어지는 견해 차이로 갈등이 커질 것이다. 하지만 샤리는 대출받은 학자금을 갚아야 했기 때문에 집에서 학교를 다니는 것이 이득이었다. 물론 이십 대가 부모와 같이 산다는 것이 얼마나 짜증 나는 일인지 잘 알고 있었다. 대출에 대한 부담이 큰 것은 이해가 간다. 하지만 샤리는 자신의 정확한 재정 상태를 몰랐다. 혼자서 살면 얼마나 비용이 드는지도 몰랐다.

샤리에게 집으로 돌아가는 일은 자신이 할 수 있는 가장 쉬운 선택이었다. 그러한 선택에 대해서 고민도 하고 체념도 했다. 샤리는 대학생활 동안 부모로부터 독립을 포기하고, 부모를 만족시키고, 자신의 직업적 목표를 위해 현실적인 방법과 타협했다. 대학원에서도 마찬가지로 그렇게 할 생각이다. 샤리가 특별히 극단적인 사례가 아니다. 부모가 대학생활 내내 계속해서 자녀의 삶을 주도하면 학생들은 돈을 관리하고 스스로 부양하는 방법을 배울 기회나 동기를 갖지 못한다. 대학 때 자신의 재정 상태를 잘 알고 스스로 해결하려는 학생일수록 성인기로 더 쉽게 이행할 수 있다. 부모는 정보를 제공하고 재정을 관리하는 방법을 알려주는 정도만 자녀를 돕는 것이 좋다.

가장 친하지만 부담되는 친구

연구를 하면서 우리가 발견한 또 다른 새로운 현상은, 부모가 자녀에게 가장 친한 친구로 인식된다는 것이었다. 몇 십 년 전만 해도 이러한 사례는 거의 없었다. 자녀가 부모와 더욱 가까워지면서 이러한 상황이 된 것이다. 많은 자녀들이 부모를 자신의 가장 친한 친구라고 이야기하고 있으며 이를 긍정적으로 받아들이는 부모와 자녀가 꽤 많았다. 호퍼 박사가 미들베리대학 학부모를 대상으로 실시한 조사에서 학부모들은 자신의 역할이 가장 친한 친구라는 것에 만족감을 표시했다. 한 부모는 다음과 같이 말했다. "자녀가 부모를 권위적이지 않고 친구처럼 가까운 존재로 인식하는 새로운 현상이 나타나고 있어요. 우리 세대에서는 이러한 관계를 누려본 적이 없죠."

　가장 친한 친구로 인식되는 부모는 대부분 자녀에게 '문제 해결사'

와 같다. 여행 계획을 함께 짜기도 하고, 인턴십이나 취직, 연구 프로젝트 등의 주요 담당자 연락처를 알아내고, 자녀가 도움이 필요할 때 언제든지 뛰어든다. 자녀들은 부모가 자신을 위해 언제든지 문제를 해결해준다는 것을 잘 알고 있다.

몰리는 동북부의 한 대학에 다니는 말쑥하고 세련된 3학년 학생이다. 몰리는 어머니에 대해 이렇게 말했다. "고등학교 때 엄마는 마치 컴퓨터 비서 같았어요. 내가 언제 어디서 친구를 만나는지, 운동 연습이 몇 시인지 늘 알고 있었죠. 말 그대로 나의 가장 친한 친구였어요." 대학에서도 마찬가지다. 몰리는 매일 어머니와 통화한다. 항상 그랬듯이 어머니는 몰리를 일일이 챙긴다. "대학에서도 고등학교 때와 별다른 걸 느끼지 못했어요. 지금도 엄마는 보이지 않는 곳에서 계속해서 도와주고 있어요."

어느 날 몰리는 어머니에게 전화를 걸어 아프다고 말했다. 심각하지는 않았고 그냥 가벼운 감기였다. 십 분 뒤, 어머니는 대학 근처에 있는 병원에 당일 예약을 잡아주었다. 룸메이트와 문제가 있었을 때는 학과장에게 전화를 걸어 새로운 방을 배정해달라고 요청했다. 몰리가 해외 연수 프로그램에서 낮은 학점을 받았다며 울면서 집에 왔을 때 어머니는 국제전화를 걸어 해당 교수에게 직접 따지기도 했다. 몰리는 이렇게 말했다. "엄마는 강한 분이세요. 엄마가 말하면 모든 사람들이 귀를 기울이죠. 엄마는 내가 필요한 사람들을 바로 만날 수 있도록 귀신같이 약속을 잡아주세요."

몰리는 자신이 높은 학점을 받을 수 있었던 것도 어머니의 개입 덕분이라고 생각했다. 몰리는 어머니가 원하는 것을 반드시 이뤄내는 사람이라는 것을 확실히 알았다. 몰리의 아버지도 어머니와 마찬가지로 적극적이었다. 몰리는 전략적으로 어머니와 아버지의 도움을 모두 받았다. 유명 회사의 매니저를 뽑는 어려운 면접을 대비할 때에도 아버지가 큰 도움을 주었다. 아버지는 딸이 금융 정보를 상세하게 꿰뚫을 수 있도록 2주 동안 〈월스트리트 저널〉 관련 기사를 스크랩해서 몰리에게 보냈다. 몰리는 결국 면접에서 가장 높은 점수를 받아 취직하게 되었다. 몰리는 아버지가 면접 준비를 도와준 덕분이라고 생각했다. "아빠는 나에게 도움을 줄 수 있다는 사실에 만족해하셨어요." 몰리처럼 부모의 도움을 적극적으로 활용하고, 부모도 보람을 느끼는 사례는 다른 학생들한테도 발견되었다. 이들은 부모의 도움을 긍정적으로 인식하고 적극적으로 활용했다.

우리가 레베카를 처음 만났을 때 그녀는 소규모 문과대학의 3학년 학생이었다. 레베카가 어머니에게 도움을 받는 분야는 여러 가지였다. 리포트 작성부터 친구들과 그 가족들에게 연락해 레베카가 학업과 취직 관련 정보를 얻도록 하는 것에 이르기까지 다양했다. 어머니에게 리포트를 고쳐달라는 요청이 무슨 문제냐고 그녀는 반문한다. "내가 얻을 수 있는 가능한 수단을 활용하는 것, 그것이 인생 아닌가요? 현실에서의 삶은 결국 네트워킹과 이를 활용하는 능력에 달린 거죠."

다른 학생들은 레베카처럼 도움을 받지 않으며, 부모에게 그렇게 많은 도움을 받는 것이 바람직하지는 않다는 우리의 말에 그녀는 별로 신경 쓰지 않았다. 오히려 부모가 자신을 돕고 싶어 하고 이를 통해 자신과 함께하는 느낌, 그리고 뿌듯함을 느낀다고 레베카는 생각했다. 어머니는 조용하고 차분한 성격이지만 레베카는 외향적이다. 어렸을 때는 집에 돌아오면 크게 팔을 벌려 꼭 안아주거나 도시락에 작은 쪽지를 넣어주는 그런 어머니를 바란 적도 있었다. 대학에 들어온 후로 레베카는 어머니와 무척 가까워졌다. 어머니의 네트워킹 능력을 인정했기 때문이고 또 다른 이유는 서로 떨어져 있으면서 사소한 말다툼이 줄어들었기 때문이다.

어머니와 이러한 밀착된 관계는 레베카에게 많은 도움이 되었지만 걱정과 죄책감도 느꼈다. 어머니의 지칠 줄 모르는 관심에 의존하게 된 것이다. 하루에도 몇 번씩 전화로 대화하고 이메일을 주고받는다. 친구들이 레베카를 놀릴 정도다. 부모에게 덜 의존적인 친구들을 보면 자신이 과연 옳은지 걱정되기도 했다. "내가 부모가 되면 자녀에게도 이렇게 하게 될까요? 장점도 있고 단점도 있는 것 같아요."

부모와의 밀착 관계에 대해 설명하며 레베카는 말했다. "항상 엄마 생각만 하는 것 같아요. 엄마한테 전화하지 않으면 죄책감이 들어요." 레베카가 집에 갈 때마다 그러한 죄책감은 더 커진다. 레베카가 친구와 놀려고 하면 어머니는 자신과 함께 있길 원했다. 실망하는 어머니의 모습을 볼 때마다 죄책감은 커졌다. 자녀가 얼마나 부모의 개입을 전략적으로 활용하는 것과 관계없이 여기에는 대가가 따르기 마련이다. 앞서 얘기했던 몰리는 부모의 개입이 숨 막힐 때도 있다고 말했다. 몰리의 어머니는 그녀가 속한 운동 팀의 열광적인 팬이다. 하지만 어머니의 지나친 관심이 때로는 불편할 때가 있다고 말했다.

자녀의 삶에 적극적으로 개입하는 부모는 때로는 자녀의 성공과 자신의 성공을 분리해서 생각하지 못한다. 몰리의 부모는 딸의 대학 진학에 필요한 모든 준비를 직접 도와주었다. 딸의 전공 선택에도 영향을 주었다. 몰리는 자신이 정말 원한 것은 영문학이었지만 부모를 위해 좀 더 실용적인 전공을 선택했고 영문학은 어쩔 수 없이 부전공으로 선택했다며 아쉬운 마음을 털어놓았다. 호퍼 박사의 연구 결과가 보여주듯이 이러한 현상은 점점 일반화되고 있다. 그 결과 학생들은 대학생활에 주인의식을 갖지 못하고, 학업에 대한 열의도 떨어지며, 지적인 호기심도 줄어들었다.

부모가 대학생 자녀에게 점점 더 개입하게 되면서 부모의 지나친 간섭, 그리고 이로 인해 생기는 부정적인 결과는 더욱 자주 볼 수 있다. 자녀의 학업이나 취미생활, 취직 면접 등을 부모가 마치 자기 일인 것처럼 간섭한다면 자녀는 성공에 대한 부담에서 벗어나기 어렵다. 그렇기 때문에 답답함을 느끼고 부모의 과도한 개입을 부정적으로 바라보게 되는 것이다. 호퍼 박사의 연구에 참여한 학생들은 부모가 자신의 삶에 사사건건 개입하고, 자신의 학업과 개인적인 문제를 너무 많이 알고 싶어 하며, 부모가 자신의 성공에 너무 치중하고 있다고 걱정했다.

마찬가지로 몰리도 어머니가 자신이 아닌 자식에게 너무 많은 에너지를 쏟는 건 아닌지 걱정했다. 대학에 다니는 동안 몰리의 부모는 이혼할 뻔했다. 어머니의 자녀 중심적 삶이 곧 결혼생활의 몰락과 연결되어 있는 것이다. "아마도 저에 대한 지나친 몰입이 엄마 자신과 우리 모두를 망치는 건지도 몰라요. 어떤 면에서는 양날의 칼과 같죠."

몰리는 어머니의 도움으로 많은 문제를 해결했지만 이제 어머니도 자신의 삶에 집중할 때가 됐다고 생각했다. 애비게일이 2년 후 레베카와 몰리를 다시 만났을 때 두 사람의 상황은 조금 달랐다. 한 명은 조금 나아지기는 했지만 여전히 부모에게 의존했고, 다른 한 명은 부모에게 벗어나 긍정적인 관계를 형성하고 있었다.

대학 졸업 후 몰리의 모습

대학을 졸업하고 사회인이 된 몰리는 부모와의 관계를 다시 정립했다. 그동안 몰리에게는 큰 변화가 있었다. 더는 부모에게 경제적으로 의존하지 않았다. 부모님은 고민을 거듭한 끝에 결혼생활을 계속하기로 결정했다. 이제 몰리는 어머니와 매일 통화해야 한다는 의무감에서 조금 벗어났다. 대학에 있을 때에는 어머니와 자주 통화하는 것이 분명히 즐거웠지만 언제나 약간의 의무감을 느꼈다. 이제는 예전만큼 자주 통화하지 않는다.

여전히 몰리의 어머니는 하루에 적어도 한 번은 통화하자고 이야기한다. 하지만 몰리는 대부분 아버지와 통화한다. 아버지는 퇴근길에 몰리에게 전화한다. 몰리가 다국적 기업에 취업하면서 경영 전문가였던 아버지와 새로운 유대감을 형성하게 되었다. "이제는 아빠와 친구가 되었어요." 사회인이 된 다른 친구들과는 달리 몰리는 여전히 사소한 일까지 부모에게 솔직히 터놓고 대화했다.

어머니와의 관계는 조금 복잡하다. 대학 시절에 어머니에 대해서는 늘 이중적인 입장이었다. 언제나 자신을 응원해주는 것은 좋았지만 지나치게 밀착된 관계로 부담을 느꼈다. 이제는 몰리 자신도 그때만큼 도움이 필요하지 않고 예전만큼 어머니를 배려할 필요도 없기에 어머니와 좀 더 거리를 두고 있다. 몰리의 대학생활에 늘 깊이 개입해왔고 졸업 후에 더 밀착된 관계를 기대했던 어머니는 이러한 상황을 받아들이기 어려웠을지도 모른다.

대학 졸업 후 레베카의 모습

2년 후 레베카는 이제 부모로부터 약 천 마일 떨어진 곳에서 자신이 원하는 일을 하면서 살고 있다. 시차 때문에 부모와 자주 연락을 주고받기 어려웠다. "제가 퇴근할 때쯤이면 엄마는 잘 시간이에요. 대부분 낮에 이메일과 문자 메시지를 주고받아요."

서로 전화하는 것이 어려워졌고 이 때문에 레베카는 힘들어했다. "정말 슬퍼요. 재미있는 일이 생겨도 바로 엄마한테 얘기해줄 수가 없으니까요." 그러나 이런 변화가 부모와의 관계를 바꾸어놓았다. "엄마는 지금의 내가 그 어느 때보다도 독립적이라고 생각하죠."

레베카는 자신이 열정적으로 일하는 모습을 어머니가 존중하게 되었다고 한다. 친구의 부모 중에는 자녀와 멀리 떨어져 사는 것을 말리는 사람들도 있었다. 하지만 레베카의 어머니는 받아들였다. "별다른 문제는 없었어요. 엄마 때문이 아니라 나의 목표를 이루기 위해서 엄마는 나의 선택을 존중해주었죠."

레베카는 이제는 어머니가 예전처럼 자신의 일에 개입할 필요가 없다고 생각했고 그만큼 죄책감도 줄어들었다. "대학에 다닐 때는 엄마와 자주 대화하지 못하면 죄책감을 느꼈어요. 지금은 훨씬 편안해요. 엄마는 나와 가까워지려면 오히려 적절한 거리를 두어야 한다는 것을 깨달았죠. 예전에는 집에 갈 때마다 부담을 느꼈어요. 하지만 지금은 집에 가는 것이 훨씬 즐겁고 좋아요. 대학에 다닐 때에는 집에 가면 친구를 만나러 밖에 나가곤 했죠. 이제는 우선순위가 바뀌었어요. 집에서 엄마와 보내는 시간이 더 많아요."

레베카는 이제 어머니와 좀 더 균형 잡힌 관계를 유지하고 있었다. 그리고 어머니의 장단점도 알게 되었다. "좋은 일이 있을 때에는 엄마한테 바로 얘기하지만 상황이 좋지 않을 때에는 혼자 해결해요. 문제가 있을 때마다 엄마가 항상 도움이 되진 않아요. 요즘에는 부모님에게 무조건 도움을 요청하지 않아요. 내 상황이 어떤지 단지 이해해주길 바랄 뿐이에요."

이제는 부모와 통화할 때 일방적으로 자신의 이야기만 하지 않는다. "부모님이 어떻게 지내는지 궁금해요. 내놓았던 집이 팔렸는지, 파티에는 누가 왔었는지 등, 부모님의 생활이 어떤지 묻곤 하죠." 레베카가 좀 더 일찍 부모로부터 독립했다면 대학 때부터 균형 잡힌 관계를 유지했을 것이다. 부모와 더 많은 시간을 보내고 싶어 하고 부모도 레베카의 일에 일일이 개입하지 않았을 것이다. 레베카는 이제 물리적 거리, 시차, 그로 인해 생기는 의사소통의 어려움 때문에 오히려 부모와 긍정적인 관계를 유지할 수 있었다.

부모와 자녀가 모두 성장하는 관계

이러한 밀착 관계는 한쪽 부모를 둔 자녀에게 더욱 강하게 나타날 수 있다. 부모가 자녀에게 더욱 집착하는 경우가 많기 때문이다. 부모가 사춘기 자녀에게 지나치게 집착한다면 질풍노도의 감정을 유발할 수 있다. 마이클은 똑똑하고 감수성이 예민한 학생으로 경쟁이 치열한 대학에 다니고 있다. 마이클은 1학년, 2학년 시절 내내 그러한 감정의 동요를 겪었다. 키도 크고 날씬한 체격에 예민한 감수성을 가진 마이클은 누군가의 보살핌이 필요한 듯 보였다.

마이클이 고등학교 시절에 그의 부모는 힘든 갈등을 겪고 결국 이혼했다. 마이클은 아버지 편에 서서 어머니와 연락을 끊었고 결국 아버지와 살게 되었다. 마이클에게 부모는 실제로 아버지 한 명뿐이다.

마이클은 아버지와 매일 통화하고 문자를 주고받았다. 애비게일과 처음 만났을 때 그는 여자친구에게 일방적으로 이별 통보를 받아 아픔을 겪고 있을 때여서 금방이라도 울 것만 같았다. 여자친구는 멀리 떨어진 곳으로 학교를 옮겼고 마이클에게 연락하지 말라고 통보했다. 마이클은 크게 상심했다. 일주일 내내 친구들이 위로해주었지만 가장 큰 위로는 매일 대화를 나눴던 아버지였다. 십 년 전에는 부모를 통해 이별의 아픔을 치유하는 것이 흔한 일은 아니었다. 보통 친구들과 얘기하면서 상처를 훌훌 털고 매주 부모와 통화하는 시간이 돌아오기 전까지 마음을 다잡는 것이 일반적이었다. 하지만 이제는 휴대전화로 부모에게 이성 문제를 이야기하는 경우가 훨씬 많아졌다.

마이클의 아버지는 직업상 출장을 많이 다녔다. 그래서 마이클은 고등학교에 다닐 때에도 몇 주씩 혼자 보낼 때가 많았다. 두 사람의 관계가 점점 친밀해지면서 아버지는 마이클을 아들이자 친구로 대하기 시작했다. 마이클이 2학년이 되기 전 여름이었다. 아버지는 경제적인 어려움에 처했고 마이클에게 도와달라고 부탁했다. 마이클은 방학 내내 일주일에 70시간씩 일하면서 아버지를 도왔다.

마이클의 아버지는 가장 친한 친구가 되기도 했고, 때로는 부모로서 방향을 제시하기도 했다. 마이클은 이렇게 말했다. "많은 친구들은 부모를 그저 부모로만 생각해요. 그리고 어떤 친구는 부모를 가장 친한 친구로 생각하기도 하죠. 저는 그 중간인 것 같아요." 아버지는 출장 때마다 늘 마이클에게 전화했다. 안부를 묻기도 하지만 때로는 외로움을 느끼거나 고민이 생겨 전화하기도 했다. 마이클은 어떤 때는 이 일 때문에 힘들기도 했다. 공부를 하거나 친구와 함께 있을 때 전화가 오기도 했는데 그럴 때는 문자 메시지를 보냈다. 우리가 조사한 학생 중 상당수가 이런 식으로 문자 메시지를 활용했다. 부모와 직접 통화하지 않고도 관계를 유지하면서 적당한 거리를 두고 부모로부터 자신을 분리하는 현명한 방법이다.

마이클은 아버지의 기분에 따라 적당히 대응했다. 물론 아버지를 사랑하고 도움이 되고 싶었지만 자기보호 심리도 있었다. 마이클은 아버지를 '나에 대해 잘 알고, 매일 나에게 관심을 가져주는 유일한 어른'이라고 표현했다. "아버지가 화를 내면 저는 아무 데도 의지할 곳이 없어요." 이러한 현실이 바로 두 사람의 관계를 규정지었다. "아버지가 도움을 요청하면 어떻게든 도와주려고 애써요." 그렇다고 아버지가 많은 것을 요청하지는 않는다고 재빨리 덧붙였다. 분명히 마이클은 아버지와 적당한 선을 긋는 데 어려움을 겪고 있었다. 아버지와 멀어지는 것, 아버지의 관심을 받지 못할까 봐 마이클은 자신이 필요한 것을 제대로 표현하지 못했다.

마이클만큼 아버지도 아들에게 의존하고 있을지도 모른다. 사실 아버지는 이혼 당시 마이클이 어머니를 강하게 거부했기 때문에 이혼이 아들에게 부정적인 영향을 끼칠까 봐 우려했다. 마이클은 아버지만 의존했다. 따라서 아버지는 마이클과 더욱 밀착된 관계를 맺게 되었을 것이다. 하지만 부모는 성인기로 이행 단계에서 자녀에게 무엇이 필요한지 먼저 생각해야 한다. 부모의 속내는 다른 통로를 통해 털어놓아야 한다. 물론 부모의 솔직한 마음과 형편을 이야기하는 것은 좋다. 자녀가 부모를 하나의 독립된 인격체로 바라보는 데 도움을 주기 때문이다. 하지만 자녀가 아직 성인은 아니므로 너무 솔직한 이야기는 부적절하거나 부담을 줄 수도 있다.

4학년이 된 마이클

2년 후 애비게일이 마이클을 다시 만났을 때 마이클과 아버지와의 관계에 큰 변화가 생겼다. 2학년 때에는 아버지와 아들이 항상 서로 의지했다. 중요하지 않은 문제도 언제나 바로 상의하고 서로 도움을 주었다. "무슨 일이 있어도 아버지가 항상 제 곁에 있어주길 원했어요. 정말 이기적이었죠. 아버지도 무슨 일이 있어도 제가 아버지 곁에 있어주길 바랐어요."

마이클은 아버지가 자신의 삶에 깊이 개입하게 된 이유 중 하나가 이혼으로 생긴 상처를 보상받기 위해서라고 생각했다. 추수감사절에 집에 올 때 친구들과 함께 차를 타고 오려고 하면 아버지는 직접 데리러 오겠다며 다시 약속을 잡았다. 마이클에게는 속상한 일이었다.

3학년이 되기 전, 여름방학이 결정적인 전환점이 되었다. 어느 날 아침 일찍 아버지는 매우 지친 상태로 2주간의 출장을 마치고 돌아왔다. 마이클은 아버지를 보려고 일찍 일어났지만 자신도 몹시 피곤한 상태였다. 하지만 둘은 함께 앉아서 대화를 나눴다. 둘 다 피곤한 상태에서 평소보다 솔직히 마음을 터놓았다. "아버지와 함께하는 것은 좋아요. 제가 그렇게 할 수 있을 때에는요." 아버지는 마이클의 속내를 눈치챘고 아들에게 지나치게 기대고 있었다고 솔직하게 이야기했다. 그러한 솔직함 덕분에 두 사람은 마침내 서로 멀어지는 것에 대한 두려움을 극복할 수 있었다. 두 사람은 정말 중요한 순간에는 함께하겠지만 매 순간 항상 함께할 필요는 없다는 것을 깨닫게 되었다.

마이클이 대학으로 다시 돌아가자 아버지는 학기 초에 전화를 해서 잘 지내는지 물었고, 마이클은 리포트 준비, 시험공부, 연습 경기 등 해야 할 일이 많다고 대답했다. 아버지가 "'어떻게 도와줄까?'라고 물었지만 괜찮다고 대답했어요." 그리고 아버지는 실제로 그렇게 해주었다. 마이클은 여전히 주기적으로 아버지와 연락하지만 예전만큼 자주 통화하지는 않는다. 그리고 4학년이 된 마이클은 3학년 때 외국에서 함께 공부했던 여자친구와 사귀게 되었다. 자주는 아니지만 이따금 어머니와도 연락하기 시작했다. 마이클은 어려운 전공을 선택했지만 잘해내고 있다. 이제는 아버지와의 관계가 예전보다는 편안하지만 가끔 좋지 않을 때도 있다. "서로 필요할 때가 분명히 있어요. 아버지와 저는 서로 사랑해요. 하지만 의견 차이가 있을 때에는 각자의 방식대로 처리하기도 하죠."

부모가 가장 친한 친구가 된다는 것

우리의 연구에 따르면 어떤 부모는 자녀를 가장 친한 친구나 그와 비슷한 관계로 생각한다. 자녀에게 성문제, 배우자와의 불화, 건강이나 재정 문제 등 사적인 부분까지 일일이 털어놓는 부모도 있다. 많은 학생들이 이를 불편해하는 것도 무리는 아니다.

애비게일이 제시를 처음 인터뷰했을 때 그녀는 3학년이었다. 한때 무용을 전공했고 유명한 여대생 모임의 회원으로 친구가 많고 사교성이 뛰어난 학생이었다. 겉으로 보기에는 모든 것이 좋아 보였지만 인터뷰하면서 부모에 대한 안타까운 이야기를 털어놓았다. 제시의 부모는 이혼을 원했다. 부모는 제시에게 쉬지 않고 전화를 걸어 상대방을 비난하고 자신의 데이트 상대에 대해 이야기했다. 제시에게는 어린 남동생이 하나 있었는데 부모들은 각자 데이트를 하러 갈 때마다 누가 남동생을 돌볼지를 놓고 싸웠다. 부모는 제시가 집에 올 때마다 남동생을 돌봐주기를 원했다.

"문제는 나 또한 아직 어리다는 거였어요. 나도 보살핌이 필요했어요." 제시는 화가 나고 힘들었지만 부모를 많이 사랑했다. 친구들의 비난에도 매일 부모의 전화를 기다리고 부모에게 의존했다. 부모는 제시에게 정신적 지주와 다름없었다. 대학 2학년 때 제시는 남자친구의 방에 갔었는데 자신의 친구와 남자친구가 성관계를 맺고 있는 장면을 목격했다.

제시는 바로 부모에게 전화를 걸었다. "지금까지도 엄마는 그 남자친구를 용서하지 못해요." 어머니가 자기편을 들어주는 것을 자랑스럽게 여기면서 제시는 말했다.

대학 졸업 후 제시의 모습

2년 후 애비게일과 다시 인터뷰했을 때 제시는 부모와 어느 정도 거리를 두었다. 부모들은 아직도 이혼 중이었으며, 가정불화는 계속되고 있다고 말했다. 제시의 부모는 서로 대화를 피하고 제시가 중재자가 되어주기를 원했다. "짜증이 나요. 엄마가 전화해서 '아빠한테 전화해서 이렇게 전해.'라고 얘기하고, 나는 '엄마가 하세요. 내가 엄마 비서예요? 라며 소리치죠."

쓰라린 경험을 통해 제시는 자신이 중재자 역할을 하는 것이 결국 양쪽 부모에게 전혀 도움이 되지 않는다는 것을 깨달았다. 부모는 서로에 대한 분노를 제시에게 분출하고 있었다. 제시가 부모와 거리를 두려고 노력하자 효과가 나타났다.

"이제는 예전만큼 그러지 않아요. 부모님도 눈치채신 것 같아요." 그렇지만 제시는 여전히 부모와 자주 연락하고 지낸다. 아버지와는 일주일에 몇 번씩 통화하고 어머니와는 매일 전화한다. 하지만 모든 것을 일일이 말하지는 않는다.

"남자친구 이야기는 하지 않는 게 좋다는 것을 깨달았어요. 엄마는 자기 의견이 강하기 때문에 안 좋은 얘기를 할지도 몰라요. 엄마에게 모든 것을 털어놓지는 않아요. 특히 문제가 있을 때는 가급적 통화하지 않는 편이에요."

또한 제시는 어머니와 관계가 그다지 좋지 않았다. 제시는 그 이유를 대학 시절 어머니가 화가 나서 자신에게 전화했을 때 적절한 선을 긋지 못했기 때문이라고 생각했다. 현재 대학생인 남동생은 처음부터 어머니에게 분명한 선을 그었다. 남동생은 어머니가 너무 자주 전화하면 아예 받지 않았다. "이제 엄마는 어느 정도까지 해야 하는지 스스로 알고 있어요. 어제 통화했으니 앞으로 며칠 동안은 전화하지 말아야겠다고 얘기하세요."

전화받기가 곤란한 상황일 때는 전화를 아예 받지 않을 때도 있었다. 하지만 어머니는 끈질기게 '왜 전화를 안 받니?' 라고 문자를 보냈다고 한다. 어려운 상황 속에서 힘겹게 성인기로 이행하고 있는 제시는 어머니와 적절한 선을 긋는 문제로 계속해서 힘겹게 투쟁하고 있었다. 부모들은 자녀들이 어느 정도로 밀착된 관계를 원하는지 신호를 잘 읽고 이에 대응해야 한다. 부모가 그렇지 못했기 때문에 제시는 부모와 선을 긋느라 아직까지 고군분투하고 있다.

직접 요구하지 못하는 이유

역설적이게도 그처럼 자주 통화하며 지내는데도 많은 학생들은 부모에게 서로 거리를 둘 필요가 있다고 직접적으로 말하지 못했다. 연구에 참여한 학생 중 부모에게 너무 자주 전화하지 말라고 직접 요구한 경우는 11퍼센트에 불과했다.

어떤 학생은 부모와 갈등을 빚는 것 자체를 불편해했다. 통금 시간부터 화장실 바닥에 던져 놓은 젖은 수건을 치우는 일까지 온갖 뒤치다꺼리를 해준 부모한테 자주 통화하지 말라는 요구가 충격일 수 있다고 생각하기 때문이다. 일부 아동 전문가들은 부모가 가장 좋은 친구의 역할을 맡는 것이 문제의 원인이라고 말한다. 미들베리대학의 임상심리학 교수 수잔 갤런드는 관계의 성격이 다르기 때문이라고 지적했다. "부모는 결국 부모일 수밖에 없어요. 자녀들은 화가 나서 막말을 해도 부모가 언제나 자신을 사랑한다는 것을 잘 알죠. 하지만 친구는 달라요. 친구한테는 부모처럼 직접적인 의사소통을 할 수 없으니까요."

거리 두기

어떤 학생들은 부모에게 잠시 거리를 두자고 이야기하지만 이를 굳이 말로 표현하지 않는다. 대신 부모와 언제, 무엇을 얘기할지 스스로 선을 긋는다. 학생들이 수업을 들으러 가기 직전에 부모에게 전화하는 경우가 많은 것도 우연은 아니다. "죄송해요. 지금 다 왔어요. 이제 들어가야 해요.", "나중에 다시 걸게요."라고 쉽게 핑계를 대기 위해서다.

우리가 조사한 바에 따르면 학생들은 부모의 전화를 피하려고 다양한 방법을 사용했다. 어떤 학생들은 거짓말을 한다. 도서관에 있는 척하면서 휴대전화에 대고 속삭이기까지 한다. 호퍼 박사의 연구에 의하면 흥미롭게도 부모와 연락 횟수가 적절하다고 생각하는 학생들조차도 이렇게 가끔 거짓말을 했다. 때로는 통신기술을 활용한다. 14퍼센트의 학생들이 이메일로 자신이 편할 때, 자신이 원할 때만 연락을 했다. 문자 메시지도 직접적인 통화를 피할 수 있는 수단 중 하나다.

이번 장에서 다뤘던 사례에 등장한 학생들은 분명히 부모를 사랑하고 부모와 가까이 지내기를 원했다. 하지만 그러한 밀착 관계 이면에는 분명히 단점이 있다. 휴대전화와 컴퓨터의 즉각성, 사춘기의 음과 양이라는 양면성 때문에 단점이 더욱 두드러지게 나타난다. 부모와 너무 얽혀 있는 자녀는 부모에게 불편한 감정을 경험하기도 한다.

이러한 감정은 분명히 대학생활에 방해가 된다. 사라는 친구들 몰래 아버지의 도움을 받았기 때문에 자신이 의존적이며 자신감이 부족하다고 생각했다. 집에 오라는 부모의 끊임없는 요구에 못 이겨 샤리는 체념하고 후회했다. 몰리는 어머니의 과도한 간섭에 부담을 느꼈다. 레베카는 기꺼이 어머니의 도움을 받아들이기는 했지만 더 자주 연락하라는 어머니의 기대에 부응할 수 없어 죄책감을 느꼈다. 제시는 이혼을 앞둔 부모들이 자신에게 많은 것을 털어놓고 의지하는 것이 너무 힘들었고 화가 났다. 아버지가 자신에게 의존하는 것 때문에 마이클은 스트레스를 받았고 불안해했다.

2차 인터뷰에서 우리는 1학년 때 형성된 의사소통 패턴이 이후에도 여전히 계속된다는 사실을 발견했다. 다행히 마이클은 모든 문제마다 서로 도움을 줄 수 없다는 것을 깨달았고, 이후에 아버지와 바람직하고 편안한 관계를 맺게 되었다. 제시는 이혼 갈등의 중재자 역할에서 벗어날 수 있었다. 레베카 또한 일에 대한 강한 열정과 부모와 멀리 떨어져 시차가 다른 곳에서 생활하게 되면서 긍정적인 진전을 보였다. ADD 진단을 받은 후 사라는 자신이 왜 부모에게 그토록 의존했는지 깨달았고 좀 더 자신감을 갖게 되었다. 하지만 나머지 학생들 중 일부는 부모와의 관계 때문에 여전히 고전하고 있었다. 몰리는 어머니와의 관계를 재정립함으로써 새로운 단계에 접어드는 중이었고, 사라와 레베카는 성인으로서 자신의 정체성을 확립하기 위해 여전히 투쟁하고 있었다.

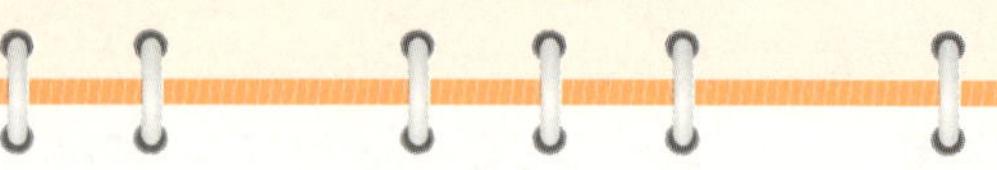

부모는 자녀가 부모에게 벗어나 스스로 독립적인 대학생활을 하도록 내버려두고 자녀의 성공과 실패에 대해 초연한 자세를 갖는 것이 좋다. 부모가 아이를 일으켜 줄 수 없을 때 넘어지기 마련이며, 이러한 경험을 통해 아이는 성장한다. 하지만 어떤 부모는 자녀의 첫 번째 실수를 최대한 미루려고 한다. 딸이 주말마다 집에 오기를 원했던 샤리의 부모처럼 말이다. 고등학교 때처럼 자녀한테 가족이 우선순위가 되어 달라고 기대하지 마라. 부모의 기대 때문에 아이들이 죄책감을 느낄 수도 있다. 대학생활의 중요한 목표 중 하나는 새로운 친구를 사귀는 것이다. 그런데 너무 자주 집에 가게 되면 그러한 기회를 잃을 수도 있다. 정말 필요한 경우가 아니라면 성급히 자녀를 도우려 하지 마라. 샤리는 파티 이후의 상황을 스스로 해결하는 법을 배웠어야 했다. 하지만 부모가 그러한 기회를 박탈했다.

자녀가 리포트나 과제 등을 어려워한다면 관련된 도움을 제공하는 곳에 보내는 것도 자녀를 돕는 방법이다. 어떤 도움을 받을 수 있는지 알아보되, 중요한 것은 자녀가 스스로 어떻게 활용할지 알게 하는 것이다. 이외에 적극적으로 도움을 찾아나서는 방법을 설명해줄 수도 있다. 학생들은 언제, 어떻게, 누구한테 그러한 도움을 받을 수 있는지 스스로 생각할 필요가 있다. 리포트 마감 전날 도움을 요청한다면 곤란하겠지만 적절한 시간 여유를 두고 부모에게 정중하게 조언을 구한다면 원하는 도움을 얻을 것이다.

부모는 자신의 정서적, 사회적 욕구를 충족시키는 다른 방법을 찾으

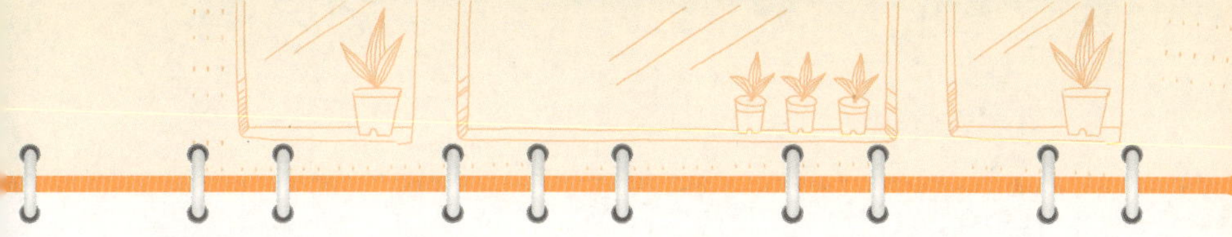

라. 새로운 친구를 사귀고, 공통의 관심사가 있는 사람들을 만나고, 부모 양육과 관련된 단체의 문을 두드려보라.

레베카처럼 부모와 자녀가 서로 '가장 친한 친구'라 부른다면 다음과 같이 자문해보라. 내 아이에게 또 다른 '가장 친한 친구'가 있는가? 이러한 밀착 관계에서 더 큰 도움을 받는 쪽은 누구인가? 어떤 방식으로든 자녀의 독립을 방해하고 있지는 않은가? 물론 자녀에게 항상 관심을 둘 필요는 있다. 하지만 그러한 관심을 표현할 때에는 적절한 방법으로 해야 한다. 자녀가 무대에서 실수해도 부모로서 선을 넘지 않도록 주의해야 한다.

부모와 밀착 관계로 힘들어하는 학생들 대부분은 부모가 적절한 선을 긋지 못했다. 이것은 학생들이 스스로 감당하기 어려울 수 있으며 부모에게 상처를 줄까 두려워서 더욱 힘들어할 수 있다. 부모는 자녀에게 애정 표현을 분명히 하되 자녀의 독립성 발달을 위해 한발 물러서서 도와주어야 한다.

부모가
된다는 것

"부모가 되는 것은 정말 쉽지 않아요. 초등학교, 중학교, 고등학교 때는 자녀를 보호하는 가장 강력하고도 유일한 방패막이 바로 부모라는 이야기를 수도 없이 듣죠. 학교, 교회, 텔레비전 프로그램, 책 등 말 그대로 사방에서 '자녀에게 적극적으로 참여해라. 개입해라. 의사소통의 끈을 놓지 마라.' 라고 말하고 있으니까요."

일리노이 주 스코키에 거주하는 로니 스토니쉬는 이렇게 말한다. 현재 쉰 살인 로니는 아홉 살 아들이 있으며 자녀의 삶에 적극적으로 참여하는 것을 기쁘게 여긴다. 하지만 한편으로는 신중한 양육 방식을 열렬히 옹호하는 사람 중 하나다. 뉴트라이어 주 타운십고등학교 학부모 모임의 공동회장이기도 한 로니는 정기적으로 양육에 관한 간담회를 개최하고 있다. 이 간담회는 시카고 부유층 지역에서 대학생 자녀를 둔 부모가 대상이고, 이들과 양육에 대해 많은 대화를 나누기 때문에 학부모에게 인기가 높다. "부모들은 적극적인 개입이 일종의 특효약이라고 생각해요. 오히려 적극적으로 참여하지 않는 부모가 잘못됐다고 생각하죠." 자녀를 위험에서 보호하고, 학업 성취를 돕고, 친구에게 인정받아야 한다는 부담 때문에 부모들이 자녀의 일상에 깊이 개입하게 되었고 이러한 현상은 대학생활, 그리고 그 이후까지도 이어지고 있다.

아들이 아직 어리긴 하지만 로니도 아들의 미래에 대해 기대가 크다. 신중한 양육 방식을 홍보하고 있는 로니는 현재 대학에 다니거나 입학을 앞둔 부모들과 친분을 쌓으면서 그들의 어려움을 알게 되었다. 로니 자신도 앞으로 겪게 될 일이다. "아이가 대학에 입학했으니 모든 것을 그만둬야 한다고요? 내 삶에서 정말 큰 부분이 빠지는 것 같아요. 대화도 하지 말라는 건가요?" 부모들의 격정적인 몇 마디만으로도 로니는 아이페어런츠들의 특징과 감정적 원인을 읽을 수 있었다. 부모들이 느끼는 이러한 상실감은 자녀가 대학에 갈 때쯤 갑자기 생기는 것이 아니다. 그 이전부터 이미 형성된 것이다.

소위 '좋은 부모'라고 하면 자녀의 삶에 늘 개입하며 필요할 때 항상 도움을 주는 부모라고 생각한다. 그렇지 않으면 자녀는 성적이 떨어지고 그로 인해 벌어지는 온갖 문제에 더 취약해질 것이다. 그래서 많은 부모들이 안절부절못하는 것이다. 이를 더욱 부추기는 것이 바로 다른 부모들의 압력이다. 아이페어런팅의 장점은 자신의 부모 세대보다 자녀와 더 친밀한 관계를 유지하며 이것이 부모에게 큰 기쁨을 준다는 것이다. 따라서 부모가 더욱 자신의 양육 방식에 만족하는 것도 당연하다.

이번 장에서는 애비게일이 인터뷰한 대학생 부모, 호퍼 박사가 조사한 미들베리대학의 학부모 등을 포함하여 부모와 교육 전문가들의 이야기를 듣고 아이페어런팅이 어떻게 형성되는지 살펴보고 그 원인을 밝혀본다. 부모들의 입장을 살펴보면 부모들이 왜 그렇게 행동하는지, 어떻게 하면 바람직한 부모 역할을 할 수 있는지 파악하는 데 도움이 될 것이다.

이전과는 다른 요즘 부모들

적극적인 부모들

아이페어런팅이 등장하게 된 배경과 주요 원인은 수년 전부터 진행되었다. 지난 수십 년 동안 자녀를 적게, 그리고 늦게 낳는 추세가 일반적인 현상이 되었고, 아이를 적게 낳으면서 부모들은 자녀에게 더욱 집중하게 되었다. 또한 오랜 기다림 끝에 자녀를 가졌기 때문에 큰 기대와 특별한 목적의식을 갖고 부모 역할을 받아들인다.

부모들은 출산 연령이 늦어지기는 했지만 자신의 부모 세대보다 더욱 건강하다. 그리고 자신의 건강에 각별히 신경 쓴다. 요즘 부모들은 축구나 야구팀에서 코치 활동을 하거나 자녀와 함께 자전거를 타고 소풍을 가고 캠핑을 떠나는 등 다양한 취미생활을 함께한다. 애비게일의 남편인 J. D.의 경우 사십 대 후반에 스키를 배웠다. 스노보드를 좋아하는 아들 잭과, 형 못지않게 운동을 좋아하는 동생 카를로스를 위해 애비게일도 몇 년 만에 다시 스키를 시작했다. 요즘 부모들은 같은 나이라도 이전 세대보다 젊게 산다고 생각한다. 오십 대는 사십 대처럼, 육십 대는 오십 대처럼 살고 있으며 운동과 건강한 식단 덕분에 자녀를 늦게 낳았지만 여전히 활동적이다.

부모는 자녀가 성공하기를 원한다. 성공의 정의는 사람마다 다르겠지만 자녀가 원하는 목표를 이루도록 자신을 헌신한다. 이러한 헌신은 곧 자녀에 대한 개입으로 이어진다. 실제로 미들베리대학 학부모를 대상으로 한 호퍼 박사의 연구에서 학부모 중 3분의 2는 자신의 부모보다 자녀에게 더 개입하고 있다고 응답했다. 부모의 개입 정도는 천차만별이며 상황에 따라 제각각이다. 그리고 거의 모든 지역사회에서 부모의 적극적인 참여가 필요하다고 강조하고 있다.

지금의 부모 세대는 이전 세대보다 대학 수준의 고등교육을 받았으며 다양한 경로를 통해 정보를 찾고 조언을 구하는 일에 능숙하다. 스포크 박사의 《Baby and Child Care^{엄마가 알아야 할 육아 상식}》을 제외하면 베이비붐 세대의 부모들이 활용했던 양육서는 거의 없었다.

오늘날에는 '양육' 도서로 분류된 책들이 엄청나게 많다. 그뿐 아니라 양육에 관한 비디오, 잡지, 언론 기사, 그리고 〈Nanny 911^{내니 911}〉이나 〈Supernanny^{슈퍼내니}〉 등의 양육 관련 TV 프로그램도 넘쳐난다. 양육 전문가들은 아침 TV 프로그램에 고정 출연하고, 전문적인 양육 강연회에 수많은 부모들이 모여든다. '다중 지능^{multiple intelligences}'에 관해서 여러 책을 집필한 하버드대학 교수 하워드 가드너의 강연에는 평일 밤에도 수백 명의 청중이 모인다. 양육 정보에 대한 부모들의 강한 의지를 알 수 있다.

이러한 부모들의 열의는 자녀가 대학에 진학한다고 해서 끝나지 않는다. 호퍼 박사가 미들베리대학 1학년 학부모들을 대상으로 개최한 '자율성을 키워주면서 친밀감을 유지하는 법 : 대학생 양육의 어려움' 워크숍에 많은 학부모들이 참석했다. 부모들은 대학생이 된 자녀의 일상에 어느 정도까지 개입해야 하는지 알고 싶어 했다. 부모들은 이미 너무 오랫동안 자녀에게 개입했기 때문에 하루아침에 그러한 습관을 바꾸는 것을 두려워한다.

다양한 밀착 관계

요즘은 전 세대보다 자녀의 수가 적고 사회 활동도 활발하다. 출산 후 몇 년 이내에 다시 직장으로 복귀하는 어머니들도 많다. 부모는 다양한 과외 활동 계획을 짜면서 자녀의 삶에 계속 개입한다. 그래서 '사커맘'이 등장하게 되었다. 운동 연습, 춤이나 음악 수업에 자녀를 데려다주고 그들의 공연과 경기에 참석하면서 자녀와 더욱 가까워진다. 또한 자녀가 경기에서 뛰고 악기를 연주하는 모습을 보면서 기쁨을 맛본다. 어떤 경우는 이러한 활동이 가족생활보다 우선시되기도 한다. 특히 부모가 자녀를 통해 대리만족을 느끼기 시작한다면 더욱 그렇다.

최근에는 이러한 부모의 지나친 개입과 자녀의 바쁜 스케줄을 비난하는 목소리가 나오기 시작했다. 2009년 〈타임〉지 커버스토리 기사 'The Growing Backlash against Overparenting 과잉보호에 대한 반발 급증',

은 미디어를 통해 빠르게 확산되었다. 애비게일이 인터뷰했던 한 어머니처럼 일부 부모들도 공감하고 있다. "아이들과 같이 놀기로 약속을 잡을 때에는 멀리까지 가야 하는 운동은 고려하지 않아요. 하키 원정경기를 가고 멀리까지 피아노 수업을 받으러 다니는 아이들도 있죠. 도대체 밥은 언제 먹는지 모르겠어요. 그런 부모들은 '집에만 있으면 애들이 지루해한다.'라고 말하죠. 하지만 도대체 누가 그런 계획을 세우는 걸까요? 일곱 살짜리 애를 데리고 하키 원정경기를 위해 위스콘신 주까지 차로 이동하는 부모도 있어요. 우리에게 원정경기는 사형 선고와 같아요. 어떤 원정경기는 9개월 동안 계속될 때도 있어요!"

하지만 대학생 자녀를 둔 한 어머니는 이와는 사뭇 다른 입장이다. 하키는 딸과 친해지는 좋은 기회이고 함께 하키를 배우면서 다른 부모도 사귈 수도 있다. 데이비슨대학의 레슬리 마시카노 학사관리차장의 딸 케이티는 다섯 살 때부터 하키를 배우기 시작하면서 하키에 푹 빠졌다. 마시카노 차장은 케이티가 어릴 때부터 시작한 연습과 토너먼트에 함께 참여하며 딸과 많은 시간을 보냈다. 고등학교 때 케이티가 대학체육협회지정 우수대학에서 선수로 활동하고 싶다고 결심하면서부터는 하키 경기와 시합을 위해 주말에도 밤을 새며 차로 이동한 적이 수없이 많았다. 그때마다 늘 함께 다녔다. 마시카노 차장은 자신이 지극히 전형적인 부모라고 생각하지만 딸에게 가장 친한 친구라고 생각한다.

마시카노 차장의 적극적인 양육 방식에 많은 부모들이 호응해주었다. 자녀의 활동에 참여하면서 새로운 부모도 만났고 인맥도 넓혔다. 또한 이러한 경험이 개입식 양육을 지속시켜 주었다. 마시카노 차장은 케이티와 차를 타고 멀리까지 경기하러 가는 것이 즐거운 또 다른 이유는 다른 부모들과의 만남 때문이라고 말했다. "경기에서 다른 부모들을 만나 호텔에서 저녁도 먹고 술도 마셔요. 다른 부모들과 마음을 열고 즐기는 기회가 되는 거죠."

케이티가 대학 진학을 위해 집을 떠난 직후 마시카노 차장은 매우 힘든 시간을 보냈다. "제일 친한 친구가 이사를 가버리고 혼자 남겨진 듯한 기분이었어요." 하지만 고등학교 때부터 형성된 이러한 양육 패턴은 자녀가 대학에 진학한 후에도 이어지는 경우가 종종 있다. 마시카노 차장은 딸의 토너먼트, 심지어 해외 경기도 빠지지 않고 참석했으며, 상실감을 달래는 데 많은 도움이 되었다.

여유가 있는 부모는 대학생 자녀의 열성팬 역할을 하기 위해 먼 거리도 마다하지 않고 달려간다. 시간적, 재정적 여유가 있는 부모라면 자녀의 경기와 공연을 따라다니는 것이 일반적이다. 데이비슨대학의 한 교직원에 따르면 부유한 학부모들은 학교 근처 호수에 콘도를 구입해 주기적으로 자녀의 경기나 공연을 보러온다고 한다.

대학 진학을 위한 머나먼 여정

자녀의 대학 진학을 도우려는 부모의 노력은 지난 15년간 더욱 두드러지게 나타났다. 대학 진학을 원하는 지원자가 그 어느 때보다도 많아졌기 때문이다. 특히 자녀가 경쟁률이 높은 대학을 원하거나, 부모가 그러한 대학에 자녀를 입학시키고 대학이 상징하는 모든 것을 얻고자 하는 경우 가장 극명하게 나타난다.

"부모들 사이에서는 자녀가 어느 대학에 들어가느냐로 성공이 좌우된다는 지론이 있습니다." 대학입학카운슬러협회^{National Association for College Admission Counseling} 회장 제임스 점프는 이렇게 말했다. "자녀가 경험하게 될 교육의 질보다 차 뒤에 붙이는 스티커에 어떤 대학 이름이 들어가느냐가 더 중요한 부모도 있어요."

때로는 이러한 현상이 안타까운 결과를 낳기도 한다. 캘리포니아 주 산호세에 있는 벨라민대학 예비학교 상담소장 케이티 머피는 다음과 같이 말했다. "안타까운 현실은 어떤 대학이 자녀에게 적합한지가 중요한 것이 아니라 대학의 명성이 우선시된다는 거예요. 어떤 학생들은 그냥 참고 부모가 원하는 대학에 들어가요. 그래도 대학생활에 잘 적응하고 즐기면 좋지만, 결국 낙제하거나 전학을 가는 등 자신을 희생하는 학생도 있죠. 물론 문제없이 졸업하는 학생도 있습니다."

그렇다고 중간 수준의 대학, 경쟁이 심하지 않은 대학에 지원하는 부모가 상대적으로 덜 열성적인 것은 아니다. "대부분 언론은 일류 대학을 중심으로 입시 경쟁이 얼마나 심한지 다루고 있죠. 그러한 보도는 대학 자체가 들어가기가 매우 어려운 곳이라는 인식을 갖게 하고, 학생들은 어떤 학교에 지원하든지 큰 부담이라고 생각하게 합니다. 그래서 모든 부모가 대학 입시를 걱정하고 학생들까지 걱정하죠." 이러한 입시 경쟁은 고등학교 이전부터 시작되며 자녀의 경쟁을 부추긴다. 부유한 지역의 극성스러운 일부 부모들은 자녀를 일부러 유치원에 늦게 보내기도 한다. 다른 아이들보다 앞서가서 결국 입시 경쟁에서 우위를 차지하기 위해서다.

애비게일은 코네티컷 주의 가장 부유한 지역에서 이러한 현상을 조사했다. 자녀 교육에 대한 부모의 헌신은 일부 부모에게만 국한된 현상이 아니었다. 그 지역의 모든 부모들이 자신의 일처럼 자녀의 과제를 도와주고 있었다. 그뿐만 아니라 부모들은 교내 자원 봉사에 참가하려고 치열하게 경쟁했다. 대다수 초등학교 부모들은 인기 교사를 담임으로 배정받거나 자녀의 학습에 방해가 안 되는 친구들과 한 반이 되려고 뒤에서 로비를 펼치기도 했다.

일부 학교는 급증하는 부모의 개입을 적극적으로 반대하고 있다. 오리건 주 포틀랜드 부유층 지역에 있는 루엘린초등학교 교장 스티브 파월은 학교 수칙에 따라 부모들의 개입을 제한한다고 말했다. "부모들에게 자녀의 일에 사사건건 개입하는 것을 자제해달라고 당부하고 있습니다. 학교는 학생을 가르치는 곳이지 부모를 관리하는 곳이 아니니까요." 파월 교장은 이후에 이메일로 자신의 뜻을 분명히 설명했다. "교장으로서 나의 역할은 아이들이 자율적인 학습자가 되도록 가르치는 것입니다. 자율적인 학습자란 스스로 생각하는 능력을 갖춘다는 것입니다."

파월 교장을 비롯한 교육 관계나 아동 전문가들에 따르면, 아이들은 실수를 통해서 많은 것을 배운다고 말한다. "아이들의 실패를 바란다는 뜻이 아닙니다. 저는 아이들이 실패보다는 성공을 더 많이 경험하길 바랍니다. 하지만 지금의 우리 사회는 어떤 식으로든 아이들의 실패를 전혀 용납하지 않고 있죠. 아이들이 건강한 어른으로 성장하려면 적절한 때에 실수를 통해 인생의 교훈을 얻어야 합니다. 우리는 아이들을 너무 감싸 안는 경향이 있습니다. 실수를 통해 배우도록 하려면 아이들을 적당히 놓아주어야 합니다. 아이를 버려두는 것이 아니라 살짝 놓아줘서 인생을 경험하게 하는 겁니다. 부모가 아이의 일거수일투족을 감시하고 실수할 때마다 해결사 역할을 자청한다면 그 아이는 올바르게 성장할 수 없을 것입니다.” 파월 교장은 이렇게 말한다. 이러한 관계자들의 노력에도 부모는 대학 진학이라는 목표를 위해 계속해서 자녀의 학교생활에 개입하고 있다.

예전에는 자녀가 고등학교에 들어가면 부모의 개입이 거의 없었다. 하지만 이제는 대부분 고등학생들이 대학 진학을 희망하고 있으며, 부모의 개입은 더욱 강화되었다. 여유가 있는 부모는 모든 과목을 과외 공부를 시키고 자녀에게 인턴십 기회를 얻어주려고 가능한 모든 인맥을 동원한다. 자녀의 성적을 원하는 수준으로 끌어올리기 위한 여정은 끝이 없다.

고등학교 상담 교사에 따르면 학생과 대학 입시 관계자를 위한 전용 사이트를 부모가 사용하는 경우도 있었다. 마운트세인트 메리고등학교의 학부모들은 상담 교사인 트리샤 데이비스에게 전화를 걸어 자녀가 진학할 대학에 고등학교 성적표가 아직 도착하지 않았는데 어떻게 된 거냐고 묻곤 한다. 자녀의 아이디로 접속해 직접 확인해본 것이다.

“많은 학부모들이 직접 전화를 걸어 이런저런 것을 요청합니다. 플로리다 주나 테네시 주의 내슈빌에 있을 때에는 부모들의 극성이 이보다 더 심했어요.” 코네티컷 주 홀고등학교의 상담 교사 쉴라 너스바움은 다음과 같이 말했다. "부모들이 별의별 것까지 모두 해주는 모습을 보고 무척 놀랐어요. 지금 조지타운대학에 보낼 원서를 작성하고 있는데 질문이 있다며 학교로 전화해서 물어보기도 하죠. 왜 학생이 직접 작성하지 않고 부모가 대신 해주냐고 물으면, 아이가 너무 바빠서라고 대답해요. 많은 상담 교사들이 경악합니다. 결국 부모의 지나친 개입이 자녀의 미래에 악영향을 미칠 것이 당연하니까요."

벨라민대학 예비학교의 케이티 머피 상담소장은 다음과 같이 반문했다. "대학원서도 직접 작성하지 못하는 아이가 나중에 세무 신고서나 대출 신청서를 제대로 쓸 수 있을까요? 이것은 사회생활을 하는 데 기본적으로 갖추어야 하는 능력입니다." 대학 입시 관계자들은 지원자 본인이 원서를 작성하게 하려고 계속해서 새로운 방안을 연구한다. 예를 들어, 부모나 사설 학원이 대신 써주는 자기소개서보다는 새로운 작문 시험이 학생의 작문 실력을 가늠하는 좋은 기회가 된다. 일부 부모들, 특히 '우리 자녀와 부모' 가 대학에 지원한다고 당당하게 말하는 부모들은 다시 생각해보는 것이 좋다. 스스로 결정을 내리고 필요한 서류를 작성하면서 자녀가 책임의식을 가지고 대학에 직접 지원하도록 해야 한다. 부모는 훌륭한 가이드이자 조언자일 뿐이다. 대학을 방문할 때 동행자 역할을 할 수는 있지만 대신 원서를 작성하고, 추천서를 받고, 자기소개서를 써주는 것은 부모의 역할이 아니다. 자녀가 스스로 인생을 설계할 때도 그렇고 대학생활에서도 가장 중요한 요소는 자율성이다.

하지만 집안의 경제적 상황과 대학을 선택할 때 고려해야 할 사항을 설명할 때는 부모의 역할이 중요하다. 자녀와 미리 이야기를 나누는 것이 바람직하며, 이것은 학생이 성인기로 이행하는 데 큰 도움이 된다. 대부분의 대학생들이 학자금 대출을 떠안고 졸업하는데, 앞 장에서 언급한 사례처럼 그것이 앞으로 자신에게 어떤 의미이며 정확한 대출 금액이 얼마인지 모르는 학생들도 있다. 부모는 일찌감치 그러한 부분을 충분히 설명해주는 것이 좋다. 많은 학생들이 아르바이트도 하고 스스로 학자금 대출을 받기도 하지만, 어떤 부모는 자녀가 부담을 지지 않도록 모든 것을 지원하기도 한다. 때에 따라서 자녀의 미래를 위태롭게 하면서까지 말이다. 우리의 연구에 의하면 부모에게 재정적으로 의존하는 학생일수록 성인기로의 이행이 더딘 것으로 나타났다.

갈수록 치솟는 등록금

부모의 개입을 막지 못하는 가장 강력한 원인 중 하나는 대학 등록금이다. 전미공공정책 및 고등교육센터의 2008년 통계에 따르면, 대학 등록금은 1982년에서 2007년 사이 439퍼센트나 인상됐다. 반대로 같은 기간 내 가계 소득 증가율은 147퍼센트에 불과했다. 상당수의 부모가 감당하기 어려운 수준으로 등록금이 치솟고 있다.

통계에 따르면 4년제 공립대학을 마치는 데 소요되는 순비용은 평균 가계 소득의 28퍼센트 수준이었고 사립대학은 76퍼센트에 달했다. 특히 타격이 큰 것은 소득이 낮은 가정이었다. 최저 소득층의 경우 공립대학에 들어가는 학비는 소득의 55퍼센트로, 2000년의 39퍼센트보다 크게 상승한 비율이었다. 중간 소득층 가정에서는 소득의 25퍼센트^{2000년에는 18퍼센트}를 차지했고 최고 소득층 가정^{전체 인구의 상위 20퍼센트}에서는 9퍼센트 ^{2000년에는 7퍼센트}를 지출한 것으로 나타났다. 이러한 비용을 충분히 감당하는 가정도 등록금 인상에 대한 불만은 마찬가지다. 사립대학 교육비는 새로 출시된 고급 자동차를 절벽에서 4년 연속 떨어뜨리는 것과 마찬가지라는 말이 생길 정도다.

오하이오 주 케니언대학 학생개발처장 제인 마틴델은 종종 학부모들로부터 전화를 받는다. 자녀 문제로 상담해야 하는데, 문제의 내용과 관계없이 첫 마디는 늘 학비를 언급하면서 시작된다고 한다. "내가 그런 꼴을 보려고 4만 달러를 들여서 대학에 보낸 게 아닌데요……." 마틴델 처장은 학부모의 말을 그대로 표현했다. 그는 부모들의 계속되는 한탄에 지치기도 하지만 한편으로 부모들의 상황이 어느 정도 이해된다고 말했다.

부모가 학비로 얼마나 많은 돈을 지출하는지 알게 되면 자녀는 학점에 더 신경 쓰고 자신보다는 부모의 기대를 만족시켜야 한다는 부담을 느낄 수 있다. 하지만 이것은 자녀가 성인기로 이행하는 데 도움이 되는 일은 아니며 투자 대비 수익을 잃게 되는 결과를 낳을 수도 있다. 일부 부모는 자녀가 어느 정도 학비를 보태도록 한다. 형편이 어렵다기보다 자녀가 스스로 인생을 책임지고 강한 의지를 갖게 하기 위해서다.

일정 시기가 되면 부모는 자녀가 스스로 성취감을 느끼는 경험이 필요하다는 것을 인정하며, 자녀 스스로 깨달을 수 있다고 믿어줘야 한다. 호퍼 박사의 아들은 컴퓨터 공학 대신 심리학을 전공하겠다고 말하자 어머니는 걱정을 했다. 그러나 아들은 걱정하는 어머니를 오히려 놀렸다. 호퍼 박사는 안정적인 직업을 위해 컴퓨터 공학이 낫다고 생각했지만 아들은 컴퓨터 공학에 전혀 흥미가 없었고 컴퓨터 분야에서도 하드웨어나 소프트웨어보다 사람과 관련된 부분에 더 큰 관심을 가졌다. 아들은 대학을 졸업한 지 몇 년 되지 않았지만 소셜 미디어와 소비자 지능을 연구하는 애널리스트로 일하면서 분석 결과를 기업이 어떻게 활용하는지 자문을 제공한다. 이것은 분명히 부모도, 본인도 예상하지 못했지만 아들의 사회과학적 연구 기술과 컴퓨터에 대한 기본 지식이 합쳐져 최고의 직업을 갖게 된 것이다. 부모는 아들이 컴퓨터 엔지니어가 됐다면 어쩌면 불행했을지도 모른다는 의견에 동의한다.

마찬가지로 수학에 천재적인 재능을 보였던 딸이 수학 대신 정치학을 전공하고 경영학을 부전공하겠다고 말했을 때 부모는 또 한 번 실망했다. 하지만, 현재는 뛰어난 수학 실력으로 선거 캠프의 재정 관리 전문가로 변신한 딸의 모습이 놀라울 뿐이다. 호퍼 박사의 딸은 참여한 선거에서 네 번이나 후보를 당선시키는 데 일조했으며 이를 통해 상당한 컨설팅 경험을 쌓았다.

불안감의 원인

많은 부모들은 요즘 세상이 자신들이 성장할 때보다 훨씬 위험해졌기 때문에 자녀를 예의주시해야 된다고 생각한다. 지난 20년간 납치, 성범죄, 살인 등 아동 관련 사고는 계속해서 증가했다. 많은 부모들은 짧은 거리라도 자녀가 혼자 등교하거나 운동 연습을 하러 가는 것을 걱정한다. 부모는 자녀를 보호하고 언제나 연락할 수 있도록 다양한 기술을 활용한다. 집에 카메라를 설치해서 베이비시터를 몰래 촬영기도 하고,

아이들에게 위치추적 장치를 달아주기도 한다. **GPS** 칩이 내장된 휴대전화를 사주는 부모도 있다. 여름 캠프에서도 불안해하는 부모를 위해 매일 이메일로 소식을 전하고 아이들의 모습을 웹캠으로 전송해준다. 부모들은 휴대전화를 사용해 아이들을 계속해서 추적한다. 뉴스 등 온갖 매체를 통해 부모들은 자살, 거식증, 따돌림, 사이버 스토킹, 십 대 임신 등 심심찮게 여러 가지 사고 소식을 듣는다.

9·11테러도 부모들의 걱정을 부추겼다. 사실, 정신 이상자에게 총을 맞을 확률보다 벼락에 맞을 확률이 더 크다. 하지만 컬럼바인, 버지니아공과대학, 맥길대학, 노던일리노이대학에서 발생한 총격 사건으로 부모들의 불안과 두려움이 커지면서 학교는 더는 안전한 공간으로 인식되지 않는다. 애비게일이 아들 잭과 함께 최근 대학 탐방을 간 적이 있는데 가이드가 캠퍼스 곳곳에 설치된 긴급전화를 빼놓지 않고 알려주는 게 상당히 인상적이었다. 긴급전화는 파란 불이 켜져 있고 교내 경비실과 연결되어 있었다.

자녀의 행복에 대한 지나친 관심

어떤 부모는 자녀의 행복을 중시하며 그들의 삶에 너무나 집중한 나머지 자녀의 불행을 한 순간도 견디지 못한다. 그저 자녀의 행복을 바랄 뿐이라고 이야기하는 부모를 개인적으로도 많이 접했고, 연구를 진행하면서도 자주 보았다. 미국 문화에서 행복은 모든 사람들의 공통적인 주제다. 행복해지고 그 행복을 유지하는 방법을 다룬 책이나 잡지, 뉴스, 세미나는 사방에 널려 있다.

일부 전문가들은 행복에 몰두하는 그러한 태도는 위험하다고 지적한다. 작가이자 심리학자인 애론 쿠퍼는 이러한 위험을 경고한다. 부모가 자녀를 영원히 행복하게 해줄 수는 없다. 부모가 자녀의 행복을 원한다면 자녀 스스로 행복에 도달해야 한다는 사실을 깨달아야 한다. 아이들은 인생의 굴곡을 경험할 필요가 있다. 부모가 언제나 달려와서 사소한 불편함까지 해결해준다면 그러한 경험은 결코 얻을 수 없다. 그러면 자녀는 스스로 문제를 해결하는 법을 평생 배울 수 없다. 부모의 개입은 자녀가 문제를 스스로 해결하면서 얻게 되는 희열을 오히려 빼앗는다. 자녀가 스스로 문제를 해결할 수 없다고 생각한다면 학습된 무력감으로 이어질 수도 있다.

대학생과 부모 간의 진정한 관계

자녀에게 받는 압력

자녀가 어릴 때 주로 경험하는, 다른 부모로부터 받는 압력은 자녀가 대학생이 된 이후에도 여전히 존재한다. 애비게일의 친구 패티는 대학에 입학한 아들을 데려다 주면서 하루만 있을 생각이었다. 하지만 다른 부모들이 더 오래 머무르는 것을 보고 계획을 바꿨다. 어떤 부모는 자녀가 수강신청을 제대로 하는지 확인까지 했다. 패티는 지금 자신이 떠나면 아들이 다른 학생들보다 불리해질 거라고 생각했다.

자녀에게 간접적으로 이러한 압력을 받기도 한다. 뉴잉글랜드의 한 문과대학 교수는 자녀를 독립적으로 키웠다. 딸이 대학에 입학하자 어머니는 언제, 어떻게 연락할지 스스로 선택하게 했다. 하지만 딸이 크리스마스 휴일에 집에 왔을 때 시무룩한 표정으로 서성댔고, 결국 속내를 털어놓았다. "친구들은 부모님들한테 매일 전화를 받아요." 딸의 이야기에 충격을 받은 어머니는 다음과 같이 말했다. "엄마가 너를 괴롭혀주기를 바라는 줄은 몰랐구나."

자녀가 다시 학교로 돌아가자 어머니는 딸의 요구대로 해주었다. "이제 딸은 나를 더 다정하게 불러요. 특히 친구들과 있을 때 자신이 엄마와 가깝게 지낸다는 것을 자랑하려고 일부러 그러는 것 같아요." 이런 경우 부모가 자녀에게 사랑을 표현하는 방식은 다양하며 애정 표현을 하려고 매일 통화하거나 자녀 곁에 오랫동안 머물 필요가 없다는 것을 알려주면 된다. 하지만 부모들은 다른 부모처럼 자신도 자주 연락하고 개입해야 한다는 부담감을 느끼며 자녀에게 간접적으로 그러한 압력을 받기도 한다.

더욱 친밀하고 만족스러운 관계

오늘날의 부모와 자녀는 이전 세대보다 문자, 전화, 이메일, 페이스북 등을 통해 더욱 친밀한 관계를 유지하고 있다. 그리고 그 친밀감은 자녀가 대학을 졸업한 후에도 계속된다. 이제 학생들은 좀 더 적극적으로 부모를 자신의 일상 속에서 받아들인다. 매릴린은 현재 중서부의 한 대규모 대학에서 일하고 있으며 두 명의 자녀가 그곳에서 공부를 마쳤다. 편부모인 매릴린은 자녀들과 매우 가깝게 지낸다. 매릴린은 자녀들과

의 관계를 다음과 같이 설명했다. "아이들은 내가 친구들의 삶에 속할 수 있도록 받아들여 주었어요. 아들의 친구들은 내가 그들의 엄마도 된다고 생각해요." 동아리에 가입했을 때 아들은 매릴린에게 가입식에 와 달라고 부탁하면서 부모를 초대하는 경우는 드물다고 덧붙였다. 매릴린과 같은 부모들은 친밀한 관계를 기꺼이 수용한다. 아들이 어떻게 어머니를 그렇게 기꺼이 받아주는지 믿기지 않는다고 친구들이 얘기하면, 매릴린은 "거저 받은 선물에 트집은 잡지 말라."고 말한다.

호퍼 박사의 미들베리대학 조사와 애비게일이 인터뷰에 참여했던 부모들은 자녀와 친밀한 관계를 긍정적으로 받아들인다고 답했다. 2학년 자녀를 둔 한 아버지는 다음과 같이 말했다. "내가 나의 부모에게 그랬던 것처럼 내 딸도 나와 거리를 두어야 한다고 생각하지는 않아요." 실제 경험도 그렇고, 전체적으로 부모들이 응답한 내용도 그렇고, 요즘 부모와 자녀의 관계는 훨씬 상호 호혜적이며 이러한 '주고받음'으로 무척 친밀해졌다. 미들베리대학의 한 부모는 이렇게 말했다. "우리가 더 가까워진 이유는 내가 아이의 행동과 선택을 인정하고 덜 지적하기 때문이에요. 또한 내 삶의 많은 부분을 아이와 공유하고 있어요."

부모와 자녀가 서로에게 솔직하게 대한다는 것이 이러한 관계의 특징이다. 호퍼 박사가 실시한 조사에서 한 부모는 이렇게 말했다. "딸의 친구들은 대부분 부모에게 모든 것을 털어놓아요. 심지어 성생활까지 말한다고 하더군요. 이제는 시대가 정말 바뀐 것 같아요." 애비게일이 인터뷰할 때 부모에게 성문제까지 털어놓는 학생도 있었다. "엄마에게 이런저런 얘기를 다 하죠. 전에 만났던 한 남자친구는 저에게 노골적으로 성적 접촉을 원했어요. 친구들은 어떻게 그런 얘기까지 엄마한테 할 수 있느냐며 놀라워하죠."

우리 연구에서도 이미 파악되었고, 이 학생의 친구들이 보여준 반응에서도 알 수 있듯이 많은 학생들이 부모에게 모든 것을 털어놓지는 않았다. 자녀의 솔직함에 부모도 감정적으로 휩쓸릴 수 있다. 앞 장에서 살펴보았듯이 부모는 자녀가 받아들이는 것 이상으로 자신의 개인적인 삶을 자녀와 공유한다. 부모들은 이 점을 유의해야 한다.

자녀가 마음을 열기 시작할 때 부모가 어떻게 반응하는지에 따라 부모와 자녀 사이의 관계가 결정된다. 그리고 이러한 관계가 청소년 후기 자녀들이 성인기로 이행하는 데 상당한 영향을 준다. 자녀와 적절한 거리를 유지하고, 경계를 설정하도록 도와주며, 사생활을 존중해준다면 자녀와 건전한 관계를 형성하는 데 많은 도움이 될 것이다.

공감과 격려

아마도 부모들은 어릴 때부터 자녀에게 개입했기 때문에 그들이 받는 스트레스에 더 쉽게 공감을 한다. 대학 입시 경쟁에 관한 부모들의 이야기를 듣기만 해도 알 수 있다. 대학을 졸업한 부모들은 흔히 요즘 세상에 태어났다면 아마 모교에 입학하지 못했을 거라고 말한다. 자녀가 경쟁이 치열한 대학에 진학할 때 그 과정에서 얼마나 많은 스트레스를 받을지 걱정이 앞선다. 매년 인상되는 등록금도 걱정이다. 부모들은 예전과는 천지차이인 요즘 경제 상황에서 자녀들이 몇 년씩 학자금을 갚아야 하는지 걱정이 앞선다.

경제적 부담과 대학에서의 치열한 경쟁은 미들베리대학 부모들도 마찬가지다. 어떤 부모는 자신의 대학생활과 요즘의 현실을 비교하며 이렇게 말했다. "예전에는 등록금도 훨씬 저렴했고 성취에 대한 부담도 덜했죠. 요즘 아이들이 얼마나 치열하게 경쟁하는지 보세요." 이럴 때 "인턴십 얻기가 쉽지 않지? 그래도 열심히 노력하는 모습이 참 보기 좋다. 힘내!"라고 격려하면서 공감을 표현하면 자녀들도 부담을 덜 느낄 것이다.

자녀의 빈자리를 채우는 방법

대부분 부모들은 자녀가 집을 떠나 대학에 입학할 때 복잡한 감정을 느낀다. 헤어지는 것은 슬프지만 자녀가 대학이라는 메카에 입성하는 모습을 지켜보는 것은 기쁜 일이다. 부모는 자녀가 이 순간을 누리도록 수년을 달려왔지만 정작 자신들은 어떻게 받아들여야 하는지 준비가 안 된 부모도 있다.

커크 매닝은 세인트토마스아퀴나스대학의 학생복지차장 및 학생개발처장으로 있으며, 와이드너대학의 교무차장과 학생처장을 지낸 적이 있다. 매닝 차장은 이러한 시나리오에 아주 익숙하다. "학생들을 대학에 보낼 준비가 되었고 계획도 이미 세워둔 부모도 있지만 그렇지 않은 부모도 있어요."

와이드너대학에 다닐 당시, 매닝 차장은 신입생 오리엔테이션에서 항상 이런 말을 했다. "부모 자신의 꿈을 이룰 시간은 아직 많아요. 자녀의 꿈이 아닌, 자신의 꿈 말이에요." 이에 대한 부모들의 반응은 반반이다. "부모들의 표정에서 많은 것을 알 수 있어요. 어떤 부모는 행복한 표정으로 고개를 끄덕이고 어떤 부모는 여전히 눈물을 글썽이죠. 앞으로의 시간을 진심으로 기대하는 부모도 있고, 절망하는 부모도 있죠. 절망하는 부모들은 모든 정체성이 자녀와 단단히 연결되어 있는 거예요."

자녀가 집을 떠나 대학에 입학하는 것은 본인뿐 아니라, 형제자매, 부모, 심지어 조부모까지 모든 가족에게 큰 변화다. 자신의 삶에서 자녀가 큰 비중을 차지하거나 자녀의 일거수일투족을 챙기는 데 익숙한 부모라면 받아들이기 더욱 어려울 것이다. 통신수단을 활용해 자녀와 계속 연결될 수는 있어도 매일 얼굴을 마주하지는 못한다. 어떤 부모는 자녀가 자신으로부터 분리되어 스스로 결정을 내리는 것을 좀처럼 받아들이기 어려워한다.

반면 이러한 변화에 대해 미리 계획을 세웠던 부모는 자녀와 자신에게 더 큰 기쁨을 맛볼 수 있다. 물론 그들도 식탁의 빈자리를 보면서 자녀를 그리워하고 마찬가지로 아쉬움을 느낀다. 하지만 그러한 감정에 오래 얽매이지 않는다. 자신의 취미생활을 즐기며 자녀와 조금씩 거리를 두면서 새로운 자유를 만끽하는 부모도 있다. 부모는 적응해야 할 큰 변화임을 인식하고 자녀가 대학에 입학할 때를 대비해 미리 계획을 세우고 준비하는 것이 좋다. 새로운 취미를 찾고, 인간관계를 넓히고, 봉사활동을 하고, 근처 학교나 직장에서 젊은이들에게 멘토로서 도움을 주고, 직장에서 새로운 프로젝트를 시작한다면 자녀의 빈자리를 대신 채울 수 있을 것이다.

낙관주의와 양면성

중년이라는 시기는 직업적으로 어느 정도 정점에 올랐고, 일과 사생활에 더 많이 투자하려고 생각하는 시기다. 오늘날 나이가 든다는 것에 대한 인식이 바뀌면서 어떤 부모는 활기찬 미래를 기대하기도 한다. 클락대학에 다니는 자녀를 둔, 쉰세 살이 된 부모는 이렇게 말했다. "우리 부모 세대보다 크게 건강하지 않지만 미래에 대한 기대는 훨씬 낙관적이에요. 우리는 편안히 자리 잡고 늙어가는 노후를 생각하지 않아요. 여전히 계속해서 성장하는 과정이죠. 앞으로 여행도 다니고, 하고 싶은 공부도 할 생각이에요."

자녀가 대학에 진학하면 부모들은 배우자와 관계를 더욱 돈독히 만들 기회라고 생각한다. 혹은 그 반대일 수도 있다. 어느 유명한 발기부전 치료제 광고에 중년 부부가 등장한다. 둘만의 시간을 가지려는 순간, 주말을 집에서 보내려고 딸이 예고 없이 갑자기 나타난다. 부모의 얼굴에는 놀람과 실망, 그래도 딸의 얼굴을 보게 된 기쁨 등의 복잡한 표정들이 교차한다.

발기부전 치료제를 들고 있는 부부의 모습은 이제 자녀가 떠난 빈 둥지에서 울고 있는 부모의 모습과 비교된다. 중년 시기를 연구하는 학자들은 이 때가 인생에서 가장 만족도가 높은 시기라고 밝혔다. 양육에 대한 부담이 줄어들고, 특히 가장 스트레스가 심한 청소년 시기가 지났기 때문이다.

오늘날 대학생 자녀를 둔 부모 중 상당수가 이러한 중년의 자유를 충분히 누리지 못하고 있다. 전자 족쇄가 부모에게도 영향을 미치기 때문이다. 자녀에게서 대학생활의 설렘을 듣는 일이 재미있을지 모르지만 하루 종일 자녀와 연결되야 한다는 부담을 느낄 수 있다. 또한 끊임없이 연락을 주고받으면서 자녀 양육이 여전히 자신의 임무라고 생각한다. 과거 일주일에 한 번씩 전화를 하던 시절, 자녀가 떠났을 때 부모가 느꼈던 감정과는 분명히 다르다.

일부 비평가들은 후기 청소년기의 자녀를 계속해서 보살피는 이러한 현상을 '영구 양육permaparenting'이라 부른다. 경제 침체로 많은 자녀들이 다시 집에 들어와 살게 되면서 이러한 현상은 이제 초기 성인기까지 계속되고 있고 점차 확산되고 있다. 호퍼 박사는 이십 대나 삼십 대가 부모의 품으로 다시 돌아오는 소위 '캥거루 자녀' 현상을 보도한 브라질의 한 유명 매체에 소속된 기자를 인터뷰하면서 미국도 예외가 아님을 알게 되었다. 일본에서 안식년을 보내면서 호퍼 박사는 '패러사이트 싱글parasite single'문제를 직접 관찰하기도 했다. 서른 살이 훌쩍 넘은 청년들이 집에서 부모와 함께 사는 현상으로 이탈리아와 영국에서도 광범위하게 나타났다. 이제 부모는 자녀를 어린애 취급하지 않으면서도 자신들에게 주어진 새로운 자유를 누리면서 적절히 개입하는 법을 배워야 하는 과제를 안게 되었다.

여전히 자녀에게 깊숙이 개입하고 있는 부모는 자녀에게 얼마큼 시간을 투자해야 할지, 마침내 주어진 자유로운 시간과 어떻게 조율해야 할지 고민될 것이다. 예전보다 보기 힘들어진 장성한 자녀와 시간을 보내는 것은 분명히 큰 기쁨이지만 항상 대기하면서 필요할 때마다 병원 처방전을 받아서 우편으로 보내주고, 내일 아침 마감인 리포트를 교정하는 역할을 떠안는 것은 또 다른 문제다. 부모도 자신만의 삶이 있다는 것을 인정하고 자녀와 경계를 정하는 방법을 배우는 것이 바람직하다. 부모도 다른 역할이 있으며, 이 역할도 중요하고 의미 있다는 것을 자녀가 이해하고 스스로 일을 해결하는 법을 가르쳐야 한다.

언제 어디서나 사용하는 휴대전화 세상

인구학적 변화, 자녀의 성공과 지속적인 행복을 바라는 마음, 다른 부모들이 모두 하기 때문에 느끼는 압력 등의 요인으로 아이페어런팅이라는 새로운 양육 문화가 형성되었다. 휴대전화와 인터넷이 일반화되면서 자녀가 잠을 자든, 수백 마일 떨어진 기숙사에 있든 관계없이 부모가 자녀에게 깊이 개입하는 것이 가능해졌고 오히려 조장되는 분위기다.

지난 10년간 청장년층의 휴대전화 보유는 폭발적으로 증가했다. 불과 몇 년 전에 도입된 요금 정액제, 패밀리 요금제 등으로 그러한 성장세는 더욱 가속화되었다. 연구 기관에 따르면 2000년에는 대학생들의 휴대전화 보유 비율이 33퍼센트였다. 학생들이 학교를 오고 가는 길이나 응급할 때 사용하도록 부모들이 사준 경우가 많았다. 2004년에는 이 비율이 90퍼센트까지 증가했다.

전혀 긴급한 상황이 아니어도 학생들은 매일 휴대전화를 사용했다. 이러한 학생들의 휴대전화 보유 비율과 사용 빈도수를 고려해 캠퍼스 내의 일반 공중전화를 철거한 대학도 있었다.

요즘 학생들은 휴대전화 세상에서 살고 있다. 휴대전화가 있는 초등학생들도 이전보다 점점 늘고 있다. 퓨 인터넷 및 아메리칸 라이프 프로젝트의 2010년 보고서에 따르면, 사춘기나 이전 청소년들의 휴대전화 보유수가 급증한 것으로 나타났다. 2004년을 기준으로 12세 청소년의 휴대전화 보유 비율은 18퍼센트였으나 2009년에는 58퍼센트로 크게 증가했다.

또한 해당 연구에 따르면 연령별 보유 비율도 뚜렷한 증가 추세를 보였다. 예를 들어, 17세 청소년의 휴대전화 보유 비율이 2004년에는 64퍼센트, 2009년에는 83퍼센트로 증가했다. 사회경제적 지위에 따라 차이를 보였는데 고소득층 가정일수록 학생들의 휴대전화 보유 비율이 높은 것으로 나타났다. 현재 초등학교 5학년인 애비게일의 아들 반에는 벌써 휴대전화를 갖고 있는 아이들 때문에 카를로스도 부모에게 휴대전화를 사달라고 조르기 시작했다. 이러한 경향은 소득 수준이 낮은 가정에게도 영향을 미치고 있다. 템플대학 교수이자 미디어 해독 능력 교육 전문가인 르네 홉스 박사는 저소득층 도시 지역의 유치원생과 초등학생을 대상으로 미디어 및 기술활용 실태를 조사하고 이것이 아이들의 학업 발달에 끼치는 영향에 대해 연구했다. 홉스 박사에 따르면 필라델피아 러셀바이어스 차터스쿨의 경우, 학생의 70퍼센트가 무료 급식 또는 급식 보조금 지원 대상이며, 3학년 중 80퍼센트가 휴대전화를 보유하고 있었다.

부모들은 자녀보다 상대적으로 휴대전화를 받아들이는 속도가 느렸고 기술에 대해, 특히 문자 메시지에 쉽게 적응하지 못했다. 퓨 연구소 조사에 따르면 2009년 미국 성인의 83퍼센트가 휴대전화를 가지고 있으며 그 비율은 2004년의 65퍼센트보다 크게 증가했다. 이러한 증가 추세는 앞으로도 계속될 것으로 보인다. 반면 유선전화 사용은 매년 급감하고 있다.

부모와 자녀 사이의 정보 교환이 빨라져서 부모의 개입이 늘어났지만 그것이 늘 긍정적인 결과를 낳는 것은 아니다. 상당수의 학교가 교내에서 사용을 금하고 있지만 학생들은 여전히 휴대전화를 사용한다. 애비게일은 고등학교 교육 관계자들에게 계속해서 같은 이야기를 들었다. 점수를 낮게 받거나 다른 문제로 화가 난 학생들이 몰래 휴대전화를 들고 화장실에 가서 부모에게 그 사실을 알린다. 그러면 부모는 종례도 하기 전에 즉시 담당 교사, 학과장, 심지어 교장에게까지 연락을 한다. 코네티컷 주 웨스트하트포드 홀고등학교 교장 돈 슬레이터 박사도 그러한 전화를 받은 적이 있다. 교내 축구 경기 중에 한 학생이 욕을 했다고 해서 그 학생을 불렀다. 그런데 마주앉아 대화를 나누기도 전에 그 학생의 아버지가 왜 아이를 불렀냐며 먼저 전화를 했다.

리틀록에 있는 가톨릭계 여학교인 마운트세인트 메리아카데미에서는 휴대전화를 사용하다가 처음 걸리면 25달러의 벌금을 내고 두 번째 걸렸을 때는 완전히 압수한다. 학생들의 용돈 수준을 생각하면 25달러 정도면 아무도 문자를 보내지 않을 거라고 생각할지 모른다. 하지만 데이비스의 말에 따르면 그렇지 않았다. "부모가 전화해서 우리 애가 이번 시험에서 F를 받았는데 어떻게 된 일이냐고 묻는 경우가 자주 있어요. 어떻게 알았느냐고 물어보면 학생이 수업 중에 문자 메시지를 보냈다고 해요. 문제가 생기면 부모가 즉시 학생부로 전화를 걸어 직접 문제를 해결하려고 하죠."

같은 시기에 소셜 네트워킹이 확산되었다. 휴대전화가 처음 도입될 때처럼 자녀와 부모의 활용도에는 차이가 있었다. 2004년에 하버드대학의 한 기숙사 방에서 시작된 페이스북은 2006년까지만 해도 대학 이메일 계정이 있는 사람들만 사용했다. 당시 회원 수는 1,200만 명이었지만 2010년에는 4억 명으로 늘어났다. 미국 내에는 페이스북 가입자 중 서른다섯 살 이상의 비율이 50퍼센트가 넘는다. 휴대전화나 인터넷을 사용해 짧은 코멘트^{최대 140자}를 남길 수 있는 트위터는 2006년 처음 오픈한 이후 2009년에 삼대 소셜 네트워킹으로 등극했다.

오늘날 휴대전화, 노트북, 이메일, 문자, 스마트폰, 트위터, 페이스북, 블로그 등은 삶의 일부가 되었지만 이러한 변화는 너무 순식간에 일어났고, 또 빠르게 진행되기 때문에 일부 부모는 자녀들보다 상대적으로 잘 적응하지 못하고 있다.

부모와 자녀가 빈번하게 연락을 주고받으면서 부모들의 심리적 부담이 점점 심해지고 있다. 부모들이 걱정하는 이유는 휴대전화나 컴퓨터로 자녀의 삶에 개입하고 언제나 연락에 응해야 한다는 부담을 가지며 전화를 못 받거나 연락을 바로 하지 못하면 죄책감을 느끼기 때문이다. 통신기술 발달에 기반을 둔 이러한 관계 때문에 부모는 자녀에게 많은 것을 투자해야 한다는 부담이 점점 커지고 있다.

과거에도 물론 부모들이 자녀를 걱정했지만 중학교 수학 점수가 낮게 나왔다거나 고등학교 코치와 말다툼을 한 후 직장에 있는 부모에게 문자 메시지를 보내는 자녀는 없었다. 과거에도 자녀가 대학에 들어가면 부모는 친구를 제대로 사귀고 있는지, 어려운 수업을 잘 듣고 있는지, 침대 시트를 제대로 바꾸는지 걱정했다. 하지만 이기적인 룸메이트, 어려운 수업, 불공평한 코치에 대한 보고를 매일 듣지 않았기에 자신의 개입과 불안을 적절한 수준으로 조절할 수 있었다. 요즘은 그렇게 하는 것이 훨씬 어려워졌다. 불안감이 커지면서 자녀가 문자 메시지, 이메일을 바로 확인할 것이라는 생각에 답장을 기다리며 조바심을 내고 이것이 다시 불안감을 조장하는 악순환이 계속되고 있다.

과거에 부모는 아이가 일단 대학에 들어가면 양육자로서 자신의 임무를 상당 부분 완수했다는 안도감을 느꼈다. 시험 기간에 자녀의 공부 계획을 밀착 감시하거나 파티에서 과음을 하는지 즉각적으로 확인하지 못했다. 대신 배우자와 관계를 더욱 돈독히 하고 자신의 삶에 새롭게 집중할 수 있었다. 또한 계속적인 보살핌이 필요한 어린애가 아닌 성인으로 자녀를 대하면서 더 깊은 관계를 맺을 수 있었다. 오늘날 이러한 안도감과 성취감은 더욱 요원해지고 있다. 부모들이 휴대전화와 인터넷으로 자녀의 삶을 계속해서 관리하기 때문이다. 자녀의 문제를 계속해서 해결해주고 그러한 도움으로 다른 부모의 존경을 받는 '좋은 부모'에 상당한 만족감을 느끼고, 이 일에 자신의 정체성을 발견하는 부모일수록 자녀와 떨어지는 일이 더욱 어렵다.

자녀를 대신해서 문제를 해결해주는 것은 수년간 계속된 습관, 대학 시절과 그 이후에도 부모의 보살핌을 바라는 자녀의 기대 때문이다. 언제 어디서나 사용할 수 있는 휴대전화가 이러한 현상에 일조하고 있다.

더욱 강화되는 부모의 개입

통신기술의 발전은 자녀와 밀착 관계를 유지하며 그들의 삶에 더욱 깊이 개입하고 싶은 부모의 욕구를 부채질한다. 부모들은 자녀가 대학생이 되었지만 여전히 전화나 문자 메시지에 답해야 한다고 생각한다. 부모는 예전보다 더욱 적극적이고 자녀에게 어떠한 문제가 발생하든 당장 해결해주려고 한다. 자녀가 어렸을 때에는 문제가 간단했다. "엄마, 수학 과제물을 집에 놓고 왔어요. 지금 학교로 가져다줄 수 있어요?" 부모는 자신이 과제물을 가져다주지 않으면 점수가 깎인다고 생각한다. 자녀가 좋은 성적을 받기를 원하기 때문에 결국 하던 일을 중단하고 과제물을 배달한다. 물론 장기적으로 봤을 때 미리 과제물을 꼼꼼히 챙겨야 한다는 것을 가르치는 데 도움이 되지 않는다. 많은 부모에게 이러한 '개입-연락-문제 해결'의 고리는 자녀의 대학 진학 이후에도 계속되며, 교육 관계자들은 이러한 현상을 익히 알고 있다. 이제는 대학에서도 이러한 문제를 해결하려고 적극적으로 나서는 실정이다.

때로 학생들은 거의 반사적으로 문자 메시지를 보내고 부모에게 전화를 한다. "아이들은 자신이 휴대전화를 꺼내 부모에게 전화한다는 사실조차 인식하지 못해요. 숨 쉬는 것과 똑같이 느끼는 거죠." 유명한 고등학교 중 하나인 뉴트라이어 주 타운십고등학교 교장 티모시 도러 박사는 말했다. 도러 박사는 아이들이 자신의 행동에 문제의식을 느끼고 부모에게 바로 전화하기보다는 스스로 진정시키는 법을 배우는 프로그램을 개발하고 있다.

도러 박사는 부모에게 자녀가 돈이 부족할 때 즉시 도와주는 것을 자제하라고 말한다. "부모가 나서지 않는다면, 즉 부모가 그냥 손을 떼버리면 부모와 자녀 사이의 의사소통에 별다른 문제가 발생하지 않을 겁니다. 부모가 해결해줄 필요가 없어요. 자녀의 문제를 대신 해결하려는 것이 바로 문제의 원인입니다." 도러 박사는 자녀가 스스로 충분히 해결할 수 있는 문제로 부모에게 전화했을 때 가능한 반응을 자제하라고 조언한다. "부모는 한 발자국 물러서서 이야기를 그저 들어주고 격려하며 아이가 스스로 결정하도록 해야 합니다."

어떤 부모는 자녀가 기대하는 끈을 아예 끊기도 한다. 한 어머니는 고등학생 딸이 운동복을 집에 두고 왔다는 전화를 받았을 때 깨달음을 얻었다. "딸은 '엄마 어떡해요?'라고 발을 동동 굴렀지만 '그게 무슨 말이니? 스스로 어떻게 해결할지 생각해봐. 친구한테 운동복을 빌릴지 아니면 선생님에게 양해를 구할지 방법을 찾아보렴.'이라고 말했어요. 딸은 내가 너무 쉽게 일축해버리자 무척 화를 냈죠." 그 이전에도 딸에게 바람직하지 않은 모습이 보였기 때문에 엄마는 단호하게 말을 했던 것이다. "휴대전화는 일종의 '부모의 확장판'이에요. 하루 스물네 시간 언제든지 부모에게 연락할 수 있죠. 딸은 자신을 데리러 오라고 전화를 하고 나서 몇 분 후에 또 전화를 걸어요. 개를 집 안에 들여놓고 막 나가려는 참이었죠. 지금 나가는 데 왜 자꾸 전화를 하느냐고 조바심 내는 딸에게 말했죠."

딸은 어머니가 언제나 옆에서 문제를 해결해주고 불안감이나 지루함을 달래주기를 원했을 것이다. 하지만 어머니의 생각은 달랐다. "딸의 행동을 그대로 내버려둔다면 어떻게 될까 곰곰이 생각해봤어요. 아이들이 대학에서 수업을 들으러 가는 길에 부모에게 전화한다는 이야기를 수도 없이 들었죠. 스무 살이나 된 아이가 부모에게 하루에 수십 번씩 전화하는 일이 바람직한 일인가요? 건강한 분리가 정말 중요하죠."

독립적인 자녀와 건강한 관계를 유지한다고 생각하는 부모조차도 언제나 휴대전화에 붙어 있어야 한다는 의무감에서 자유롭지 못하다. "남편에게 집에 있는 내 휴대전화 좀 갖다 달라고 한 적이 없다면 거짓말이에요." 미네소타대학에 다니는 자녀 한 명, 이제 고등학생이 된 자녀 한 명, 졸업 후 사회생활을 하는 자녀 두 명을 둔 한 어머니는 이렇게 말했다. 이렇게 신경 쓰는 이유는 혹시라도 자녀에게 문제가 생겼을 때 언제든지 연락을 하기 위해서다.

자녀가 부모를 찾을 때 바로 응답하기보다는 조금 물러서서 자녀가 스스로 책임지도록 부모의 역할을 줄이며 자녀의 연령에 맞춰 적절한 변화를 준다면 걱정이 훨씬 줄어들 것이다. 자녀가 스스로 과제를 준비하며 전날 미리 챙기도록 가르치는 것은 자립심 형성에 매우 중요하다. 자녀가 스스로 수업 시간표를 숙지하고 미리 과제나 준비물을 점검하고 챙기도록 가르치는 것은 어릴 적부터 가르칠 수 있다. 대학생활과 사회생활에서도 계속될 자녀의 바람직한 행동 습관은 바로 이런 작은 노력을 통해 얻을 수 있다.

누구를 위한 도움인지 생각하라

오늘날 무선 통신 세상에서는 언제, 어디서나 모든 세대가 즉각적인 통신을 원한다. 통신기술의 발전으로 언제든지 대학 관계자에게 연락할 수 있고 자녀의 학점을 확인할 수 있다. 그래서 요즘 부모는 한 발짝 물러서서 인내심을 갖고 기다리는 것을 특히 어려워한다. 조금이라도 높은 학점을 얻는 것이 유리한 치열한 경쟁 사회에서는 더욱 그렇다.

학교 홈페이지에 접속하면 학생들의 과제 결과나 시험 점수를 즉시 확인할 수 있는 온라인 서비스를 제공하는 학교들이 점점 많아지고 있다. 서비스에 접속하는 비밀번호를 학생들에게만 공개하지만 일부 학교는 부모에게도 공개한다. 코네티컷 주 월링턴에서 중학교 교사로 일했던 리사 굿윈은 이렇게 말한다. "홈페이지에 학생들의 점수를 올리자마자 학부모들한테 전화가 와요. 그럼 저는 '점수를 방금 올렸고 학생들은 아직 과제물을 되돌려받지도 못했어요. 학생과 얘기해보겠습니다.'라고 대답하죠."

리사는 과제 결과에 대해 자녀와 먼저 대화를 나누라고 부모들에게 요청한다. "학생들이 과제물을 제출했고 당연히 점수는 학생의 문제인데도 부모와 대화하다보면 학생들을 완전히 배재하고 있는 것처럼 느껴져요." 학교는 학부모가 점수를 확인하기 전에 학생들이 먼저 확인하도록 해야 한다.

부모들이 성적에 연연하는 것도 학생들에게 영향을 끼쳤다. "학생들이 학점에 유난히 신경을 써요. B- 정도로 만족하지 못한다고 말하죠." 부모는 자녀에게 모든 과목에서 A를 기대하는 것이 현실적으로 어렵고, 미리 계획해서 차근차근 대비하는 능력을 계발해야 한다는 것을 가르칠 기회를 놓치고 있다.

부모들이 점점 더 자주 전화하고 이메일을 보내고 즉각적인 응답을 기대하면서 학교생활의 속도도 빨라졌다. 상담 교사, 담임, 교장에게 직접 연락하지 못하면 자신의 연락처와 함께 메모를 남긴다. 휴대전화가 늘 있기 때문에 부모들은 교사의 전화를 언제든지 받을 수 있다. 그 결과 많은 교사들이 수업을 준비하고, 학생들을 가르치고, 점수를 매기고, 과제물을 첨삭해주고, 학생들 면담 외에 학부모의 이메일 문의에 일일이 답변하느라 애를 먹고 있다.

루엘린초등학교 스티브 파월 교장은 부모들의 이러한 대응이 자신을 포함한 교사들의 업무에 방해되지 않도록 단호하게 대처했다. 부모들에게 근무 시간 중에만 교사에게 연락해달라고 당부했다. "우리의 일차적인 임무는 학생들과 소통하는 거예요. 수업이 있는 날에는 부모들의 문의에 즉각적으로 답변하지 않습니다." 파월 교장은 부모들의 이메일에 일일이 답장을 보내지만 즉각적으로 해야 한다고는 생각하지 않는다. 홀고등학교에서 일반 역사를 가르치는 캐롤 블레이워스는 과거 자녀의 교육에 지나치게 개입하지 않던 부모도 이메일의 등장으로 새로운 진입로가 생겼다고 말했다. 학부모 중 일부는 외국인이었는데 이메일 덕분에 의사소통이 훨씬 쉬워졌다. 학부모 상담에 참여하는 부모도 증가하고 있다.

학생, 부모, 교육자 사이의 이와 같은 의사소통 방식, 그로 인한 학생들의 의존적 행동은 대학에서도 계속된다. 어릴 때부터 자녀에게 깊이 개입하지 않았던 부모는 리포트를 고쳐주거나 룸메이트와의 문제에 간섭하거나 학점을 놓고 교수와 논쟁할 가능성이 낮다. 우리의 연구에 따르면 어릴 때부터 자녀에게 개입한 부모일수록 대학에서도 계속해서 간섭할 확률이 높았다. 이 경우 자녀가 학교생활과 부모의 관계에서 느끼는 만족도가 낮은 것으로 나타났다.

조금이라도 어릴 때부터 자녀에게 한 걸음 물러서는 법을 배우고, 자녀가 스스로 관리하도록 도와주는 것이 정말 중요하다. 부모로서 자녀의 일에 나서야겠다는 생각이 들면 일단 멈추고 곰곰이 생각해보라. 이것이 정말 누구를 위한 것인지 자문해볼 필요가 있다. 자녀의 문제를 해결해주면 분명히 부모의 기분은 좋아지겠지만 그것이 과연 자녀를 돕는 길일까? 어떤 부모는 그러한 방식으로 자녀를 돕는 일이 곧 좋은 부모가 되는 길이라고 생각한다. 그리고 이 일에서 상당한 만족감을 얻으며 부모로서의 정체성에 의미를 찾는다. 하지만 자녀가 자라면서 개입을 점점 줄여야 한다.

부모는 스스로 다음과 같이 질문해보라. "문제를 해결하는 다른 방법이 있을까? 반드시 내가 해결해줘야 하는 문제인가?" "자녀가 스스로 문제를 해결하고 책임감을 갖게 하려면 어떻게 해야 하나?" 자녀가 리포트 교정을 부탁했는데 읽어보니 내용과 형식 모두 허술했다고 치자. 부모가 직접 리포트를 다시 써준다면 당장 문제는 해결될지 모르지만 자녀는 부모가 계속해서 문제를 해결해주리라 기대할 것이고 자녀의 작문 능력은 전혀 나아지지 않을 것이다. "네가 보기엔 어떠니? 좀 더 잘 쓰려면 어떻게 하면 될까?"라고 질문을 던지면서 자녀가 필요한 단계를 밟도록 이끌어주되 대신 써주지 않도록 조심하라.

마찬가지로 자녀가 무엇을 공부해야 하는지 교사가 알려주지도 않았고 예상과 다른 부분에서 문제가 나와 시험을 망쳤다는 이야기를 듣는다면 부모는 당장 교사나 교장에게 전화하고 싶을 것이다. 하지만 충동을 억제해야 한다. "생각했던 것만큼 점수가 안 나와서 속상했니?"라고 몇 가지 질문만 하고 자녀 스스로 상황을 점검하도록 해야 한다. 자녀는 자신에게 문제가 있는데도 남을 탓할 수 있다. 이때 무조건 자녀의 편을 들며 함께 남을 비난하는 것은 결코 도움이 되지 않는다. 때로는 자신이 모든 것을 통제할 수 없으며, 부모도 그렇게 할 수 없다는 것을 자녀가 받아들이도록 해야 한다.

인스턴트 통신에 대한 환상과 부모들의 불안 심리

많은 부모들은 휴대전화가 자녀를 보호하는 능력을 넓혀주는 도구라고 생각한다. 그러나 예기치 않은 상황은 늘 발생하기 마련이다. 배터리가 나갔거나, 휴대전화를 분실했거나, 전원을 다시 켜는 것을 잊었거나, 무음 모드로 계속 두었거나, 전화를 받지 못하는 상황이 발생할 수도 있다. 하지만 부모는 자녀의 즉각적인 반응을 기대하고 휴대전화가 자녀의 안전을 지켜주는 도구라고 생각하는 데 익숙해졌기 때문에 뭔가 잘못된 게 아닌가 걱정한다.

인스턴트 통신에 대한 이러한 환상은 부모들의 불안 심리를 더욱 가중시킨다. 부모들이 느끼는 이러한 불안 심리는 부모마다 정도가 다르기는 하지만 중고등학생 자녀를 둔 부모에게서 공통적으로 나타나는 현상이다.

한 가족 상담치료사는 상담을 의뢰하는 부모처럼 자신도 불안해한다는 사실을 깨달았다. 어느 날 그녀는 긴급한 면담이 있어 토요일 아침 일찍 집을 나섰다. 고등학교 2학년인 아들은 항상 근처 대학 도서관에서 공부했기에 그날도 역시 도서관에 있을 거라 생각했다. "그런데 오후 6시가 되도록 아무 연락이 없었어요. 집으로 전화하라는 문자 메시지를 보냈는데도 아무런 답장이 없었어요. 처음에는 크게 걱정하지 않았어요. 도서관은 안전한 곳이었고 날씨도 좋았기 때문이죠. 하지만 시간이 갈수록 불안해지기 시작했어요. 문자 메시지는 분명히 보내졌고 아들이 당연히 바로 답장할 것으로 생각했는데 그렇지 않으니 불안해진 거죠."

그녀는 심각한 수준은 아니었지만 많은 부모들은 자녀가 집을 떠나 기숙사에서 생활하는 경우, 자녀가 제때 연락하지 않으면 불안해한다. 젊은 세대를 중심으로 유선전화 사용이 크게 줄면서 휴대전화는 자녀와 연락하는 유일한 수단이 되었다. 룸메이트가 대신 전화를 받아주거나 전화 응답기를 들어줄 일도 없다. 자녀에게 빨리 답장이 오지 않으면 점점 불안해지기 시작한다. 유난히 불안해하는 부모는 자주 전화하고 문자를 보내면 자녀가 더욱 안전할 거라 생각한다. 그러나 끊임없는 연락은 오히려 역효과를 내기도 한다. 캘리포니아주립대학의 한 교수가 실시한 연구에 따르면 부모가 자주 연락하는 십 대일수록 부모에게 덜 솔직하다는 결과가 나왔다.

시시각각 자녀에게 소식을 듣지 않아도 마음이 편해지는 법을 배우고 주기적으로 연락하는 시간을 정하는 것이 더 좋은 방법이다. 한 부모는 그러한 불안 심리가 결국 스스로 극복해야 할 문제임을 깨달았다고 대답했다. 자신이 자꾸 불안할수록 자녀와 관계가 어긋나기 시작했고, 결국 관계가 걷잡을 수 없이 악화되었다는 것을 알았던 것이다. 성격이 진취적인 딸은 앞으로 외국 대학에서 한 학기를 보낼 계획인데, 지금이야말로 자신의 불안 심리를 다스려야 할 시기였다.

자녀의 행동에 대해 과도하게 불안해한다면 이를 잘 포착해서 두려움과 걱정에 빠지지 않도록 조심하는 법을 미리 훈련받아야 한다. 리노어 스커네이지는 자신의 저서 《**Free-Range Kids: Giving Our Children the Freedom We Had without Going Nuts with Worry** 자유롭게 키우는 아이들: 만들어진 공포에서 벗어난 자유로운 양육》에서 이를 잘 보여주고 있다. 스커네이지는 지금의 양육 문화에서 말하는 '만들어진 공포'에 대해 반박하며 부모가 두려움을 버리고 노이로제 환자 같은 끊임없는 간섭보다는 자녀가 보다 자유롭게 성장하도록 기회를 주라고 제안한다.

우리도 마찬가지로 다음과 같이 제안한다. 모든 것을 통제하려고 하지 마라. 전혀 도움이 되지 않는다. 자녀가 자유롭게 자신의 삶을 즐기고, 때로는 실수도 하면서 작지만 스스로 경험을 해야 한다.

자신의 지나친 불안 심리 때문에 그렇게 하지 못한다면, 무엇에 대한 두려움인지 잘 생각해보고 그러한 생각에 근거가 있는지, 또는 걱정할 만한 것인지 판단하고 해결하라.

휴대폰이 안전망이라는 잘못된 생각

한 모바일 광고를 보면 부모가 자녀의 안전을 확인하려고 끊임없이 연락하는 요즘 부모의 현실을 잘 보여준다. 행복한 표정의 한 젊은 어머니가 한 손에 휴대전화를 들고 조깅을 하면서 "어딜 가든 가족과 함께하죠."라고 말한다. "1마일 달릴 때마다 한 번씩 전화가 와요." 이것이 광고의 내용이다. 이 광고는 젊은 부모의 과잉보호와 개입적 양육 문화를 가볍게 건드리면서 부모가 언제든지 자녀와 연락이 닿아야 한다는 메시지를 전한다.

이러한 광고 메시지는 부모들에게 상당히 부담감을 줄 수도 있다. 애비게일이 조사를 통해 발견한 유형 중 하나는, 자녀가 부모와 즉시 연락하는 것이 얼마나 의존적인 일인지 알게 되면 상당수 부모가 심하게 스트레스를 받는다는 것이다. 하나의 사례가 이것을 극명하게 보여준다. 한 부모는 고등학교 2학년 딸에게 통금 시간을 늦춰주고 과목이나 방과 후 활동을 스스로 선택하도록 자유를 주었다. 부모는 딸이 사춘기 때 전형적으로 나타나는 그릇된 행동에 빠질까 걱정했다. 하지만 걱정을 잠시 접고 스스로 삶을 꾸리도록 딸의 능력을 키워주면서 가능한 많은 조언을 해주었다. 결국 그러한 결정이 자신이 아닌 딸의 몫임을 잘 알기 때문이었다.

그러던 어느 날 아침 놀랄 일이 벌어졌다. 부모 모두 깜빡하고 휴대전화가 꺼진 채로 두었는데 딸이 부모에게 좀처럼 연락이 되지 않아 화가 난 것이다. 딸은 이렇게 말했다. "내가 편하게 이런 자유와 책임감을 누리는 것은 엄마가 언제든지 가까이 있다는 걸 알기 때문이에요. 주머니에 휴대전화가 있으면 엄마가 늘 제 곁에 있는 것 같아요. 무슨 일이 일어나면 언제든지 전화하면 되니까요. 그러나 우리 부모님들은 나에게 그러한 안전망 역할을 해주진 않았던 것 같아요." 부모는 깜짝 놀랐다. 딸이 언제든지 부모와 연락할 수 있다는 사실에 의지하고 있는 줄은 몰랐다. 그리고 딸의 전화를 받지 못해서 약간의 죄책감도 느꼈다. 이제 부모는 언제라도 딸이 찾을지 몰라 휴대전화 배터리 충전이 잘 되어 있는지, 전화기가 항상 켜져 있는지 수시로 확인한다.

무선 통신 업계와 해리스 인터랙티브에서 실시한 조사에 따르면 십대 청소년 5명 중 4명은 휴대전화 덕분에 안심하고 생활한다고 응답했다. 하지만 휴대전화는 잘못된 '안심'을 유발할 수도 있다. 휴대전화가 안전망 역할을 해준다는 생각으로 아이들이 지나치게 위험한 행동을 할 수도 있다. 자녀가 휴대전화를 구명 밧줄로 여기지 않도록 해야 한다. 사후 대책이 아닌 진정한 위험과 방지 대책을 서로 논의해야 한다.

"인스턴트 통신이 없었던 시절에는 스스로 실수도 하고 그 실수를 통해 배우는 것이 훨씬 많았던 것 같아요." 한 부모는 이렇게 말했다. 대학 학장들도 마찬가지로 많은 학생들은 자신들의 무모한 행동을 반성하거나 그 결과를 받아들일 시간이 없다고 우려했다. 대신 곤경에서 벗어나기 위해 단축번호를 눌러 부모에게 즉시 전화를 거는 것이 요즘 학생들의 모습이다.

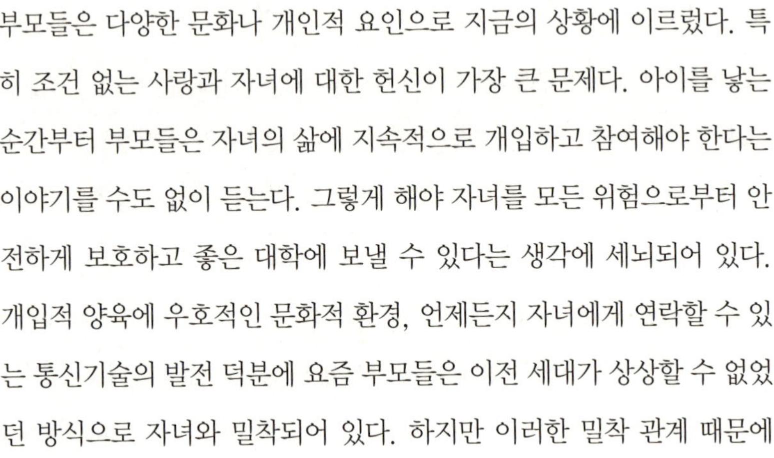

부모들은 다양한 문화나 개인적 요인으로 지금의 상황에 이르렀다. 특히 조건 없는 사랑과 자녀에 대한 헌신이 가장 큰 문제다. 아이를 낳는 순간부터 부모들은 자녀의 삶에 지속적으로 개입하고 참여해야 한다는 이야기를 수도 없이 듣는다. 그렇게 해야 자녀를 모든 위험으로부터 안전하게 보호하고 좋은 대학에 보낼 수 있다는 생각에 세뇌되어 있다. 개입적 양육에 우호적인 문화적 환경, 언제든지 자녀에게 연락할 수 있는 통신기술의 발전 덕분에 요즘 부모들은 이전 세대가 상상할 수 없었던 방식으로 자녀와 밀착되어 있다. 하지만 이러한 밀착 관계 때문에 부모들은 값비싼 대가를 치러야 할지도 모른다.

가장 이상적인 경우는 자녀의 삶에 개입은 하되 너무 빠져들어 자신의 삶을 소홀히 하지 않는 것이다. 언제든지 연락을 받아주되 자녀의 문자 메시지나 전화에 바로 답장하지 못해 불안해하고, 스트레스를 받고, 죄책감을 느끼지 않는 정도여야 한다. 휴대전화는 우리가 기대하는 것만큼 튼튼한 안전망이 될 수 없음을 기억하라. 또한 자녀에게 휴대전화가 위험에서 자신을 구해줄 수단이라고 믿지 않도록 가르쳐야 한다.

혹시 자녀가 실패하거나 불행해지는 건 아닌지 늘 신경 쓰일 수 있다. 하지만 아이들은 실수를 통해 배운다. 부모가 자녀의 실수를 막으려고 애쓰는 이유는 입시 경쟁 때문이라고 생각한다. 그러한 부담을 떨쳐내고 자녀의 학업과 기타 활동을 속속들이 관리해주어야 한다는 다른 부모의 압력에도 초연해져야 한다. 대학에 가는 것은 자녀이지 부모가 아니다. 대학생활을 최대한 누리면서 주도권을 가지는 것 또한 자녀

의 몫이다.

　어릴 때부터 형성된 부모의 개입과 의사소통 방식은 대학 때까지 계속될 것이다. 자녀의 사생활을 존중하고, 의견을 편견 없이 경청하고, 필요할 때 적절한 조언을 해준다면 그 노력의 결실은 부모와 자녀의 관계뿐 아니라 자녀의 발달에도 영향을 미칠 것이다.

　마지막으로 균형 잡힌 부모가 되는 방법을 잘 알고 있던 버크 어머니의 이야기로 마무리하려고 한다. 그녀는 세 명의 자녀를 모두 대학에 보냈고 자녀들이 집을 떠날 때마다 매번 가슴이 아팠다. 하지만 고등학교 때 깨달은 것처럼, 자녀들은 자신만의 시간이 필요하고 스스로 대학 생활을 헤쳐가야 한다는 사실을 잊지 않았다. 다른 부모와 달리 버크 어머니는 자녀가 굳이 부탁하지 않으면 댄스 파티에 보호자로 따라가지 않았다. 아이들도 그런 요청을 하지 않았다. 자녀들이 보고 싶었지만 대학 때도 마찬가지로 신중한 양육을 실천하려고 노력했다. 시도 때도 없이 전화하거나 전공을 대신 선택해주지도 않았다. 버크 어머니는 도움을 주지만 자녀 스스로 도움이 된다고 느끼는 방식을 택했다. 자녀가 새 아파트로 옮기면 바비큐 거리나 특제 화이트소스 한 통을 사서 새로운 보금자리에 잘 적응하도록 응원해주었을 뿐이다.

　자녀들에게는 주로 수업이 끝나거나 퇴근 후에 전화를 했다. 대부분 자녀들이 먼저 전화를 걸었다. 버크는 강의실로 이동할 때 주기적으로 전화했고 형들도 마찬가지였다. 자녀들은 부모가 어떻게 사는지 궁금한 것을 묻기도 했다. "헬리콥터 맘이 되지 않으려고 정말 노력했죠. 먼

저 전화하지 않으려고 스스로 자제했어요. 아이들이 여자친구와 헤어졌거나 몸이 좋지 않을 때는 짧게 이메일로 근황을 물어요. 지나친 관심과 개입으로 아이들을 숨 막히게 하고 싶지 않았어요."

자녀들은 어머니와 통화하고 싶지 않을 때는 솔직하게 털어놓는다. "그럴 때는 나중에 기분이 나아지면 전화하라고 말하죠." 자녀들은 대부분 곧 전화를 한다. 부모가 욕구를 절제하고 자녀에게 귀를 기울임으로써 버크 어머니는 이제 성인이 된 자녀들과 따뜻하고 사랑이 넘치는 관계를 형성할 수 있었다.

아버지와 어머니
vs. 아들과 딸

중서부 지역의 한 대규모 대학 상급생인 스테이시는 페이스북으로 어머니와 계속해서 연락한다. 어머니는 페이스북을 통해 스테이시의 대학생활을 엿볼 수 있다. 스테이시의 휴대전화는 페이스북과 연동되어 있어서 사진을 올리면 어머니가 쓴 코멘트나 친구들이 남긴 코멘트를 수시로 확인할 수 있다. 수백 마일 떨어진 남부에 살고 있는 어머니는 딸이 즉시 답장해주기를 바라고, 스테이시도 가능한 즉시 어머니에게 답장을 해준다. 스테이시는 어머니에게 일일이 답장하느라 하루에 한 시간 이상을 소비한다. 대학에서도 가장 유명한 과정에 다니고 있고 아주 바쁘기 때문에 답장이 힘들 때도 있다. 그뿐만 아니라 일주일에 최소한 한 번 이상 전화하고 어머니와 문자 메시지도 자주 주고받는다. 인터넷 화상 통화도 가끔씩 한다.

스테이시가 특별한 것은 아니다. 조사에 따르면 여대생 중 4분의 3이 아버지보다 어머니와 더 자주 대화하며 방법도 전화, 문자, 인터넷 전화, 이메일, 카드 등 매우 다양했다. 스테이시처럼 딸과 어머니가 특별히 연락이 많다는 것은 언론 보도를 통해서도 알 수 있는 사실이고, 어머니와 딸의 관계가 가족 중에 가장 긴밀하다는 심리학 연구 결과와도 일치한다.

하지만 여기에는 또 다른 중요한 관계가 있다. 아버지에 대한 딸의 감정이다. 스테이시는 아버지와 좀 더 자주 연락하기를 원했다. "가끔씩 아빠가 그리울 때가 있어요." 하지만 아버지와 자주 연락하지는 못했다. 이 점이 스테이시가 아쉬워하는 부분이다.

다른 학생들도 마찬가지다. 조사에 참여한 대부분 학생들이 어머니와 연락하는 빈도수에 대해서는 만족했지만, 여학생 중 33퍼센트, 남학생 중 17퍼센트는 아버지와 더 많은 대화를 원했다. 다른 대학에서 진행한 애비게일의 인터뷰에 따르면 아버지와 더 많은 대화를 원하는 학생 수는 그보다 더 많았다. 아버지와 관계가 어떤지 생각해보고 얘기해달라는 요청에 학생들은 처음에는 현재 수준에 만족하지만 자주 연락하면 더욱 좋겠다고 말했다.

모든 부모가 휴대전화를 가지고 있다. 대학생들도 휴대전화나 노트북은 필수품이 되었다. 아버지와 더 자주 대화하고 싶다면서 왜 문자를 보내거나 짧게라도 이메일을 보내지 않을까? 반대로 아버지들은 왜 자녀에게 자주 전화하지 않을까? 물론 얼마나 자주 자녀들이 어머니, 아버지와 대화를 해야 적당한지가 가장 큰 의문이다.

대답은 간단하지 않다. 어머니, 아버지, 아들, 딸 모두 의사소통 방식이 서로 다르기 때문이다. 심리학자들이 이러한 유형에 대해 이미 연구한 적이 있고 우리의 조사 결과도 비슷했다. 딸은 부모와 많은 대화를 했고, 아들은 말수가 적도록 사회화되었기 때문에 그만큼 대화가 적었다. 노스웨스턴대학에서 가족커뮤니케이션을 가르치는 캐서린 갤빈 박사는 다음과 같이 말했다. "대부분 부모는 딸과 더 많이 대화하고 아들과는 더 많이 놀아주는 경향이 있죠. 이것이 하나의 패턴을 형성합니다. 부모들은 연령대에 관계없이 아들보다는 딸과 더 많이 대화를 하죠. 또 아버지보다 어머니가 자녀들과 더 많이 대화합니다." 하지만 이러한 패턴은 바뀔 수도 있다. 요즘 젊은 부모는 자녀 양육을 분담하는 경우가 많기 때문이다.

우리의 조사에 따르면 부모와 연락하는 횟수는, 아들은 일주일에 11.3회, 딸은 14.5회로 나타났다. 부모들이 아들보다 십 대 딸과 대화를 더 많이 나눈다는 것은 당연한 사실이다. 하지만 요즘은 아들도 못지않게 자주 연락한다. 아버지보다 어머니가 먼저 연락한다는 것은 새삼스러운 일이 아니지만 숫자 뒤에 숨겨진 중요한 사실이 있다.

휴대전화와 인터넷은 생활 방식을 크게 변화시켰고 가족들이 서로 관계를 맺는 방식을 바꾸고 있다. 편부모와 혼합 가족이 증가하고, 일하는 어머니, 축구 경기에 카풀을 하는 아버지들이 늘어나면서 이러한 변화는 더욱 빠르게 진행되고 있다. 이제 아이들은 전화, 문자, 이메일 등 부모가 연락받기 가장 쉬운 방법을 찾아 잘 활용한다. 부모가 바쁘거나 바로 응답하지 못할 수도 있다. 보스턴대학에 다니는 벤은 이렇게 말했다. "음성 사서함이 정말 싫어요. 음성 메시지를 듣고 있으면 이상하게 서글퍼져요." 벤의 친구들도 모두 동의한다. 오늘날 많은 학생들은 즉각적인 응답을 원한다. 몇몇 어른들도 마찬가지다. 때로는 즉각적인 응답을 원하지 않아서 문자를 보내거나 이메일을 쓰기도 한다. 빠른 대답을 기대하지 않거나, 문자나 이메일이 더 편하거나, 아니면 상황에 따라 그것이 더 적절하다고 판단될 때 어른도 그렇게 한다.

통신기술이 발달하면서 모든 부모와 자녀 간의 전체적인 유대감이 강조되고 있다. 자녀는 비교적 덜 가까운 부모에게 그만큼 연락을 하지 않을 것이다. 과거에는 자녀가 집에 전화하면 부모와 각각 1~2분씩은 대화할 수 있었다. 긍정적인 점은 이러한 추세로 부모와 자녀가 가까워지는 새로운 기회가 나타났다는 사실이다. 긴급한 문제가 생겼는데 어머니가 전화를 받지 않으면 아버지가 전화를 받게 된다. 대학생 때나 그 이후에도 관계를 개선하고 싶은 부모나 자녀라면 이렇게 변하는 가족의 역할을 반드시 이해해야 한다.

어머니와 더 많이 대화하는 이유

웨이크포레스트대학의 교육 및 성인 심리학 교수 린다 닐슨 박사는 스테이시와 같은 학생들, 즉 딸들이 아버지와 더 많은 대화를 원하는 심리에 대해 연구했다. 지난 20년 동안 대학에서 부녀 간의 관계에 대해

강의했고 《Between Fathers and Daughters^{아버지와 딸 사이}》,
《Embracing Your Father: Creating the Relationship You Want
with Your Dad^{아버지 받아들이기: 내가 원하는 아버지와의 관계 형성하기}》 등 관련 주제에
대해서 책도 냈다. 닐슨 박사는 인터뷰에서 다음과 같이 말했다. "어머
니는 가족 중 의사소통의 핵심적인 역할을 합니다. 가족들이 어머니를
통해 서로 의사소통하는 것이 일반적이죠. 통신수단에 관계없이 정상
적인 모습으로 봅니다."

닐슨 박사를 포함한 다른 전문가들은 우리 문화가 가족의 의사소통
중심에 어머니를 두었다고 본다. 닐슨 박사는 어머니가 의사소통을 통
제해서 아버지를 '따돌리려는' 것이 아니라는 것을 분명히 밝혔다. "우
리 사회가 수십 년간 훈련시킨 대로 어머니들은 단지 그러한 사회적 명
령을 그대로 따를 뿐입니다."

이제는 바뀌고 있다

〈비버는 해결사^{Leave It to Beaver}〉라는 드라마가 인기를 끌던 시절 만들어졌
던 어머니가 가족의 의사소통을 통제한다는 사회적 명령은 이제는 낡
은 개념이 되었다. 1950년대와 60년대는 일반적으로 아버지가 집안
생계를 책임졌기 때문에 자녀의 양육에 일일이 관심을 두기 어려웠다.
어머니는 자녀와 함께 집에 있는 경우가 대부분이었다. 자녀의 이야기
를 들어주고 위로해주는 역할은 언제나 어머니의 몫이었다. 여러 세대
에 걸쳐 어머니는 따뜻한 양육자로, 아버지는 상대적으로 거리감이 있
는 존재로 받아들이도록 사회화되었다.

하지만 오늘날 일하는 여성이 많아지고 남편보다 수입이 많은 아내
도 많아졌다. 50퍼센트에 달하는 이혼율로 과거보다 편부모와 혼합 가
족이 늘어났다. 하지만 양육자로서 어머니의 역할은 휴대전화 덕분에
여전히 강화되고 있으며 자녀들의 결혼 연령이 늦어지면서 더 오랫동
안 유지되고 있다. 시간과 감정적 에너지를 쏟아부을 배우자가 아직 없
기 때문에 자녀들은 어머니에게 더 많은 시간과 에너지를 투자할 수 있
게 되었다.

점점 늘어나는 아버지의 참여

요즘 아버지들은 자녀 양육에 더 많은 역할을 맡고 있으며 어머니만큼
은 아니지만 집에 있는 아버지도 늘어나고 있다. 사회생활을 하는 아버
지도 점점 더 자녀 양육에 참여하고, 학부모회에 참석하고, 가족용 밴
에 아이들을 싣고 학교나 과외 활동에 데려다 주기도 한다.

과거와 비교해 요즘 아버지들은 자녀 문제에 훨씬 적극적이다. 1965
년부터 2000년 사이에 결혼한 남성들을 대상으로 2006년에 실시한
메릴랜드대학 연구에 따르면, 아버지가 자녀와 놀아주고, 밥을 먹이고,
목욕을 시키는 등 양육에 할애하는 시간은 일주일에 2.6시간에서 6.5
시간으로 153퍼센트나 증가했다. 해당 연구에 참여한 메릴랜드대학
사회심리학 교수인 멜리사 밀키 박사는 이런 변화에 두 가지 원인이 있
다고 지적한다. "우선 적극적인 아버지 역할을 선호하는 문화적

인 변화가 실제로 나타나고 있어요. 이것은 효과적일 뿐 아니라 매우 긍정적인 변화예요. 이제 어머니들도 돈을 벌기 때문에 아버지들이 양육에 적극적으로 참여해야 할 구조적인 원인이 등장한 거죠."

아버지의 양육에 대한 참여가 늘어날수록 자녀와 더욱 깊은 관계를 맺게 된다. "아버지와 더 친밀감을 느끼는 자녀들이 많아지고 있어요. 이전 세대에서는 거의 없었지만 이제는 아버지와 아들이 자유롭게 대화를 하죠." 심리학자이자 부성애 전문가인 마이클 다이아몬드 박사는 이렇게 지적했다. 다이아몬드 박사는 《My Father Before Me: How Fathers and Sons Influence Each Other throughout Their Lives 내 앞의 아버지: 아버지와 아들이 평생 서로에게 영향을 끼치는 방법》의 저자이자 이십 대 자녀 두 명을 두고 있는 아버지이다. 그는 주로 아버지들을 연구하는 데 많은 시간을 보냈다.

사실 다이아몬드 박사는 만약 우리의 연구가 20년 전에 실시했다면 아버지와 더 자주 연락하고 싶다는 아들의 비율이 17퍼센트가 아닌 50퍼센트였을 것이라고 말했다. 또한 그는 딸의 비율이 더 높을 것으로 예상했는데 33퍼센트밖에 되지 않아 뜻밖이라고 말했다. 딸들은 성적으로 성숙해지면서 젊은 여성으로서 아버지를 어떻게 대해야 할지 생각해야 한다. 남자친구, 데이트, 성관계 등은 이제 그들 삶의 일부이며 딸들은 이러한 이야기를 부모, 특히 아버지에게 이야기하는 것을 불편하게 생각했다. 이러한 어색함이 문화의 일부가 되었고, 아버지와 딸의 관계가 변하게 되는 원인이 되기도 했다.

딸이 어릴 때에는 아버지가 안아주고 업어주는 등 신체적인 접촉을 통해 쉽게 애정을 표현할 수 있었다. 하지만 딸이 성적으로 성숙해지면 아버지는 딸을 어떻게 대해야 할지 당황하게 되고 그러한 애정 표현 방식이 변하게 된다. 아버지와 딸의 특징이었던 편하고 애정이 담긴 몸짓들이 이제는 조심스러워진다. 의심, 분리, 관계 위축이라는 불확실한 단계를 생각해본다면, 아버지와 더 많은 대화를 원하거나, 성관계나 데이트 문제가 나오기 전의 관계로 되돌아가고 싶다는 딸들이 더 많을 것으로 생각한다.

아버지의 역할은 바뀌고 있지만 모든 가족이 그런 것은 아니고 모두 같은 속도로 변하는 것도 아니다. 노스웨스턴대학의 갤빈 박사는 수업 토론 내용이 조금씩 바뀌는 것을 관찰했다. "이제는 아버지가 집에 있는 학생들도 많아서 오히려 반대 상황이에요. 학생들은 어머니보다 아버지와 더 가깝다고 말을 하죠. 이 같은 대대적인 변화가 많은 가정에서 일어나기까지 오랜 시간이 걸리겠지만, 분명한 사실은 현재 이러한 변화가 조금씩 일어나고 있다는 거예요."

분발해야 할 아버지들

모든 가족이 이런 변화를 겪는 것은 아니다. 소규모 사립학교에 다니는 패티는 남부에 살고 있는 자신의 가족을 '전형적'이라고 표현한다. "문제가 생겨서 집에 전화하면 주로 엄마와 대화해요. 아빠와 대화하는 경우는 거의 없죠. 아빠는 알아서 해결하라는 식이에요. 엄마는 제 이야기를 즐겁게 들어주지만 아빠는 늘 본론부터 얘기하자고 하세요. 하지만 아빠가 그러한 방식에 익숙해서 그럴 뿐이지 언제든지 저를 도와주실 거라고 믿어요."

유명 공립대학 상급생인 조디는 패티와 상황이 비슷하다. 자칭 '마마걸' 조디는 매일 어머니에게 전화하지만 아버지와는 일주일에 한 번 정도 대화한다. 아버지가 일 때문에 늘 바쁘기 때문이다. 조디는 인터뷰에서 이렇게 말했다. "아빠는 항상 일을 하세요. 가족을 위해서죠. 아빠와 통화하지 못한다고 불평해서는 안 되겠죠. 그래서 아무 불평도 하지 않아요. 아빠의 상황이 이해가 되고 크게 기분이 나쁘지도 않아요. 하지만 아빠와 자주 통화하면 좋을 것 같긴 해요."

조디는 아버지가 왜 전화하기 어려운지를 생각하면서 잠시 말을 멈추었다. "오십 대 남성의 심리는 잘 모르겠어요. 왜 전화를 안 하는지…… 너무 피곤해서 그럴까요? 퇴근 후 아빠는 영수증 정리나 정원을 가꾸세요. 제가 생각하기에 전화를 건다는 것 자체를 모르시는 것 같아요." 어머니가 집에 없을 때 집에 전화하면 드물게 아버지가 받기도 한다. 하지만 아버지는 조디가 당연히 어머니와 통화하기를 원한다고 생각한다. "엄마를 통해서만 아빠와 대화할 수 있어요."

사실 아버지들이 자녀와 많은 대화를 원하지만 습관적으로 간단한 안부 인사만 한다. 아버지들은 자녀들이 자신과 자주 연락을 주고받기를 원하고 그러한 관계가 분명히 가치 있는 일임을 인식해야 한다. 아버지들에게 몇 가지 조언을 하자면, 잦은 연락이 익숙하지 않고 오래 대화하는 것이 불편하다면 학생들이 쓰는 방법을 시도해보라. 개를 산책시키면서 통화를 길게 할 수 없는 상황일 때 전화하는 것이다. "이번 학기 때는 어떤 과목이 제일 재밌었니?" 이런 식으로 자녀의 일상생활에 대해 개방적인 질문을 하는 것도 좋다. 또는 집이나 직장 소식을 알려준다. 아버지가 자녀에게 관심이 있다는 것을 느끼게 하는 것이다. 다만 운전하면서 통화하는 것은 매우 위험하기 때문에 운전 중에는 문자나 전화를 하지 말아야 한다.

남자들이 말수가 적은 이유

갤빈 박사에 따르면 조디는 전형적인 경우다. 갤빈 박사는 강의를 듣는 학생들에게 집에 전화하면 어떤 반응을 보이는지 물었다. "아빠가 전화를 받으면 이것저것 간단하게 얘기한 다음 바로 엄마에게 수화기를 넘겨주면서 자세히 들으라고 하세요. 아빠는 대화를 어떻게 이어갈지 모르시는 것 같아요."

갤빈 박사는 직장에서 일하는 아버지에게 전화를 걸어 대화를 강요하는 여학생도 있다고 했다. 학생들의 대답처럼 자녀들은 함께 차를 타서 어쩔 수 없이 아버지와 함께 있을 때에만 대화하기도 한다. 아버지도 아들과 마찬가지로 사회화되었기 때문이다. 즉, 대화보다는 함께 놀면서 친해지는 것이다. 일반적으로 부모는 딸과 더 자주 대화하기 때문에 평균적으로 아들과 대화하는 시간이 적은 편이다. 특히 잭도 그랬다. 잭은 노스캐롤라이나주립대학 학생으로 누나가 세 명이 있다. "나랑 아빠는 축구 경기를 보러 가고 엄마와 누나들은 계속 수다를 떨어요. 얼굴을 보고 얘기할 때도 있고, 전화로 얘기할 때도 있고, 같이 밤을 새면서 많은 얘기를 나누곤 하죠."

잭은 어머니와 누나들의 이러한 수다가 자신에게 긍정적인 영향을 주었다고 생각한다. 잭은 대부분의 남자아이들보다 대화를 더 많이 한다. 잭은 자신이 매우 사교적이며 그러한 성향이 여러 가지로 많은 도움이 된다고 말한다.

아버지들은 자라면서 비교적 과묵하게 자랐기 때문에 이제는 자녀와 자주 연락하는 방법을 하나씩 배우고 있다. 하지만 여전히 예전 습관이 남아 있다. 즉각적인 응답을 원하는 자녀의 전화를 받는 것이 때로는 귀찮을 수 있다. 특히 익숙하지 않은 부모라면 더욱 그렇다. 애비게일은 남편보다 두 아들의 비상전화를 받아 처리하는 경우가 더 많다. 특별히 이런 상황을 좋아하지는 않지만 이제는 아이들의 전화가 익숙하다. 예를 들어, 어느 날 아들 잭이 애비게일에게 전화를 한 적이 있었다. 학교 파일에 비상연락처가 없어서 부모가 직접 등록할 때까지 그날 수업을 받을 수 없다는 것이었다. 결국 애비게일은 연락처를 등록하려고 아들의 학교에 다녀와야 했다. 변호사인 남편 J. D.는 아들의 전화를 그만큼 많이 받지는 않는다. 하지만 남편과 잭이 모두 휴대전화를 갖게 되면서 상황이 바뀌었다. 이제 잭과 동생 카를로스는 아버지에게 종종 전화를 한다. "중요한 문제인지 아닌지 모르기 때문에 일단은 전화를 받습니다."

때로는 화상 회의 중에 전화가 오기도 한다. 개입형 아빠이기는 하지만 그럴 때 조금 짜증이 난다고 털어놓았다. 업무 중에는 언제 통화가 가능한지, 어떤 상황이 비상인지 자녀와 미리 합의할 필요가 있다. 부모가 일할 때 단순히 안부를 묻거나 급하지 않은 문제라면 "지금 바쁘

세요? 급한 건 아니고 그냥 목소리 듣고 싶어서요." 이런 문자를 먼저
보내는 것도 한 방법이다.

어머니의 새로운 역할

어떤 어머니는 가족 내 의사소통의 구심점 역할을 쉽게 포기하지 못한
다. 특히 딸과 유대감이 끈끈하기 때문에 저항감이 생기기도 한다. 앞
서 몰리와 레베카의 표현처럼 어머니가 딸의 가장 친한 친구로 인식되
는 새로운 관계가 형성되었고, 갤빈 박사는 이런 관계가 지금 세대의
현실이라고 말한다. "많은 학생들이 하루에도 네다섯 번씩 부모와 통화
하고 대개 어머니와 많은 대화를 나누고 있어요." 이러한 어머니와 딸
사이의 엄청난 유대감은 우리의 또 다른 연구 결과를 뒷받침한다. 어머
니, 아버지와 비슷하게 대화하는 비율은 아들[37퍼센트]이 딸[20퍼센트]보다 높았
기 때문이다.

이러한 새로운 친밀감은 가족 내에서 연락 담당자인 어머니의 역할
을 더욱 강화시킨다. 스테이시를 비롯해 다른 학생들의 대답처럼 집에
전화하면 어머니가 받는 경우가 다반사다. 스테이시는 이렇게 말한다.
"엄마는 아빠에게 수화기를 넘기지 않아요. 아빠는 너무 바쁘다고만 얘
기하세요. 아빠랑 통화하면 엄마는 내가 전화를 바로 끊어버려서 한동
안 목소리를 듣지 못할까 봐 걱정하세요."

스테이시는 또 다른 이유도 말한다. "정보가 힘이에요. 우리 집 여자

들은 무척 적극적이라서 새로운 소식은 반드시 남자들보다 먼저 알아야 직성이 풀리죠." 물론 모든 어머니들이 그렇다는 것은 아니지만 스테이시는 새롭고 흥미로운 부분을 지적했다. 여성들은 어떠한 기대를 갖도록 사회화되었고, 그러한 기대를 충족시키지 못하거나 역할이 바뀌면 적응하는 데 어려움을 느낀다는 것이다. 갤빈 박사가 다음과 같이 지적했다. "자신이 기대했던 어머니의 모습이 되지 못하거나, 남편이 아이들과 더 잘 지내는 것을 쉽게 받아들이지 못하죠. 어머니는 전통적으로 모든 사람들이 마음을 털어놓는 대상이었고, 그러한 역할을 통해 자신의 입지를 확인하고 만족을 얻었으니까요."

맞벌이 부부가 늘면서 어머니의 이런 고유한 역할도 추진력을 잃고 있다. 많은 어머니들은 남편들이 자녀 양육에 더 적극적으로 참여해주길 원하고 있고, 때로는 강하게 요구하기도 한다. 남편의 참여는 남성뿐만 아니라 자녀에게도 도움이 되며 자신들도 끊임없는 자녀 양육 부담에서 다소 해방될 수 있기 때문이다. 하지만 때로는 과거의 문화적 배경이 방해가 되기도 한다.

일부 학생들은 어머니, 아버지의 역할을 각각 다르게 인식하고 어머니에게 더 많은 것을 기대한다. 유명 공립대학에 다니는 매릴린은 이렇게 말했다. "엄마는 아빠를 비난하면서 아빠가 양육에 더 많이 참여해야 한다고 하세요. 하지만 아빠는 혼자서 돈을 버시죠. 집에서는 엄마가 더 많은 역할을 하는 것이 맞는다고 생각해요." 매릴린의 어머니는 전업주부다.

페이스북에서 만나는 어머니들

때로 어머니들은 가족 내 의사소통의 중심이라는 전통적인 역할을 지나치게 확대하여 해석하기도 한다. 특히 휴대전화와 인터넷으로 무장되어 있고, 자신이 자녀의 가장 친한 친구라고 인식한다면 더욱 그렇다. 자녀가 집을 떠난 후, 빈 방 때문에 새로운 스트레스가 생겨 자녀에게 집착하기도 한다. 자녀가 집을 떠났지만 어떤 어머니는 가능한 모든 방법으로 자녀와 연결되어 있으려 한다. 스테이시의 어머니처럼 페이스북으로 하루에 한 시간씩 자신의 질문과 코멘트에 딸이 매번 답장하기를 바란다면 어머니의 역할에 지나치게 몰입한 것이다.

스테이시는 자신과 가까워지고 싶은 엄마의 마음을 이해한다. 자신은 기숙사로 들어가고 언니는 결혼을 하면서 어머니가 얼마나 큰 변화를 겪었는지 이해한다. 어렸을 때 스테이시의 어머니는 방과 후 자녀들과 매일 대화를 나누었다. 학교에서 무엇을 배웠는지, 친구와 싸우지는 않았는지, 오늘은 기분이 어땠는지, 모든 일을 알고 싶어 했다. 때로는 지나칠 때도 있었다. 하지만 스테이시는 어머니가 최선을 다해 자신들을 양육하고 보살펴주었다고 생각한다. 그리고 그 과정에서 어머니의 삶을 깊이 이해하게 되었다. "엄마는 이제 일부러 얘기하지 않으면 우리가 어떻게 사는지 알 수 없어요. 물론 페이스북은 예외죠. 엄마는 페이스북에 올린 사진과 친구들의 코멘트를 보고 우리가 어떻게 지내는지 알 수 있죠."

스테이시가 대학에 진학하고 어머니가 페이스북에 가입했을 때 그녀는 어머니를 친구로 수락해야 할지 심각하게 고민했다. "대학에 와서까지 그러는 건 일종의 침해였어요. 집을 떠났으니 이제는 어머니한테 해방되는 게 당연하다고 생각했거든요." 스테이시는 이렇게 말했지만 대학생활이 너무 낯설고 힘들었기 때문에 결국 어머니를 친구로 수락했다. "동시에 위안이 되는 부분도 있었어요."

가끔은 후회도 한다. "엄마는 페이스북 스토커예요. 가끔 친구들이 다음 주는 힘내라고 응원하거나 행사에 왜 오지 않았냐고 글을 남겨요. 그러면 어머니는 즉시 전화하거나 문자를 보내 지금은 괜찮은지 물어보세요." 페이스북을 하는 스테이시의 할머니도 마찬가지다. "할머니는 엄마보다 더 심하세요."

다른 학생들이 어머니를 친구로 수락한 이유는 부모에 대한 의무감 때문이다. 대학 2학년생인 브리트니도 엄마를 친구로 수락했다. "대부분 부모를 친구로 수락하는 걸 꺼려해요. 수락한다고 해도 일종의 의무감 때문이죠. 엄마는 자신의 나이에 전혀 신경 쓰지 않아요. 우리 앞에서 쿨하게 행동하려고 노력하죠." 다른 학생들은 거절하면 화를 낼까봐 울며 겨자 먹기로 어머니를 친구로 수락하기도 한다.

어떤 어머니들은 비교적 소극적이다. 마리에게는 세 명의 자녀가 있었다. 한 아이는 노스웨스턴대학에 다니고, 나머지 두 아이들은 아직 고등학생이다. 다들 페이스북을 하지만 아이들에게 친구 수락을 요청하지 않는다. "부모가 자녀에게 지나치게 개입하는 것에 대해 늘 부정적인 입장이에요. 마음이 선뜻 내키지 않는 부분도 있고요. 교사들을 직접 찾아다니지 않고 한 걸음 물러서서 아이들이 스스로 문제를 해결

하도록 교육시켰어요. 그렇다고 해서 완전히 방임형으로 아이들을 키
우진 않았어요.”

마리는 자녀가 부모를 떠나 스스로 경험하도록 격려하는 일을 가장
중요하게 생각했다. 아이들이 어릴 때에는 여름마다 몇 주씩 열리는 캠
프에 보내기도 했다. 가족과 떨어져 새로운 친구를 사귀고 다양한 활동
을 즐기면서 정체성을 확립하고 독립성을 키우는 데 도움을 주기 위해
서였다. 여름 캠프와 조금 다르기는 하지만 페이스북은 십 대나 대학생
자녀들한테 비슷한 역할을 할 수 있는 공동 경험의 장이다. 하지만 마
리도 때로는 아이들이 어쩌다가 노트북을 켜둔 채 자리를 비우면 몰래
페이스북에 들어가기도 한다.

직접 페이스북을 하는 어머니들이 많다. 자신의 소셜 네트워크를 만
드느라 바쁜 어머니도 있지만, 아이들의 페이스북을 감시하느라 바쁜
어머니도 있다. 어머니가 페이스북으로 자녀를 감시하는 문제는 이미
여러 웹사이트와 광고, 패러디 등에서 자주 사용되는 소재다. 2009년
온라인 풍자 언론 〈어니언〉은 이러한 최근 추세를 다룬 재미있는 프로
그램을 방영했다. ‘페이스북과 트위터, 부모들이 대학생 자녀를 스토
킹하는 방법을 개혁하다’ 라는 제목이었다.

두 명의 앵커와 ‘이-맘$^{E\text{-}Mom}$’ 이라는 가명의 중년 사커맘이 출연해 페
이스북과 트위터를 통해 성인이 된 자녀의 사생활을 감시하는 방법을
알려준다. 이-맘은 섹시한 탑을 입은 여자친구와 아들이 함께 찍은 사
진을 보여주면서 “저는 매일 아들 제프리의 사진을 일일이 확인해요.”
라고 말했다. 페이스북의 태그 기능을 보여주면서 자녀의 페이스북에

등록된 사람들을 어떻게 추적하는지도 알려준다. 트위터를 통해 자녀의 일거수일투족을 몰래 감시하는 방법도 설명한다. "이제 아이들의 모든 생각을 읽을 수 있어요. 우리의 꿈이 이루어졌어요!"라고 이-맘은 외쳤다. 마지막으로 앵커가 이렇게 마무리한다. "이제 아이들에 대해 속속들이 모르는 엄마들의 유일한 변명은 '나도 내 생활이 있으니까!' 밖에 없답니다."

어머니와 자녀의 유대감이 강력하기 때문에 자녀의 대학 진학은 어머니에게 가슴 아픈 일일 수도 있다. 우리는 요즘과 같은 인스턴트 통신 시대에 페이스북, 전화, 문자 등을 통해 선을 넘을 수도 있다고 이해할 수 있다. 하지만 자녀가 올바르게 성장하려면 어느 정도 거리를 두는 것이 좋다. 아이들의 페이스북을 샅샅이 뒤진다면 그러한 거리를 유지하기가 어려울 것이다.

대부분의 대학생들은 페이스북 계정을 하나씩 갖고 있다. 과거에는 대학생들만 가입했지만 이제는 13세 이상 누구나 가입할 수 있다. 가입을 하면 자신의 홈페이지가 생기고 그곳에 자신의 현재 상태, 사진, 웹사이트 링크, 동영상, 뉴스나 기사 등을 올리고, 친구들은 그 내용을 바로 확인한다. '담벼락'에 자신의 소식을 업데이트하고 이 소식이 친구들의 '뉴스피드'에 올라간다.

학생들은 지금 무엇을 하고 있는지, 무슨 생각을 하는지 등을 적고 그 밖에 다른 것들을 언급한다. 원하는 만큼 수시로 업데이트할 수 있다. 다른 친구의 담벼락에 코멘트, 쪽지, 생일 소원 등을 남기거나 친구가 포스팅한 내용에 '좋아요' 버튼을 눌러 의견을 제시할 수도 있다. '프로필' 페이지에는 자신의 사진을 올리거나 연락처, 출신학교, 직장 경력 등 자신을 소개하기도 하고 종교, 정치관, 음악 취향, 좋아하는 책, 영화, TV 프로그램 등의 개인적인 취향을 표시할 수도 있다.

페이지의 내용을 전체 공개, 친구 공개^{직장 동료나 학교 동문 등 특정 그룹으로 구분} 등으로 조정할 수도 있다. 친구들의 사진을 모아두는 페이지 링크도 있다. 친구들은 사진에서 태그 기능을 선택할 수 있는데, 예를 들어 친구들과 찍은 사진에서 얼굴을 클릭해 그 사람의 이름을 입력하면 그 친구에게 태그가 붙고 이를 이메일로 알려준다. 페이스북은 별도의 메시지 시스템과 채팅 기능도 제공한다.

페이스북 계정이 있는 사람은 누구나 이름, 고등학교, 대학 학번 등을 통해 친구를 검색할 수 있다. 디렉토리에 있는 사람을 찾아 클릭 한

번으로 '친구'를 요청할 수도 있다. 요청을 받는 사람은 '수락' 또는 '무시' 버튼을 누르면 된다. '친구 삭제'는 서로 사이가 좋지 않은 사람의 접근을 차단하는 것으로, 페이스북 용어다. 뉴 옥스포드 아메리칸 사전은 '친구 삭제'를 2009년 올해의 단어로 선정하기도 했다.

트위터는 또 다른 소셜 네트워킹 도구로 모든 '팔로워'들에게 짧은 메시지^{최대 140자}를 보낼 수 있다. 이를 '트윗'이라고 부른다. 짧은 문장으로 자신의 현재 계획을 남기거나^{"아스널 축구 경기를 보러 아이리시 펍에 가는 길"}, 상대의 트윗에 '리트윗'하거나^{"그러게. 여기에도 '또' 비가 온다."}, 또는 팔로워들에게 질문을 남길 수 있다^{"사우스 사이드에 있는 괜찮은 미장원 아는 사람?"}. 트위터를 애용하는 사람들은 상당히 자주 글을 남기며 특히, 젊은 직장인들은 네트워킹이나 정보 공유의 장으로 활용한다. 트위터 프로필에는 내가 '팔로잉'하는 사람들의 수와 나를 팔로잉하는 사람들의 수가 나타난다. '팔로우' 버튼을 누르면 팔로워가 되고 상대방에게 바로 알림 메일이 발송된다.

페이스북에서 만나는 아버지들

아버지들도 페이스북에 가입하지만 통계에 따르면 어머니보다 그 비율이 지극히 낮다. 하지만 스테이시 어머니와 같은 전략을 구사하는 아버지도 있다. 빙햄턴대학의 한 학생 기자가 최근에 쓴 기사를 보면, 친구로 수락해달라는 아버지의 요청으로 자신의 사생활이 없어졌다는 학생들이 많다고 한다. 어떤 아버지는 비교적 눈에 띄지 않는 방법을 택한다. 한 아버지는 세 명의 대학생 딸들에게 일 때문에 페이스북을 하려는데 괜찮겠냐고 물었다. 아버지는 "나와 친구를 할지 말지는 너희들이 결정해라."라고 말했고 딸들은 모두 아버지를 친구로 수락했다. 파티와 담배를 엄청 즐기는 딸마저도 이를 수락했다. "페이스북을 일일이 뒤지지는 않아요. 페이스북에서 많은 시간을 보내지도 않죠. 아이들과 연락을 주고받는 보조 수단일 뿐이에요." 아버지는 페이스북을 하는 이유를 이렇게 설명했다.

어떤 아버지는 아내가 이미 페이스북을 하기 때문에 피하기도 한다. 브리트니 아버지도 이런 이유로 페이스북에 가입하지 않을 생각이다. "페이스북에서 아이들을 귀찮게 하는 아빠가 되고 싶지 않아요. 그리고 이미 아이들 엄마가 페이스북을 한다는 걸 알고 있죠."

어머니와 마찬가지로 자녀의 행동을 감시하려고 페이스북을 적극적으로 활용하는 아버지도 있다. 호퍼 박사의 청소년 발달 강의를 들었던 한 학생이 아버지한테 받은 이메일을 보여주었다. 표면적으로는 어머니를 편드는 내용이었지만 아이의 행동을 심하게 꾸짖고 있었다. 그 학생은 아버지의 이메일을 받고 웃기기도 했고 불쾌하기도 했다. 결국 어떻게 대처했을까? "아빠를 친구 목록에서 바로 차단했죠."

페이스북을 하는 부모들은 한결같이 웃음과 한숨을 짓는다. '인터넷 맘'이라는 인터넷에서 자녀와 연락하는 부모에 대해 많은 학생들과 전문가들이 크게 우려한다. 하지만 인터넷 맘은 자녀를 아끼는 마음에서 자녀와 계속 연결되려고 한다. 미지의 대학 세계에서 자녀를 보호하려는 부모와 크게 다르지 않다. 부모의 의도가 긍정적이지만 많은 학생들은 부모를 '너무 오랫동안 머물러서 불편하게 만드는 귀찮은 친척들'과 비슷하게 생각한다. 어쨌든 부모라서 아무 말도 못하고 참는 것이다. 물론 나름의 방법으로 이러한 부모의 침해에 대응하는 학생도 있다. 또 다른 페이스북 계정을 만들거나 사생활 보호기능을 설정해 부모의 접근을 차단한다. 이제는 중학생들도 페이스북에 가입하면서 페이스북 회원 수만큼 부모의 감시에 대한 문제점도 계속해서 증가하고 있다. 대학생 자녀라면 페이스북에서 어느 정도 자유를 누리도록 내버려두는 것이 낫다.

아들과 딸이 부모와 관계를 맺는 방법

일반적으로 부모와 대화하는 주제는 남자아이와 여자아이가 서로 다르다. 예를 들어, 딸보다 아들이 아버지에게 가벼운 데이트, 진지한 관계, 파티, 성문제를 더 많이 이야기하는 것으로 나타났다. 반면 딸은 이런 내용을 가지고 어머니와 더 많이 이야기한다.

성문제는 딸이 아버지와 쉽게 상의할 수 있는 주제는 아니다. 아버지들도 혈기왕성한 남자들이 무엇을 원하는지 간접적으로만 경고할 뿐, 상세하게 언급하지 않는다. 마이클 다이아몬드는 이렇게 말한다. "아버지와 성문제를 놓고 이야기하는 것이 쉽지 않죠. 하지만 여전히 성문제가 중요한 나이예요. 여자아이들보다 남자아이들이 아버지와 쉽게 성문제에 대해 상의해요. 아들은 아버지한테 성적인 경험에 대해서도 가볍게 얘기할 수 있지만 딸은 그렇지 않죠."

유명 공립대학에 다니는 조디는 임신을 걱정하는 상황이 생겼다. 그녀는 아버지에게는 차마 말하지 못했지만 어머니에게 바로 전화를 걸어 남자친구와 하룻밤을 보낸 다음 날 콘돔이 찢어졌다고 이야기했다. 조디는 어머니가 매우 개방적이며 성문제에 대해서도 당당한 편이지만 그런 내용을 아버지한테 이야기하는 것은 상상할 수 없다고 말했다.

하지만 그러한 대화를 거리낌 없이 나누는 아버지와 딸도 있다. 세 딸들이 사춘기에 접어들 무렵 아내와 이혼한 한 아버지는 딸들에게 중요한 역할을 해주기로 마음먹었다. 유명 대학에서 관리자로 일하고 있는 그는 일하면서 배운 모든 의사소통 기술을 동원해 술, 마약, 성관계 등 민감한 문제를 놓고 딸들과 오랫동안 지속적으로 대화를 나누었다. 딸들이 대학에 들어가고 남자친구가 생길 나이가 되자 아버지는 발렌타인데이 때 콘돔을 선물하기도 했다. 이러한 민감한 문제에 대해 자녀와 솔직한 대화를 시도했던 아버지의 노력은 성공했고, 이제는 딸들이 먼저 아버지에게 상의하기도 한다.

어머니와 아들

많은 남학생들은 어머니와 매우 가까운 관계를 유지한다. 농담 삼아 스스로를 마마보이라고 하는 학생도 있다. 전통적으로 아들은 양육의 손길이 필요할 때 어머니를 찾고, 많은 어머니들은 아들에게 그러한 역할을 해줄 때 보람을 느낀다. 마이클 다이아몬드는 환자들 가운데 이러한 관계의 유형이 많다고 말했다.

"이들은 어머니에게 보살핌을 요구해요. 한 남학생은 어머니와 대화하는 게 왜 즐겁냐면, 어머니가 자신을 돌봐주기 때문이라고 말했죠. 그는 다치거나 감기에 걸리면 어머니에게 전화해요. 어머니가 그러한 양육자 역할을 즐긴다는 것을 알고 있기 때문이죠. 또 다른 남학생은 '엄마는 나를 더 잘 이해해주고 내 입장에서 생각해주세요.' 라고 말했죠. 아버지의 사랑은 그에 반해 엄격한 편이니까요."

그동안 마마보이는 어머니에게 너무 의지해서 혼자서는 아무것도 못하는 아들을 일컫는 말이었다. 하지만 우리가 알게 된 사실에 따르면 어머니와 친밀한 관계를 맺고 있는 남학생들은 자신의 독립성이 강하다는 것에 자부심을 느끼고 있었다. 미네소타대학 3학년생인 마커스는 혼자 힘으로 대학에 들어왔고, 생활비도 스스로 벌고 있으며, 빨래나 과제도 혼자서 했다. 하지만 어머니에게 깊은 존경심과 애정을 갖고 있었으며 친밀한 관계를 유지했다. 마커스는 친구들 앞에서 어머니의 전화를 받는 것을 부끄러워하지 않는다. 오히려 "친구 앞에서 엄마 전화 받는 것이 부끄럽게 느껴진다면 다시는 친구를 만들고 싶지 않아요." 라고 말할 정도다.

노스캐롤라이나주립대학에 다니는 쌍둥이 형제 제이미와 크리스토퍼도 마커스의 말에 일부 동의한다. '신토불이! 농가를 살리자!' 라는 슬로건이 새겨진 존 디어 브랜드의 야구 모자를 자랑스럽게 쓴 쌍둥이 형제는 사 대째 농장을 경영하는 가정에서 태어났으며, 2년제 농업과학 과정을 밟고 있다.

대학에 입학하기 전에는 매일 아침 5시 30분에 일어나 소에게 먹이를 주고 등교했다. 하교 후에도 하루 일과는 비슷했다. 농장 운영은 고되고 때로는 어려웠다. "일주일에 한 번은 서로를 구원해주고 있어요." 크리스토퍼는 웃으면서 말했다.

강의 시간에 늦을까 봐 아침마다 모닝콜을 해주는 부모를 생각하며 둘은 크게 웃었다. 두 형제는 아르바이트로 가족을 부양하는 일에 일조했으며 다음 주에는 직접 농장 일을 도우러 집에 갈 예정이다. "하루에 두 번씩 걸려오는 엄마의 전화를 받지 않는 건 상상도 못해요. 저는 엄마와 자주 연락하는 게 전혀 부끄럽지 않아요!" 크리스토퍼가 말했다. 쌍둥이 동생도 마찬가지로 고개를 끄덕였다.

물론 아들과 딸과의 이런 관계는 어머니가 편부모라면 더욱 긴밀해진다. 노스캐롤라이나주립대학 학생인 레본의 어머니는 싱글맘으로 가장 역할을 맡고 있었다. 레본은 장남이다. 레본은 어머니와 매우 각별했으며 대학교에 입학하면서 겪은 이별은 두 사람에게 무척이나 힘든 경험이었다.

"그때 얘기는 하고 싶지 않아요." 찌는 듯한 8월의 무더위를 피해 에어컨이 시원하게 돌아가는 교내 카페에 앉아 레본은 말했다. "엄마는 나의 가장 친한 친구죠." 그는 친구들 앞에서도 스스럼없이 말했다.

카를로스도 마찬가지다. 가족 중에서 처음으로 대학생이 된 그는 현재 텍사스주립대학에 다니고 있다. "지금 저의 목표는 최대한 빨리 대학을 마치는 거예요." 대학 졸업장을 따면 카를로스는 집으로 돌아가 고등학교 때 매주 40시간씩 일했던 것처럼 열심히 일하면서 어머니와 누나를 도울 생각이다. 근로 장학생인 카를로스는 건물 청소부인 어머니를 돕겠다고 결심했다. 카를로스가 어머니의 전화를 일부러 받지 않은 적이 없었다. "전화를 안 받는다고요? 이해할 수 없네요."

카를로스에게 전화를 피하는 다른 학생들의 행동은 오히려 웃기는 일이다. 부모를 존경하는 것은 자신의 배경인 멕시코 문화의 일부라고 그는 말했다. "엄마에게 말대꾸하면 할머니한테 매를 맞아요. 엄마한테는 무조건 복종해야 하죠." 이처럼 친밀한 모자 관계에 영향을 주는 요소가 몇 가지 있는데, 그중 하나는 바로 민족성이다.

위스콘신대학 화이트워터캠퍼스 방송통신과 연구원 겸 학과장인 바바라 페닝턴 박사도 민족성이 영향을 끼친다고 보았다. 페닝턴 박사가 2001년 실시한 연구에 따르면, 전체적으로 흑인 여학생이 백인 여학생보다 어머니에게 더 순종적이며 모녀 사이의 갈등이 적었다. 해당 연구에서 페닝턴 박사는 자신의 강의를 듣는 학생들의 피부색, 그리고 어머니와 어떤 관계를 맺는지 주의 깊게 관찰했다. "저의 경험에 비춰보면 흑인 남학생들은 어머니에게 매우 순종적이에요. 부모, 특히 어머니가 늘 최고의 권위자죠."

페닝턴 박사는 강의 시간에 한 흑인 어머니가 딸의 성적이 낮아 심하게 꾸짖는 대화 내용을 학생들에게 들려준 적이 있었다. 백인 학생들은 "저 딸은 어떻게 저걸 참지? 나 같으면 똑같이 소리 질렀을 거야."라는 반응을 보였고, 흑인 학생들은 "아니야, 엄마가 얘기하면 가만히 들어야 해. 엄마는 딸을 위하는 마음으로 혼내는 거야."라고 반응했다고 한다. 흑인 학생들이 어머니를 얼마나 존경하는지 알 수 있다. 페닝턴 박사에 따르면 라틴 문화권도 어머니에게 높은 존경심을 보이는 것으로 나타났다.

휴대전화의 긍정적인 모습

아버지와 딸

웨스트코스트에서 바쁘게 살고 있는 외과의사 존은 자녀에게 전화를 자주 하지 않는다. 당연히 페이스북이나 트위터도 하지 않는다. 사실 딸이 이스트코스트에 있는 대학에 처음 입학했을 때 대부분 그의 아내가 딸과 연락을 주고받았다. "아내가 먼저 수화기를 들어요. 15분 정도 이야기하고 나를 바꿔주면 90초 정도 얘기하고 전화를 끊죠."

하지만 어느 날 아침 존은 한 시간이 족히 걸리는 출근길에서 딸 멜로디에게 전화를 걸어야겠다고 생각했다. 딸이 어릴 적에 아침마다 깨워주던 일이 기억났거나, 단지 딸이 보고 싶어서 그랬는지도 모른다. 벌써 몇 년 전 일이어서 왜 그랬는지는 정확히 기억이 나지 않는다고 말했다. 어쨌든 이제는 출퇴근길에 딸과 통화하는 것이 중요한 일과가 되었다. "오늘 뭐 하니?", "사랑한다.", "기분이 좋아요. 오늘 시작이 좋은데요?" 길어야 몇 분 정도의 대화지만 존은 어쩌다가 전화가 안 되면 괜히 서운하다고 말했다.

또 다른 딸은 학교가 집과 가까워서 주말에 종종 얼굴을 보기는 했지만 마찬가지로 출퇴근길에 통화를 했다. 두 딸들은 모두 아버지와 통화하는 것을 상당히 만족해한다. "고등학교 때만큼 아빠와 자주 대화하지 못하기 때문에 이렇게라도 서로 목소리를 들을 수 있어 정말 좋아요. 아빠가 나를 챙겨준다는 느낌도 좋고요." 그뿐 아니라 아버지와의 통화는 짧고 어머니처럼 꼬치꼬치 캐묻지도 않는다. 이제 딸들은 아버지와 좀 더 가까워졌다고 말한다.

때로는 딸 쪽에서 그러한 변화를 주도하기도 한다. 베로니카는 미네소타대학에 입학하기 전에는 어머니와 더 친했다. 하지만 어머니가 환자의 상태를 수시로 살피는 간호사였기 때문에 부모의 격려나 현실적인 조언이 필요할 때 연락을 하지 못했다. 대신 아버지가 영업직이었기 때문에 좀 더 편하게 전화를 받을 수 있었다. 그래서 베로니카는 새로 개설한 은행 계좌의 수수료, 근처 백화점까지 가는 길, 최근 시험 성적 등, 대학생활의 소소한 문제를 상의하려고 아버지에게 전화를 걸기 시작했다. 그리고 아버지에게 문자 메시지를 보내는 방법을 배우라고 권했다. "내가 문자를 보내면 아빠는 전화를 거세요." 베로니카는 웃으면서 말했다.

아버지와 딸의 대화는 서로 주고받는 수준으로 발전했으며 베로니카는 아버지와 대화하는 것이 자신에게 많은 도움이 된다고 말했다. "학교 이야기, 숙제, 그때의 상황을 얘기해요. 언제든지 아빠와 대화할 수 있다는 게 큰 도움이 된 것 같아요." 베로니카는 아버지와 더욱 가까워진 것은 휴대전화 덕분이라고 말했다.

아버지와 아들

대학에 들어가기 전 브랜든은 어머니와 더 가까웠다. 아버지는 항상 엄격하셨다. 브랜든은 아버지를 사랑했지만 다섯 명의 남매 중 막내였기 때문에 아버지와 다소 거리가 있었다. 브랜든이 대학에 입학하고 나서 아버지와 관계가 바뀌게 된 몇 가지 사건이 일어났다. 첫 번째는 아버지와 아주 가깝게 지내는 친구와 룸메이트가 된 것이다. 룸메이트는 아버지와 매일 통화하거나 문자를 주고받았다. 처음 브랜든은 이상하게 생각했다. "하지만 시간이 지날수록 아버지와 친하게 지내는 게 무척 좋아 보였어요."

브랜든은 대학생활 동안 여자친구와 헤어져서 힘든 시기를 보냈던 룸메이트와 그의 아버지가 아들을 응원하는 모습을 옆에서 지켜보았다. 그 무렵, 브랜든의 아버지는 건강 문제로 일을 그만두셨고, 그는 집에 있는 아버지에게 전화를 걸었다. 두 사람은 무언가를 깨달았다. 그 뒤, 브랜든은 일주일에 여러 번 아버지와 통화를 했다. "시험을 보고 나오는 길에 아빠한테 전화해서 시험을 잘 봤다고 얘기하거나, 다음에 언제 집에 갈지 의논해요." 통화는 길지 않지만 브랜든은 아버지의 사랑과 유대감을 느낀다고 말했다. "아빠도 좋아하는 것 같아요."

1년 6개월이 지난 후, 브랜든을 다시 인터뷰했을 때 아버지와 더욱 깊은 관계를 맺고 있었다. 브랜든은 집에 가면 아버지의 목공 일을 돕고 이것이 그의 새로운 취미가 되었다. 둘은 함께 요트 타는 것을 즐기기도 한다. 대학 졸업 후 취직에 대한 부담을 안고 있는 브랜든은 아버지가 전적으로 자신을 지지해주는 새로운 역할에 대해 고마워했다. "저를 지도해주는 부모가 아닌, 새로운 관점에서 저를 챙겨주는 존재가 생긴 느낌이에요. 언제나 내 편을 들어줄 든든한 친구가 생긴 거죠."

브랜든은 바쁜 학사 일정과 대표 팀 연습 스케줄이 빡빡했기 때문에 휴대전화가 없었다면 지금처럼 아버지와 깊은 관계를 유지할 수 없었을 것이라고 말했다. 둘의 관계를 끈끈하게 만든 또 다른 요소는 바로 아들에 대한 아버지의 전폭적인 지지다. 자녀의 이야기를 적극적으로 경청하고 전적으로 지지를 보내는 것은 바람직한 방식이다.

문자 메시지의 편리성

일반적으로 남학생들은 여학생들보다 말을 적게 하도록 사회화되었다. 따라서 십 대나 성인이 되면 남학생들은 말을 적게 하는 것을 더 편하게 여긴다. 하지만 언제나 예외는 있다. 남학생들에게 짧고 간결한 문자 메시지는 가족들과 계속 연락을 유지하면서도 자신의 독립성을 지킬 수 있는 편리한 도구다. 멀리 떨어졌지만 아들과 아버지가 똑같은 스포츠 중계를 보거나 최신 영화 얘기를 나누면서 문자 메시지로 연락을 주고받는 사례를 자주 접할 수 있다.

한 어머니는 말수가 적은 터프츠대학 2학년 아들을 두었는데 아들과 자주 연락하는 수단이 바로 문자 메시지였다. 어머니도 마찬가지다. "문자 메시지로 아들이 잘 지낸다는 것을 알 수 있어요." 사실 문자 메시지 덕분에 서로 연락을 주고받았지만 아들이 원하는 독립성을 완벽하게 확보해주지는 못했다.

얼마 전에는 아들에게 레드삭스 경기 티켓을 보내주었다. 그 경기는 TV로 중계되었는데 부모는 좌석에 앉은 아들의 모습이 보이는 척하고 "옆에 있는 여자는 누구니?"라는 문자를 보냈다. 아들은 즉시 남자 룸메이트 이름을 댔고 다들 크게 웃었다.

문자 메시지는 부모와 대화하는 것이 쉽지 않은 여학생들에게도 좋은 방법이다. 인디애나주립대학 1학년생인 알라나는 어머니와의 대화가 오빠보다 적은 편이다. 알라나는 어떻게 지내는지 먼저 말하지 않는다. 어머니는 알라나가 늘 "엄마, 꼭 지금 이야기해야 돼요?"라고 되물었다고 말했다.

하지만 문자 메시지로 훨씬 쉽게 마음을 연다. "문자 메시지가 우리를 더 가깝게 만들어줘요. 알라나는 오빠만큼 표현을 하지 않아요. 하지만 알라나의 문자를 받으면 어떻게 지내는지 알 수 있죠."

알라나의 어머니는 사실 고등학교 때에는 지금처럼 문자를 자주 보내지 않았다. "학교에서 그런 행동을 자제시켰어요. 아이들 사이에서 어떻게 소문이 날지 뻔하기 때문이죠." 문자 메시지는 부모와 자녀가 서로 쉽게 연결하면서도 감정이 드러나지 않는 방법이다. 문자 메시지는 대부분 짧고 어디서든 답장을 보낼 수 있다. "엄마, 이젠 괜찮아요."라고 걱정하는 어머니에게 더는 배가 아프지 않다고 알릴 수도 있고,

학교 뮤지컬 시험을 보는 딸에게 "행운을 빌어! 사랑하는 아빠가." 라는 응원의 메시지를 보낼 수도 있다.

문자 메시지는 목소리가 들리지 않기 때문에 행간에 숨겨진 감정의 신호를 읽지 못할 수도 있다. 하지만 잔소리나 투정을 듣지 않아도 되는 것이 오히려 다행일 수도 있다. 물론 지나치게 많이 보내면 그 자체로 잔소리나 투정이 될 수 있다.

계속되는 잔소리의 위험

안타깝게도 언제든지 연락할 수 있는 새로운 통신수단 때문에 '잔소리' 라는 부모의 안 좋은 습관이 조장된다. "제발 좀 가방이랑 악보, 물병을 가지고 차에 타. 빨리!" 등 아이들을 끝도 없이 강의실, 병원, 피아노 학원, 야구 시합에 데리고 다니는 부모라면 잔소리가 더 심할 수도 있다. 부모가 대학생 자녀에게 인턴십 신청 마감, 리포트 제출 기한, 방 청소 등에 대해 계속해서 말하는 것도 일종의 잔소리다. 잔소리를 좋아하는 사람은 아무도 없다. 부모도 마찬가지다.

남부에 있는 유명 대학 2학년생인 알렉스는 대학에 입학하기 전, 해외에서 1년 동안 지내며 수신이 잘 안 되는 휴대전화 덕분에 어머니와 자주 통화하지 않아 너무 좋았다고 말했다. 대신 인터넷 채팅으로 소식을 전했다.

"사실 9개월 반 동안 나만의 시간을 갖고 싶었어요. 어머니는 특히 잔소리가 심하고 제 문제에 일일이 간섭하세요." 알렉스는 해외에서 돌아와 대학에 들어가서 어머니와 통화하는 시간을 최소한으로 줄일 생각이다. 하지만 좀 더 편안한 아버지와 대화하는 것은 늘 환영이다. 알렉스는 아버지와 재미있는 이메일을 자주 주고받는다.

학생들은 부모가 너무 심각하지 않았으면 좋겠다고 말한다. 얼굴을 보고 직접 얘기하지는 않지만 통화할 때도 짜증, 불안, 실망스러운 감정이 분명하게 전달된다. 브랜든은 아버지와 관계를 다시 맺고 있지만 어머니하고는 아직 거리감이 있다. 대학에 오기 전에는 어머니와 더 가까웠다. "요즘은 엄마와 대화할 때 거리감이 느껴져요. 어떻게 표현해야 할지.모르겠지만 엄마는 항상 저에게 더 많은 것을 기대하세요. 리포트를 쓰다가 운동을 하러가면 엄마는 리포트는 어떻게 됐냐고 물으면서 재촉하세요."

어머니가 2주에 한 번씩 전화를 하지만 브랜든은 가끔 전화를 받지 않기도 한다. "뭔가에 한창 몰두해 있거나 학업으로 이미 스트레스를 받았을 때면 스트레스를 더 받을까 봐 엄마의 전화가 받기가 싫어져요." 브랜든은 아들과 관계가 멀어져서 걱정하는 어머니의 마음은 잘 알지만 이 문제를 어떻게 해결할지 잘 모르겠고 그래서 마음이 더 불편했다. 하지만 불편한 마음을 다스리기보다 어머니의 전화를 피하는 것이 더 쉽다고 생각했다. 건강한 관계를 회복하려면 어머니는 브랜든에게 스스로 해야 할 목록을 만들게 하고 지적하는 데 집중하기보다는 다른 대화를 나누는 것이 좋다.

학생들은 부모의 끊임없는 잔소리가 없어도 대학에 입학할 때쯤이면 스스로 자기 관리를 할 줄 알아야 한다. 실수로 리포트를 기한 내에 제출하지 못하거나, 내년도 기숙사 등록을 못하거나, 인턴십 지원 기한을 놓치는 일도 모두 배움의 일부다. 물론 자녀의 실패를 보는 것은 부모에게 가슴 아픈 일이다. 하지만 쉴 새 없는 잔소리 때문에 자녀와의 관계가 망가지는 것은 더 가슴 아픈 일이다.

전통적인 부모 역할은 이제 완전히 바뀌었고 오늘날의 부모는 가정, 직장, 사회에서 예전과는 다른 역할을 수행하고 있다. 통신 혁명으로 이런 역할 변화가 더욱 가속화되었다. 집에서만 통화했던 과거의 유선전화와 달리, 휴대전화는 가족들을 언제 어디서든 서로 연결해준다. 부모와 자녀 모두 즉각적인 연락을 기대하는 것도 또 다른 요인이다.

과거에는 주로 어머니에게 먼저 전화를 걸었지만 요즘 대학생들은 어머니와 아버지 중 빨리 연락할 수 있는 부모와 더 자주 통화한다. 이러한 조바심 때문에 가족 관계에서도 새로운 양상들이 나타나고 있다. 어떤 측면에서는 긍정적이다. 조사에 따르면 자녀들은 아버지와 더 자주 연락하기를 원했고 단축번호 하나로 그런 관계를 스스로 만들었다.

이제는 아버지와 자주 통화하는 딸도 많아졌고, 아버지가 어머니보다 시간 여유가 있다면 아들도 마찬가지다. 어떤 어머니는 항상 연락을 받을 수 없는 상황일 때 오히려 안심하기도 한다. 의사소통의 중심 역할에 익숙한 어머니들은 이런 변화를 불편해하기도 한다. 때로는 적응이 필요하다. 반면, 아버지들은 자녀와 대화하는 것에 좀 더 익숙해져야 한다. 앞서 언급한 사례처럼 전화를 걸거나 사랑이 담긴 문자를 보내는 데에는 몇 분밖에 걸리지 않는다.

하지만 자녀의 대학생활에 개입하는 것과 힘내라는 응원은 분명히 다르다. 매일 부모가 리포트를 체크하거나 취업 지원서에 대해 끊임없이 잔소리하는 것을 좋아하는 자녀는 없다. 대학생이 된 자녀가 독립적인 성인으로 성장하려면 자신만의 영역이 필요하고 부모는 그러한 경계를 존중해줘야 한다.

우리는 아버지들이 대학생 자녀에게 가까이 다가가기 위해 노력하고 이를 통해 자녀가 성인이 된 후에도 계속되는 유대감을 형성하기 바란다. 문자 메시지나 이메일이 편하다면 이를 활용하라. 가끔씩 전화를 하는 것도 큰 도움이 된다. 반드시 오래 통화하거나 많은 대화를 나눠야 하는 것은 아니다. "그냥 생각나서 걸었다. 어떻게 지내니?" 정도면 괜찮다.

어머니와 딸은 전통적으로 가까운 관계를 유지했다. 딸에게 친구는 많지만 어머니는 단 한 사람뿐이다. 어머니는 딸들과 가깝게 지내면서 부모의 역할을 유지할 필요가 있다. 이것은 아버지도 마찬가지다.

스스로 책임지는
자기 관리

애리조나대학은 학습이나 집중 장애가 있는 학생들을 위해서 프로그램을 운영하고 있다. 오리엔테이션에서 학부모와 학생은 서로 다른 그룹으로 나뉜다. 이제 곧 경험할 '분리'를 강조하려고 많은 대학에서 흔히 사용하는 방법이다. 그렇다고 대화가 중단되는 것은 아니다. 애리조나대학의 전략적대안교육기술센터^SALT 소장 제프 올게라 박사는 다음과 같이 말했다. "자녀와 한 시간도 떨어지지 못하는 부모들이 많아요. 헤어지자마자 자녀에게 바로 문자 메세지를 보내죠."

SALT는 입학과 동시에 학생들이 스스로 학업을 책임지도록 가르치고 학부모가 아닌 학생들에게 다양한 목록을 이메일로 보내는 등, 많은 노력을 기울이고 있다. 올게라 박사를 비롯한 센터의 직원들은 부모에게 일주일에 몇 번, 정해진 시간에만 연락하라고 요청한다. "하지만 솔직히 말해 실제로는 잘 지켜지지 않아요. 시험이 끝나면 바로 부모에게 전화하는 학생들을 숱하게 봤어요. 아직 점수도 안 나왔는데 교수에게 전화할지 말지 부모와 상의하죠.”

학습 장애가 있는 자녀를 둔 부모가 있었다. 그 부모는 자녀의 대변인이었고 아이가 대학생이 되었지만 쉽게 그 역할을 그만두지 못했다. 학생도 마찬가지로 힘들어했다. 모든 계획을 세워주고 대변인 역할을 하던 부모에게 그동안 너무 많이 의존했기 때문이다. 부모는 자신이 돌봐주지 않으면 자녀가 대학생활의 스트레스를 과연 어떻게 해결할지, 대학 내에서 다양한 기회를 제대로 누릴 수 있을지 걱정했다. 건강에 심각한 문제가 있는 자녀를 둔 부모도 마찬가지다. 난독증이나 당뇨 등을 앓고 있는 자녀를 둔 부모는 자녀의 독립성을 키워주면서 친밀한 관계를 유지하기가 다른 부모보다 훨씬 어려울 수 있다.

조아니의 아들 팀은 학습 및 심리 장애를 겪고 있으며 현재 1학년에 재학 중이다. 그는 어머니와 매우 친밀했다. 팀이 대학에 입학하느라 어려운 시간을 보내면서 더욱 끈끈한 유대감을 갖게 되었다. 팀이 아홉 살이 되던 해, 그는 자신에게 문제가 있는 것 같다고 어머니에게 털어놓았다. 팀은 침대에서 일어나 집안을 돌아다니며 이러이러한 일을 하지 않으면 도무지 잠을 잘 수가 없다고 말했다. 팀은 강박장애, 집중력 부족과 그 밖의 학습 장애 때문에 초등학교 시절을 힘들게 보냈다. 팀에게 맞는 의사, 학습 지원, 치료, 약물 요법 등을 찾으려고 조아니는 오랫동안 힘들게 주변을 수소문해야 했다. 팀이 결국 대학에 갈 수 있었던 것은 어머니의 지칠 줄 모르는 의지와 사랑, 팀의 끈기와 목표 의식 덕분이었다. 1학년이 된 팀은 교내 프로그램을 통해 수학이나 읽기 관련 치료 교육을 받고 있다.

조아니는 아들에게 하루에도 몇 번씩 전화나 문자를 보내지 않고는 견딜 수 없었다. 이제는 습관이 되었고 언제 어디서든 아들과 소통할 수 있는 휴대전화가 있기 때문에 그렇게 하면 안 된다는 것을 알면서도 전화를 걸게 된다. "팀이 혼자서 아무것도 할 수 없다고 느끼게 하고 싶지 않아요. 어려운 문제죠. 늘 고민하고 있는데 아직도 갈 길이 먼 것 같아요." 조아니의 대답에 팀은 웃으며 말했다. "저는 엄마가 너무 자주 전화하지 않았으면 좋겠어요."

조아니의 사례처럼 오랫동안 마음을 졸이며 아이를 뒷바라지했던 부모들은 휴대전화의 등장으로 이러한 습관이 더욱 강화되었다. 그럴수록 자녀와 건강한 관계를 유지하는 방법을 쉽게 터득하지 못한다. 부모는 대학이 고등학교와 얼마큼 다른지, 성인기로 이행하면서 스스로 삶의 주인이 되는 법을 어떻게 가르쳐야 하는지 미리 생각해보고 고민해야 한다.

갑작스러운 변화

특수 장애가 있는 자녀를 둔 부모는 자녀가 고등학교를 졸업하고 대학에 진학할 때 충격을 경험한다. 장애인교육법^{the Individuals with Disabilities Education Act}에 따르면 각 학군은 장애가 있는 학생이 대학에 입학할 때까지 평등한 교육을 받도록 필요한 서비스를 제공해야 한다. 각 학군은 일반 학생뿐 아니라 장애 학생들의 요구를 파악해서 충족시킬 의무가 있다. 이 법은 특히 부모가 자녀의 교육 과정에 의견을 제시할 수 있도록 보장하고 있다.

하지만 고등학교 이후에는 모든 것이 달라진다. 열여덟 살 이후로 계속해서 교육을 받는 학생들에게는 또 다른 법이 적용된다. 장애복지법 ADA, the Americans with Disabilities Act 에서는 열여덟 살 이상의 학생을 성인으로 간주한다. 대학 이전에는 학교 운영자와 학부모들이 학생들의 필요를 채워주지만, 대학에서는 학생들이 스스로 주장해야 한다. 서비스나 개선을 요구하려면 학생이 직접 필요한 서류를 대학에 제출해야 한다. 학업과 관련된 편의도 경우에 따라 다르게 제공된다. 당사자의 요구뿐만 아니라 해당 강의의 특수한 상황도 고려해야 하기 때문이다. 예를 들어, 시간제한이 없는 시험이나 재택 시험을 칠 때 교수는 장애가 있는 학생에게 시간을 더 줘야 할지 생각해야 한다.

이처럼 고등학교와 대학교의 차이는 엄청나다. 대학에서 장애 관련 컨설턴트로 활동 중인 제인 재로우 박사는 뇌성마비와 언어 장애가 있는 대학생 딸이 있다. 그녀는 이렇게 말한다. "정규교육 과정에서 학교의 역할은 장애 학생들이 학업을 성공적으로 수행하게 하는 것이죠." 하지만 고등학교 이후에는 '성공'이 아닌 '기회'를 강조한다고 재로우 박사는 말한다. 장애복지법에 따르면 장애인증이 발급된 학생들과 그렇지 않은 학생들은 동등한 교육 기회를 얻을 수 있다. 그리고 교육 관계자들은 해당 학생들에게 합당한 편의를 제공할 의무가 있다. 일반적으로 시험 시간 연장, 집중할 수 있는 시험장 환경 제공, 필기나 낭독 서비스 등의 편의가 포함되며 학생의 상태와 강의 형식에 따라 달라진다. 장애복지법은 다양한 장애를 지닌 학생들에게 어떤 서비스를 제공해야 하는지를 규정하고 있으며 여기에는 물리적 접근성이나 이동과 관련된 건축 요건까지 포함된다.

대학에서 경험하는 또 다른 대대적인 변화는 부모가 더는 자녀의 대화 채널의 일부가 되지 못한다는 점이다. 대학생이 되면 법적인 필수 사항인 개별화교육프로그램^{IEP, the Individual Educational Plan}을 작성하지 않는다. "아이가 고등학교를 졸업하기 직전까지는 부모들이 법적으로 자녀를 대신해 전문가와 상의를 하죠."

재로우 박사는 고등학교 때까지 부모가 상담사, 교내 심리 전문가, 교사나 학교 운영진들과 주기적으로 면담할 수 있다고 설명한다. 이메일과 전화를 주고받기도 한다. 자녀의 성적을 학교 홈페이지에서 확인하게 되면서 부모들은 자녀의 수업, 출석, 퀴즈 점수 등 개별화교육프로그램 실행 현황을 인터넷으로 수시로 확인할 수 있었다. 그러나 자녀가 대학에 들어가면 하룻밤 사이에 상황이 달라진다. "대학에 가면 부모는 아무런 권리가 없어요. 부모의 의견은 불필요하고 대부분 환영받지 못하죠. 부모의 동의 없이는 아무것도 하지 못하는 정규교육 과정과는 완전히 달라요. 이제는 학교가 갑자기 부모의 의견은 중요하지 않다고 이야기하죠."

대학에서는 학생의 생각이 중요하기 때문에 장애 학생들도 부모가 대신해줬던 역할을 스스로 할 줄 아는 법을 배워야만 한다.

부모들의 다양한 반응

많은 부모들은 이런 식으로 자녀의 문제에서 소외되는 것에 불만이 있으며, 가능한 방법을 동원해 문제를 해결하려는 부모도 있다. 학기가 시작되기도 전에 부모와 자녀는 전화, 문자, 이메일을 끊임없이 주고받으면서 수강신청, 교수, 편의 서비스에 대해 대화를 나눈다. 학기가 시작되면 부모들은 자녀의 리포트와 시험을 걱정하기 시작한다. 아침마다 침대에서 꽹과리를 두들기지 않아도 자녀가 제때 일어나 아침 강의를 들으러 가는지 알 수 없기 때문에 걱정은 더욱 늘어난다. 어떤 부모는 너무 성급하게 반응한다. "미적분에서 C-를 받았다고? 내일 당장 교수님과 통화해야겠다! 너에게 시간을 충분히 주신 게 확실하니?"

부모의 개입이 적절할 때도 있지만 장기적으로 보면 도움이 되지 않는다. 자녀가 스스로 행동하도록 유도해야 할 시점을 알고, 혼자서 문제를 해결하도록 하는 것이 훨씬 더 효과적일 수 있다. "C-를 받아서 실망했겠다."라고 먼저 말을 꺼내면서 자녀가 어떻게 반응하는지 살펴보라. 자녀를 격려하고 이야기에 귀를 기울이되 스스로 문제를 파악하고 해결책을 세우도록 유도하라.

과외 교사를 통한 도움

조바심이 난 부모들은 더 적극적으로 나서기도 한다. 과외 교사를 고용하는 부모도 있다. 하지만 자녀가 제대로 따라주지 않으면 엄청난 실패로 이어질 수도 있다. 경쟁률이 매우 높은 한 문과대학의 1학년 담당

학과장이 그러한 사례를 들려주었다.

학습 장애인 아들을 위해 과외 교사를 고용한 부모가 있었다. 하지만 아들은 강의 내용을 과외 교사에게 자세히 설명하지 않았다. 부모는 이 사실을 확인하고 아들과 함께 강의를 듣는 학생에게 필기 내용, 강의계획서, 과제물 등을 과외 교사에게 전달해달라고 요청했다. 학과장에 따르면 그 동료 학생은 "그의 부모님은 항상 저에게 전화해요. 선물을 보내면서 과외 교사를 고용한 사실을 비밀로 해달라고 당부하세요."라고 말했다고 한다. 학과장과 대학 관계자들은 해당 과외 교사가 학생 대신 리포트를 썼을 것으로 추측했지만 증거를 찾지 못했다. 학과장은 부모에게 얘기를 꺼냈고 결국 학생은 부모의 행동에 부끄러움을 느끼고 자퇴해버렸다.

과외 교사를 통해 도움을 주는 것이 잘못된 일은 아니다. 특히 학생이 동의한다면 큰 문제가 되지 않는다. 하지만 과외 교사 도움을 받는 일을 본인이 선택해야 한다. 그래야지만 그 결과에 대해 스스로 책임질 것이다.

부모가 해줄 수 있는 가장 좋은 방법

어떤 부모는 고등학교 때처럼 직접 과외 교사 역할을 대신하기도 한다. 리포트를 다시 써주고, 자녀가 시험 준비를 잘하는지 체크하고, 강의를 보충해주는 등 기본적인 역할을 하면서 자신도 모르게 선을 넘는다. 부모는 그러한 도움이 자녀가 높은 학점을 받는 데 도움이 된다고 생각한다. 하지만 그 학점은 학생의 것이 아니다. 그렇게 공부하면 학생의 머릿속에 아무것도 남지 않는다. 대학에서도 부모가 계속 과외 교사 역할을 하면서 모든 문제에 일일이 개입한다면 장기적으로 볼 때 자녀는 더 큰 피해를 입을 수도 있다.

부모가 자녀를 돕는 가장 좋은 방법은, 대학 입학 전에 문제 해결을 도와줄 사람을 찾고 부모의 도움을 서서히 줄이는 것이다. 자녀는 대학에 입학하기 전에 도움을 받을 수 있는 교내 서비스를 미리 알아둬야 한다. 그리고 자녀가 기관이나 담당자에게 도움을 요청하도록 알려주어야 한다. 대학만큼 적극적으로 학생의 작문이나 학습 능력을 강화시키는 곳도 드물다. 자녀의 학점이 낮게 나오더라도 그냥 내버려두는 것이 낫다. 자녀가 성장할 수 있는 기회를 박탈하는 것은 결국 자녀의 발목을 붙잡는 것이다.

계속되는 부모의 전화

부모들의 또 다른 전략은 학교 관계자들이 원하든 원하지 않든, 학교에 전화해서 일일이 간섭하는 것이다. 장애 학생을 담당하는 교수나 학사 관리처장 등 모든 대학 직원들은 학기가 시작하기 훨씬 전부터 걱정스러운 목소리로 질문하는 수많은 전화와 이메일을 받는다. 하지만 학교는 부모들의 질문에 일일이 답변하기보다 학생들의 의견을 직접 듣기를 원한다. 대학 운영진들은 부모가 학생의 학점이나 학업 문제에 대해 상의하는 것이 가족의 교육권리 및 사생활보호법^{FERPA}에 위반되지 않을까 염려한다. 해당 법에서는 18세 이전에는 학생들의 교육 기록에 관련된 권리가 부모에게 있지만 18세 이후에는 학생에게 그 권리를 이양한다고 규정하고 있다.

FERPA에 따르면 부모들은 자녀가 동의해야지만 학업 기록을 조회할 수 있다. 또한 자녀가 부모의 세법상 부양가족으로 확인된다면 의무 사항은 아니지만 부모에게 조회를 허락할 수 있다. "교수진과 운영진은 학생들과 직접 학업에 대해 상의하지만, 최근 부모들의 개입이 어느 정도인지 잘 알기 때문에 FERPA를 위반하지 않는 범위 내에서 부모들의 요청에 가급적 응하는 쪽으로 바꾸고 있어요." 애리조나대학 법무 자문위원이자 FERPA 전문가인 낸시 트리벤시는 이렇게 말했다. "대학마다 교칙이 다르지만 일반적으로 교무과장이나 학생처장은 부모의 질문에 답변을 해줍니다. 우리는 대학에 입학하기 전에 부모와 자녀가 이 문제를 놓고 서로 의견을 나눠보라고 권하고 있어요."

장애복지사들은 부모의 불안을 어느 정도 이해한다. 하지만 너무 지나치게 문의한다면 원하는 답변을 제대로 듣지 못할 것이다. 대부분의 대학 관계자들은 긴급한 상황에서는 가능한 빨리 응답을 한다. 하지만 극성을 부리면 진짜 위기 상황인지 아닌지 구별하기 어려울 것이다. 카네기멜론대학에서 장애 학생의 평등을 보장하는 업무를 총괄하는 래리 파월은 부모들에게 이렇게 말하곤 한다. "자녀를 지나치게 보호하면 주변 사람들이 피곤해지고 오히려 역효과가 납니다."

적절한 선에 멈추는 것을 힘들어하는 부모도 있다. 지금까지 부모가 적극적으로 개입해서 자녀를 대학에 보냈는데 지금 와서 갑자기 물러서야 할 이유를 모르겠다는 것이다. 반면에 대학은 부모들이 한 걸음 물러서야 학생들이 스스로 의견을 내놓는 방법을 배울 수 있다고 말한다. 부모도 마찬가지지만 대학이 말하는 방법을 터득하는 데에는 좀 더 시간이 필요하다. 자신들이 물러나면 자녀가 대학생활에 적응하지 못할 것이라고 걱정하는 부모도 있다.

부모가 반드시 기억해야 할 기본적인 생각은 이렇다. 고등학교와 대학교는 전혀 다르다. 부모들은 이런 상황을 인식하고 미리 계획을 세워야 한다. 고등교육 및 장애협회의 스테판 햄린 스미스 회장은 다음과 같이 지적한다. "부모가 자녀의 대학생활을 도와주는 가장 좋은 방법 중 하나는, 대학의 규율과 운영 방식이 이전과 얼마나 다른지 이해하고 자녀가 대비하도록 알려주는 것입니다."

대학에서 제공하는 다양한 서비스

대학마다 학생들에게 제공하는 지원 서비스의 종류와 형식이 다르므로 학교를 선택하기 전에 미리 각 대학의 지원 서비스를 확인해두는 것이 좋다. 공통으로 제공되는 서비스도 있지만 학교마다 조금씩 다르다. 대학 장애우지원센터협회의 조지 예시엔 회장은 이렇게 말한다. "당연히 학교 측에서는 장애 학생의 시험 시간을 연장해주지만 학생에게 필요한 모든 지원과 서비스가 제공되는 것은 아닙니다. 지원이 절대적으로 부족하다는 이야기를 많이 듣죠. 학생들이 필요한 서비스를 직접 문의하고 적극적으로 요구하는 것이 좋습니다."

학기가 시작되기 전에 학생들은 캠퍼스나 근처에서 적절한 도움을 받을 수 있는 방법을 미리 파악해야 한다. 학습 장애가 있는 학생들은 교내 강사, 작문센터, 필기 서비스, 학습 방법 강좌 등을 통해 도움을 얻을 수 있으며 학교의 장애복지센터에 문의하면 안내받을 수 있다. 또한 응당 받아야 할 지원 서비스를 제대로 받지 못할 경우 장애복지사에게 이를 알리도록 교육받아야 한다. 교수들은 학생에 대해 제한된 정보만 받을 수 있으며 정규교육 과정 K-12, 유치원부터 고등학교까지의 의무교육 과정 교사와 달리 별도로 장애 학생에 대한 교육을 받지 않는다. 대학에서는 장애복지사가 이러한 역할을 담당한다.

장애 학생들은 상태의 심각성에 따라 교내 상담소나 보건센터의 도움을 받을 수 있다. 당뇨나 간질 등을 앓고 있는 학생은 기숙사 사무실에 이 사실을 알리는 것이 좋다. 학교 안에 있는 다양한 학생 지원 단체의 도움을 받는 것도 고려해야 한다.

부모는 자녀가 스스로 자신의 건강과 행동에 책임지도록 가르쳐야 하고 자녀를 도울 방법을 미리 생각해야 한다. 예를 들어, 인슐린이나 기타 약값 비용을 보험사에 청구하기 위해 서류를 대신 제출해줄 수 있다. 하지만 식단 관리와 주기적인 운동으로 건강을 유지하고, 의사나 상담사와 약속을 잡고 진료를 받는 것은 자녀가 스스로 처리하게끔 해야 한다. 입학 전에 이러한 역할 분담이 확실하다면 입학 후 자녀와 갈등이 줄어들 것이다.

예전부터 다녔던 병원이나 의사와 계속해서 진료를 받을 수도 있지만 달라진 환경에서 도움을 받을 수 있는 새로운 병원이나 의사를 알아두는 것이 좋다. 예를 들어, 당뇨가 있는 학생은 혈당 측정기를 분실하거나 인슐린이 떨어졌을 때 도움을 받을 수 있는 가까운 곳을 알아야 한다. 대학 근처의 약국 위치를 미리 파악해두면 좋을 것이다.

대학 상담사나 학습 전문가와 직접 대화하는 것도 도움이 된다. 학생들은 상담이나 학습지원센터에서 어떤 도움을 받을 수 있는지 알아야 한다. 학생이 필요한 도움을 해당 센터에서 제공하지 않으면 도움을 줄 수 있는 지역 내 다른 기관을 안내받을 수도 있다. 암 같은 중병을 겪고 회복기에 있는 학생들은 혹시 모를 위급 상황에 대비해 인근에 있는 의사를 미리 찾는 것도 좋다. 자녀에게 문제가 생겼다고 의심되는 상황이 발생했을 때를 대비해 부모들은 연락이 가능한 학생 지원 담당자를 확인하고 미리 연락처와 이메일을 알아둬야 한다. 룸메이트나 친구의 연락처를 받아두는 것도 좋다. 정말 심각한 위기 상황이 아니면 그들에게 연락하는 것을 가급적 자제해야 하지만 문제가 생기면 친구들의 연락처가 있어 다행이라고 생각할 것이다.

진정한 독립의 의미

첫 학기는 엄청난 과도기다. 일반 학생들과 약간 다른 의미일 수도 있지만 장애 학생들에게도 대학은 처음으로 독립적인 생활을 경험하는 시기다. 이전에 부모에게 전적으로 의지했던 학생들이 입학 후 부모를 밀어내기도 한다. 이제 스스로 삶을 책임질 때라고 인식하는 것이다. 하지만 부모는 자녀를 쉽게 놓아줄 수 없다. 부모는 자녀를 놓지 못하고 자주 연락하며 개입하고 싶은 욕구가 생길 때 과연 누구를 위한 것인지 깊이 고민해야 한다. 대학 진학 후 부모로부터 독립한다는 것은 이제부터 자신들의 교육 관련 기록이 부모에게 보고되지 않아 사생활이 보장되거나 부모가 원하는 만큼 자주 전화를 걸지 않아도 된다는 뜻이기도 하다.

클라크대학의 학사지원 차장 겸 장애복지 담당관 제인 데이그놀트는 적절한 개입에 대해 학생과 부모가 얼마나 생각이 다른지 너무나 잘 알고 있다. 학습 장애가 있는 한 학생은 입학 전에 외국에서 1년을 보낸 적이 있다. 그때 그의 부모는 데이그놀트 차장에게 이메일과 전화를 걸어 아들이 학습 장애가 있는데 어떤 지원을 받을 수 있는지 수도 없이 물었다. 대학에 들어온 후 그 학생은 데이그놀트 차장과 면담을 하면서 부모에게 자신의 기록을 조회하도록 권리를 위임하는 FERPA 권리 포기서에 서명하지 않겠다고 말했다. 외국에서 1년 동안 생활하면서 자신의 삶에 책임지는 법을 배웠고, 이제는 혼자 힘으로도 충분히 대학생활을 할 수 있다고 말했다. 하지만 함께 면담했던 학생의 어머니는 큰 충격을 받았다. "어머니가 '매일 전화할 거야.' 라고 말하자 아들은 '매일 받지는 못할 거예요.' 라고 대답했죠. 어머니는 속상해서 눈물까지 보였어요. 아버지가 나서서 이메일이나 문자를 보내면 안 되겠느냐고 설득했는데 아들은 결국 거절했어요."

그 학생은 이미 독립적인 존재로 서고 있었고 예전으로 돌아가고 싶어 하지 않았다. 결국 데이그놀트 차장이 나서서 일주일에 두 번 집에 전화하는 것으로 타협점을 찾아주었다. "일 년 동안 매주 면담을 했죠.

그 학생은 부모가 예전처럼 매일 자신을 쫓아다니며 개입하는 것을 원하지 않았어요. 대신 저와의 면담이 더 도움이 된다고 생각했죠."

부모의 우려와 달리 이 학생은 혼자서도 잘해냈다. 그것도 아주 훌륭하게 해냈다. 그러나 해피엔딩으로 끝나지 않을 때도 있다. 특히 부모가 자녀의 장애를 걱정해서 끊임없이 연락하며 도움을 주고 싶었는데 자녀가 그 도움을 거부하는 경우가 그렇다. 제이슨이 바로 그랬다. 제이슨은 다섯 살 때 주의력결핍 과잉행동장애[ADHD] 진단을 받았고 약물 치료를 받았다. 제이슨의 어머니는 이렇게 말했다. "자녀가 ADHD라면 부모는 아이를 잘 조절해야 해요. 하지만 아들의 마음에 점점 분노가 쌓이는 것 같았어요."

제이슨은 경쟁률이 높은 문과대학에 입학할 정도로 공부를 잘했다. 이 대학은 제이슨 같은 학생들에게 다양한 지원을 해주었다. 제이슨과 부모는 교내 장애복지센터를 찾아가 매주 일대일 면담을 했고, 제이슨이 시간을 관리하고 학습량을 조절하도록 도왔다. 하지만 추수감사절 직전, 제이슨은 약을 제때 복용하지 않고 면담에 불참하기 시작했다. 부모에게 자신이 정말 ADHD가 있는지 따지기도 했다. 대학에 입학하기 전에도 부모와 이 문제로 자주 다투었다. 제이슨은 부모와 일주일에 두 번 전화를 하거나 화상 채팅을 하기로 약속했지만 그것마저도 지키지 않았다.

걱정이 된 부모는 장애복지사에게 전화했고 부모의 끈질긴 요청으로 장애복지사는 제이슨을 찾아갔다. 그리고 즉시 부모에게 전화하도록 설득했다. 추수감사절 후 다시 전화가 없자 부모는 장애복지센터로 전화를 걸어 아들이 강의에 출석하고 있는지 물었다. 센터에서는 그렇다고 확인해주었지만 그 외의 정보는 알려주지 않았다. 수백 마일 떨어진 곳에서 제이슨의 부모는 마치 아들을 잃어버린 것 같았다. 3주 동안 전화도 문자도 이메일도 없었다. 결국 부모는 기숙사 경비실로 전화를 걸었고 직원이 제이슨의 방으로 직접 찾아갔다. 제이슨은 방에 있었는데 적어도 겉으로는 아무 문제가 없어 보였다.

제이슨은 한 과목은 수강을 취소하고, 한 과목은 낙제하는 등 학기 성적이 좋지 않았다. "제이슨은 더는 못하겠다고 생각했지만 우리 앞에서는 그 사실을 인정하지 않았어요. 최대의 위기였죠." 대학에서 제공하는 수많은 지원을 아들이 제대로 활용하지 못하는 모습을 보고 어머니는 좌절감을 느꼈다. "아들이 좀 더 성숙했으면 좋겠다고 생각했어요." 부모는 아들에게 집으로 돌아와 집 근처 대학에 다닐 것을 권유했고 그곳에서 제이슨은 다행히 어느 정도 나아진 모습을 보였다.

제이슨의 부모는 아들이 이전 대학에서 문제를 일으켰을 때 좌절감을 느꼈다. "학생들을 성인이라고 생각하는 대학도 문제예요. 말도 안 되죠. 아들은 장애가 있는 열여덟 살 아이에 불과한 걸요. 대학에서는 '제이슨, 어제 왜 출석하지 않았니?' 라고 묻는 일이 없잖아요."

대부분의 대학은 학생들이 스스로 의지가 있거나 결과를 받아들일 준비가 되었다면 부모나 교수의 도움 없이 스스로 강의에 출석해야 한다고 생각한다. 장애 학생들은 그러한 책임을 받아들일 준비가 될 때까지 대학 진학을 연기하거나, 결석이 쉽게 눈에 띄고 학생의 특권이 용인되지 않는 소규모 대학을 다니는 것도 좋은 방법이다.

어떤 대학에서든 결과를 받아들이는 법을 배우는 것은 성장의 한 과정이다. 이렇게 먼저 한계를 정하고 시도하는 것은 드문 일이 아니다. 특히 대학에서 처음으로 스스로 선택할 기회가 주어지는 장애 학생이라면 더욱 그렇다.

부모가 너무 많은 역할을 한다면 자녀는 스스로 책임지는 방법을 배우지 못한다. 제이슨은 자신의 장애 진단에 의문을 제기했고, 대학에 온 후로 더욱 의심하게 되었다. 자신의 진단 기록을 상담사나 의사와 다시 검토하거나 추가 검사를 고려했다면 도움이 되었을 것이다. 그러나 제이슨은 자신의 상태를 정확히 알지 못했고 새로운 자유 속에서 효과적으로 공부하는 방법을 찾지 못했기 때문에 대학생활에 적응할 수 없었다. 그는 결국 집으로 돌아가야 했고 제이슨과 부모 모두 첫 대학생활에서 아픈 기억을 갖게 되었다.

자녀도 알아야 할 진단 결과

부모와 마찬가지로 자녀도 자신의 진단 결과를 받아들여야 한다. 가장 이상적인 것은 대학에 가기 전에 그 과정을 거치는 것이다. 가끔씩 학생이 버틸 수 있는 이상으로 공부량이 많아질 때에야 학습 장애 증상이 나타나기도 한다. 호퍼 박사가 미시간대학에서 대학원생들을 대상으로 강의할 때였다. 한 신입생이 강의 중에 실시한 읽기 시험에서 아주 낮은 점수를 받았는데 무척 안심하며 좋아했다. 고등학교 때 읽기 과제를 끝내는 데 다른 친구들보다 두 배나 시간이 걸렸던 이유를 이제야 알겠다는 것이었다. 대학에서는 충분한 시간을 주지 않았기 때문에 이 학생은 뒤처지기 시작했다. 그 후, 그 학생은 학습센터나 독해능력센터를 소개받아 도움을 받았다.

오늘날 학습 장애를 겪는 대학생의 수는 그 어느 때보다 많아졌지만 친구나 대학 관계자에게만 그 사실을 알린다. 새로운 대학 환경에서 자신이 어떻게 대처하는지 경험해보고 싶다는 학생도 있다. 장애복지사에게 관련 서류를 제출하기 전에 먼저 겪어보고 결정하겠다는 학생도 있다.

성인기로 막 진입하는 청소년이 장애 진단 결과를 받아들이기가 쉽지 않다. 부모가 모순적인 입장을 취한다면 더욱 어렵다. 어떤 부모는 자녀의 장애를 대단치 않게 여기면서 자녀에게 자세한 내용을 알려주지 않는다. 심지어 자녀의 학습 장애를 밝히는 가정에서조차도 자신의 장애가 정확히 무엇인지, 어떤 도움을 받아야 하는지 알지 못한다. "자녀를 보호하려고 진단 결과를 보지 못하게 하는 부모도 있어요." 미들베리대학의 장애복지법 담당관 조디 리치필드는 이렇게 말했다. 교내 장애지원센터에서 자신의 서류를 보고서야 장애를 처음으로 자세히 알게 된 학생도 있었다.

혹시라도 자녀가 불리한 대우를 받을까 염려하는 부모는 대학에 그러한 사실을 숨기려고 한다. 하지만 결국 자신의 문제를 공개하고 법적으로 도움을 받는 것이 훨씬 낫다는 것을 깨닫게 될 것이다.

묵묵히 지원해주는 역할

대학에서는 학부모와 학생의 중간 입장에서 서로 다른 요구를 충족시키려 노력한다. 많은 장애복지사, 강사, 치료사, 의사들은 의도적으로 부모와 가까운 관계를 유지한다. "하지만 우리의 일차적 대상은 학생들이에요. 우리가 자신의 문제를 부모와 상의한다고 생각하면 더는 학생들과 생산적인 관계를 유지할 수 없어요." 애리조나대학의 **SALT** 프로그램을 주관하는 올게라 박사는 이렇게 말한다.

올게라 박사는 학생들의 노트 정리, 시간 관리, 학습 능력 증진을 돕는 프로그램을 주관하고 있다. 심리 상담을 받는 학생들의 경우 특히 그렇다. 학생이 자신이나 타인에게 위협적이지 않는 한, 일반적으로 의사와 상담사는 학생의 동의 없이 부모와 대화하지 않는다. 학생이 동의한다면 부모의 의견을 참조할 수 있지만 대체적으로는 부모와 자세한 내용을 논의하지 않는다.

올게라 박사를 비롯해 우리가 인터뷰한 전문가들은 학생의 현행 학습, 상담, 또는 기타 치료에 적극적으로 개입하기보다는 묵묵히 지원하는 것이 자신들의 역할이라고 생각한다. 자녀의 고등학교 교사나 담당 의사와 가까운 관계를 유지했던 부모는 갑작스러운 이러한 거리감이 낯설 수도 있다. 하지만 사춘기와 대학 초년생은 분명히 다르며 장애 학생도 마찬가지다.

주인의식 갖기

여러 대학의 학과장과 장애복지사들의 인터뷰에 따르면, 자신의 건강이나 학습 장애 문제를 스스로 관리하는 학생들은 그렇지 않은 학생들보다 성취도가 높은 것으로 나타났다. 루이지애나주립대학에 다니는 헤더는 초등학교 때 ADHD 진단을 받았으며 아직도 어려움을 겪고 있다. 전문가의 도움, 약물치료, 자신의 의지를 통해 헤더는 이러한 문제에 대처하는 법을 배웠다. 부모의 수용적인 태도도 큰 도움이 되었다. 중학교 때 학습 능력을 키우려고 많은 도움을 받았는데 대학에 들어와서 이것이 귀중한 자산이 되었다. 헤더는 자신의 학습 효과가 가장 큰 때를 파악해 거기에 맞추어 계획을 세운다. "이번 학기는 오전 7시 반부터 12시 반 사이에 강의스케줄을 잡았어요. 저에 대해 잘 알기 때문이에요. 대부분 저녁 9시에 잠이 들고 새벽 4시에 일어나 공부해요. 저는 아침에 한 시간 공부하는 것이 저녁에 두 시간 공부하는 것보다 효과적이니까요."

헤더의 아침형 일과에는 단점도 있다. 다음 날 아침 7시 반에 강의가 있으면 다른 학생들처럼 파티에 갈 수가 없다. 하지만 자신의 결정에 만족한다. "엄마의 도움을 받아서 찾게 된 공부 방법이에요. 저는 학습 장애가 있고 체력이 별로 좋지 않아요." 고등학교 때 테니스를 배우며 체력을 길렀던 헤더는 이제 킥복싱과 조깅 등을 통해 집중력을 키운다. "두 시간 공부한 후 조깅을 하면 한 시간 더 공부할 수 있어요." 헤더는 노트 정리가 어려웠기 때문에 미적분은 보라색으로 표시하는 등, 중학교 때부터 모든 노트와 과제를 색깔별로 분류했다.

전문직에 종사하는 그의 부모는 처음에 헤더가 좀 더 소규모 대학에 가기를 바랐지만, 그는 루이지애나주립대학 진학을 원했다. 부모는 헤더가 독립적으로 생활할 수 있도록 많은 노력을 기울였다. "헤더가 제대로 공부하지 않는 것 같으면 상담 교사와 약속을 잡았어요. 그러면 상담 교사가 우리를 대신해서 헤더를 타이르죠. 우리가 직접 개입하지는 않았어요." 대학에 입학하기 전에 부모는 헤더가 대학생활에 실질적으로 필요한 것을 미리 준비할 수 있도록 도왔다. 부모는 옷과 책을 살수 있는 충분한 돈을 주고 헤더가 계획해서 지출하도록 했으며 수표 결산 법도 가르쳐주었다.

헤더는 한 달에 한 번 집에 가고 일주일에 네 번 부모와 통화한다. 최근에는 웹캠으로 강아지를 보거나 아버지에게 문자 메시지를 받기도 한다. "'좋은 하루 되렴. 싸랑해!' 라는 아빠의 메시지를 보면 정말 귀여워요." 어머니는 대부분 헤더가 먼저 전화한다고 말했다. "헤더는 상당히 독립심이 강해요. 저는 헤더가 매일 어떻게 지내는지 잘 몰라요." 부모는 점점 독립심이 강해지는 딸의 모습을 자랑스러워했다. 물론 처음에는 쉽지 않았다. 첫 학기를 보내면서 헤더는 그리움에 시달렸고 낙제를 간신히 면한 과목도 있었다. 불행히도 강의가 오후 늦게 있었기 때문이다. 부모는 헤더가 스스로 문제를 해결하도록 했고 자신들은 조언을 하거나 방법만 알려주었다. "우리는 정신적인 지주 역할만 하기로 했어요."

헤더는 자신을 지킬 줄 알았고 매주 스터디 모임에 참석하는 등 가능한 모든 방법을 동원해 문제를 해결했다. 여전히 **ADHD** 때문에 힘들어했지만 대학생활에 적응하려고 많은 노력을 기울였다. 헤더는 자신에 대해서도 많이 배우고 있다. "아직 증상을 완전히 파악하지 못했고 여전히 탐색 중이죠. 스스로 문제를 처리하려면 자신에 대해 잘 알아야 한다는 것을 깨달았어요." 헤더의 부모는 딸이 대학생활을 잘하도록 미리 대비시켰다.

모든 학생들은 금전 관리 교육을 받아야 한다. 특히 학습 장애가 있는 학생들에게 이 문제는 매우 중요하다. 앞서 살펴본 팀은 계좌에 잔액이 부족하면 어머니로부터 수없이 전화를 받는다. 팀은 대학에 가기 전에 **ATM** 카드를 사용하거나 자신의 계좌를 관리하는 연습을 전혀 하지 않았다.

카네기멜론대학의 래리 파월은 다음과 같이 말한다. "장애가 있는 자녀를 둔 부모가 빠지기 쉬운 함정이 하나 있어요. 대학 입학 전에 스스로 장애에 대처하는 법을 배울 기회를 주지 않는다는 겁니다. 자녀가 갑작스럽게 독립을 원하는데 독립할 준비가 전혀 안 되어 있고 부모도 똑같은 상황을 맞게 되죠. 단계적인 접근이 필요합니다."

때로는 학생들 스스로 이런 단계적인 접근을 선택하기도 한다. 여섯 살 때 **ADHD** 진단을 받은 샘은 약물치료와 부모의 도움으로 학교생활을 했다. 하지만 고등학교 3학년 때부터는 자신의 창의성에 영향을 준다고 생각했기 때문에 약물치료를 거부했다. 샘은 당시 교내 즉흥극 팀에서 연기하는 것을 너무나 좋아했다. 자신에게 **ADHD** 장애가 있다는 생각은 전혀 들지 않았다. 장애를 극복했다는 기분이 들었다.

부모는 걱정이 됐지만 담당 심리학자와 대화를 나눈 후 고등학교 졸업 전에 약물치료를 중단하는 것이 낫겠다고 판단했다. "약물치료를 중단하려면 분명한 성과가 있어야 한다고 아들과 약속했죠. 약속의 일환으로 샘에게 에드워드 할로웰의 책《Driven to Distraction 주의력 산만》을 5장까지 읽게 했어요." 놀랍게도 샘은 부모의 기대를 충족시켰다. 하지만 힘든 대학생활이 여전히 걱정스러웠다. "대학에 갈 때 ADHD 치료제 한 통을 보내려고 했죠." 그러나 샘은 받지 않았다.

샘은 평균 4.0의 학점을 받았고 대학에서도 높은 성취도를 보였다. 스스로 강한 의지를 가지고 관심이 있는 심리학을 공부했고 즉흥극에 참여해서 큰 도움을 받았다. 샘은 전통적인 치료 방식을 택하지 않았지만 주도권을 갖고 자신이 가진 모든 것을 활용해 부족한 부분을 채우고 성과를 이루었다.

당뇨나 건강 문제가 복잡한 학생들은 대학 입학 훨씬 전부터 적응을 위해 노력해야 한다. 조슬린당뇨센터 소아청소년과 과장 로리 라펠 박사는 다음과 같이 설명한다. "당뇨는 스스로 해결할 수 있는 문제가 아니에요. 주변의 도움이 필요하죠. 부모의 지속적인 도움이 절대적으로 중요해요. 하지만 자녀가 성장하려면 스스로 책임져야 해요."

조슬린센터를 찾는 학생들은 고등학교 3학년 내내 대학에서 겪게 될 변화에 대해 상담을 받는다. 이런 상담 과정에서 부모는 핵심적인 역할을 하면서 대학에 입학한 자녀를 어떻게 도와야 할지 미리 파악해야 한다. "자녀가 부모에게 '내가 어떻게 도와주면 좋겠니?' 라고 묻도록 해야 해요. 부모가 무엇을 원하는지는 중요하지 않아요. 부모한테 말은 적게 하고 많이 들으라고 조언하죠."

자녀가 원하는 것이 바뀔 수 있기 때문에 이러한 대화는 계속해서 이루어져야 한다. 앨라배마대학에 다니는 수잔은 당뇨 환자다. 그녀는 당뇨를 앓는 다른 학생들에게 고등학교 때부터 스스로 책임지는 연습을 하라고 조언한다. "본인이 직접 처방을 받아오고, 진료 시간을 예약하고, 혼자서 병원에 가고, 혼자 장을 보는 방법을 익히는 것이 좋아요. 아주 간단한 일 같지만 사실 대학에 가기 전에는 관심이 없었어요. 물론 부모님이 대신해주면 좋지만 자신도 어떻게 하는지 알고 있어야 해요." 심리 장애나 기타 건강 문제가 있는 학생들도 마찬가지다. 혼자 진료 시간을 예약하고 처방을 받아오는 것이 본인에게도 도움이 된다.

미리 계획을 세우라

학기 중에 언제, 어떻게 연락을 주고받을지 미리 계획을 세우는 것이 특히 중요하다. 자녀가 대학에 입학하기 전에 서로 배려하는 마음으로 대화를 나눈다면 현실적인 계획을 세우는 데 도움이 될 것이다. 부모는 자녀가 무엇을 걱정하는지 먼저 듣고, 다음에 자신의 생각을 말하는 것이 좋다.

부모의 인생에서 자녀의 대학 입학이 큰 전환점이 된다는 것을 이해한다면 자녀는 부모의 생각을 더 잘 이해할 수 있을 것이다. 서로의 감정을 이해하고 존중하는 것은 성인으로 성장하는 과정이다.

전화를 너무 자주 하면 새로운 대학생활을 걱정하는 부모의 불안한 심리가 그대로 전해질 수 있다. 불안감은 이해하지만 부모 스스로 조절하는 법을 배워야 한다. 너무 힘들다면 전문가의 도움을 받는 것도 한 방법이다.

건강에 심각한 문제가 있는 자녀라면 더 자주 연락하고 싶겠지만 가능한 선을 넘지 말아야 한다. 예를 들어, 사춘기나 초기 성인기의 생리적, 감정적 변화 때문에 당뇨 증세가 이전보다 더 심해질 수 있다. 학업, 운동, 친목 도모 등 할 일이 많아도 심해질 수도 있다. 이러한 증세는 환자마다, 병의 상태에 따라 모두 다르다.

라펠 박사는 대부분 질병이 그렇듯이 병 상태와 환자의 전체적인 건강 상태에 따라 도움의 수준을 결정해야 한다고 말한다. "부모와 자녀 양쪽 모두가 행복하고 건강한 조합을 찾아야 합니다."

물론 상태가 좀 더 안정적인 학생들은 그만큼 자주 연락할 필요가 없고 부모의 신뢰를 통해 상태가 나아질 수 있다. 부모는 자녀가 스스로 삶을 꾸릴 수 있다고 믿어야 하며, 필요하면 도움을 줄 수 있다고 알려줘야 한다. 이때는 자녀들이 성인기로 이행하는 시기이며 대학에서 제공하는 모든 도움을 활용해 스스로 장애, 문제, 질병에 대처하는 기회가 될 수도 있다. 자녀에게 먼저 적절한 연락 방법과 횟수를 물어보고 자녀가 무엇을 원하는지 잘 모르겠다고 대답하면 주저하지 말고 질문하라. 안심이 필요한 사람이 부모인지 아니면 성장하는 자녀인지 생각해보고 자녀의 의견을 먼저 존중하라.

실패로부터 배우기

많은 부모들은 장애가 있는 자녀의 눈앞에 보이는 평탄치 않은 길을 가능하면 피하도록 돕고 싶을 것이다. 때로 학생이 작은 길을 걸어가더라도 최고의 길을 걷도록 도와주고 싶을 것이다. 자녀의 건강이 위중하지 않다면 교수나 학과장에게 수없이 전화하고 이메일을 보내면서 모든 것을 보살피는 것은 바람직하지 않다.

오레 박사는 이렇게 말한다. "때로는 학생이 실패를 경험하도록 내버려두어야 합니다. 부모가 모든 문제를 막아줄 수는 없어요. 좋은 날도 있고 궂은 날도 있기 마련이죠. 아이에게 문제가 생길 때마다 매번 수화기를 들고 전화한다면 어떻게 문제 해결 능력을 키울 수 있겠어요? 오히려 아이의 발달에 방해가 됩니다. 자녀는 언제나 부모가 도와줄 것이고 자신을 대신해서 문제를 해결해준다고 생각할 겁니다. 부모는 장애 때문에 아이가 스스로 문제를 해결하지 못한다고 생각하죠. 하지만 전혀 그렇지 않습니다." 만약 자녀가 아직 이러한 문제를 처리하는 방법을 모른다면 배울 수 있는 시간을 주어야 한다.

장애 학생들은 고등학교에서 대학으로 이행할 때 상당한 적응기간이 필요하다. 이상적인 방법은 대학 입학 훨씬 전부터 계획을 세우는 것이다. 햄린 스미스 총장에 따르면, 학습 장애가 있는 학생은 중학교 때부터 학습 능력이 떨어지는 상황에 대처하는 법을 배우도록 교내 상담회에 참여시킨다. 고등학교 때 그런 상담회에 실제로 참여하는 것이 좋다. 당뇨 전문가 라펠 박사에 따르면, 정신적 질환이나 당뇨 등 신체적 질환이 있는 학생은 자신의 건강 상태를 스스로 책임지도록 단계적으로 변화를 줘서 대학 진학이 '혁명'이 아니라 '진화'가 되도록 해야 한다고 말한다. 미리 준비한다면 자녀가 대학생활에 더 잘 적응할 것이다. 장애가 있는 대학생 자녀를 둔 부모는 자신의 역할이 무엇인지 다시 생각해야 한다.

부모는 자녀의 공식 대변인이 아니다. 어떤 부모든지 자녀가 스스로 필요한 도움을 얻도록 용기를 북돋아줘야 한다. 아직 그 단계가 아니라면 자녀는 자신의 장애에 대처할 방법을 배워야 한다. 어떤 상황에서 상태가 악화되는지, 어떤 서비스가 가장 도움이 되는지, 학교 안이나 인근에서 어떤 도움을 받아야 하는지를 파악해야 한다. 자녀들은 교수진, 장애복지사, 상담사, 룸메이트에게도 이러한 문제를 정확하게 이야기해야 한다.

부모는 자녀의 상태와 요구를 고려해서 함께 상의하며 미리 계획을 세워야 한다. 마찬가지로 부모가 자녀의 성장을 돕기 위해 무엇을 말하고 어떻게 자녀의 말을 경청하는지 배우는 것도 중요하다.

자녀를 돕는
솔직한 대화

자녀가 정신 장애가 있든 아니든 간에, 대학생 자녀를 둔 가족들은
모두 기본적인 정신건강 문제를 알아두는 것이 좋다.
특히 정신건강이 이상하다는 진단을 받은 아이들은
자신의 질병이 어떤지 교내에서 어떻게 도움을 받을 수 있는지
정확하게 알아야 한다.

요즘 대학생들은 룸메이트, 팀원, 또는 같은 수업을 듣는 친구 중에 정신적으로 문제를 겪는 학생을 한 명쯤은 볼 수 있다. 중간고사 전에 나타나는 불안 증세나 일부 정신건강 문제는 심각하지 않은 일시적인 현상일 수 있다. 우울함, 불안감, 식이 장애 등 심각한 증상도 조기에 발견해서 치료한다면 별 문제없이 대학생활을 즐길 수 있다. 하지만 이러한 증상을 보이는 학생들 대부분은 대학생활에 잘 적응하지 못한다. 이런 학생들이 대학에 입학했다는 사실 자체가 축하해야 할 일이지만 부모, 동료 학생, 대학 운영진, 의료진들은 걱정이 앞선다.

좀 더 심각한 증상을 보이는 학생들, 그리고 그들을 보살피는 동료 학생도 마찬가지로 적절한 도움과 지원이 필요하다. 부모는 자녀에게 정서적인 지원을 해주고 필요한 것을 대학에서 받도록 도와야 한다. 하

지만 부모는 어느 정도 지원해야 할지, 언제 어떻게 해야 할지 몰라 고민하는 경우가 많다. 부모와 자녀가 자주 연락한다면 이런 고민은 쉽게 해결할 수 있다.

정신건강에 이상이 있는 자녀를 둔 부모는 자녀와 친밀해지고 싶은 욕구와 자녀를 독립적으로 키우고 싶은 욕구 사이에서 갈팡질팡할 수가 있다. 자녀가 대학에 진학하면 부모들은 스트레스를 받는 적응기간을 잘 버틸지, 우울증, 식이 장애, 불안 등을 잘 극복할 수 있을지 걱정한다. 걱정하는 것은 자녀도 마찬가지이며 친구와 룸메이트 역시 그럴 것이다. 부모는 밥을 먹지 않거나 며칠씩 침대에서 일어나지 못해 걱정하는 자녀의 친구들에게도 어떻게 해야 하는지 방법을 알려줘야 한다.

자녀가 정신 장애가 있든 아니든 간에, 대학생 자녀를 둔 가족들은 모두 기본적인 정신건강 문제를 알아두는 것이 좋다. 특히 정신건강이 이상하다는 진단을 받은 아이들은 자신의 질병이 어떤지 교내에서 어떻게 도움을 받을 수 있는지 정확하게 알아야 한다. 대학은 학문적, 정서적, 사회적으로 자기 자신을 성장시키는 공간이다. 동시에, 대학 이후에까지 자신의 정신건강을 유지하는 법을 배우는 곳이다.

대학생들의 정신 장애

대학생들의 정신 장애는 거의 모든 대학에서 나타나는 피할 수 없는 현실이다. 불안, 충동조절 장애 등 일부 만성 정신질환은 일반적으로 이십 대 중반에 나타난다. 대학생들은 식이 장애, 우울증 및 기타 기분이나 성격 장애를 겪기도 한다. 알코올 장애도 흔히 발견된다. 2009년 대학 상담센터 소장들을 대상으로 조사한 결과를 보면, 심각한 정신 장애로 상담센터를 찾는 대학생 수가 계속 증가하고 있다. 전국의 대학생을 연 단위로 조사하는 2007년~2009년 정신건강 연구에 따르면, 작년 한 해 22퍼센트의 학생들이 우울증이나 불안 증세를 보였고, 15퍼센트는 고의로 자해한 적이 있다고 밝혔다. 주로 자신을 때리거나, 머리를 잡아당기고, 물건을 부수는 행동이 많았다. 6퍼센트는 1년 이내에 자살을 생각한 적이 있으며, 1.6퍼센트는 자살 계획을 세운 적이 있다고 응답했다. 전문가들의 추정에 따르면, 매년 1,110명의 대학생들이 스스로 목숨을 끊는다고 말한다.

다른 연구에서도 우려할 만한 점들이 발견되었다. 예를 들어, 대학건강협회가 후원한 '2008년 가을 대학생 건강평가'에 따르면, 학부생 중 3분의 1은 1년 이내에 적어도 한 번은 심각한 우울 증세로 제대로 생활하기 어려운 경험이 있다고 대답했다. 그리고 약 50퍼센트의 학생들이 1년 이내에 심각한 불안 증세를 경험했다고 응답했다. 알코올 관련 증상에 관한 역학 연구 결과를 보면, 대학생 5명 중 1명은 알코올중독을 겪고 있었다.

정신건강 연구에 따르면 외모에 대한 걱정도 폭넓게 나타났으며 식이 장애를 유발하는 위험 요소도 많은 것으로 파악되었다. 예를 들어, "다른 사람이 나를 날씬하다고 해도 스스로 뚱뚱하다고 생각하는가?"

라는 질문에 여학생의 37퍼센트와 남학생의 16퍼센트가 "그렇다."라고 답했다.

미시간대학의 보건관리정책학과 조교수 다니엘 아인스버그 박사는 정신건강 문제는 현재 대학생들이 겪는 가장 심각한 문제 중 하나라고 말했다. 아인스버그 박사가 소장으로 있는 정신건강연구소는 미시간대학의 공중보건학과, 우울증 연구센터, 그리고 학생 연구센터가 공동으로 운영하고 있다. "정신 및 행동 장애는 미국 청년층이 겪는 가장 심각한 장애다." 아인스버그 박사는 세계보건기구^{WHO}의 세계질병연구 결과를 지적한다. 아인스버그 박사를 비롯해 전문가들이 우려하는 것은 많은 학생들이 치료를 받지 않는다는 사실이다. 기분이나 불안 장애에서 양성반응을 보인 학생 중 작년 한 해 동안 치료를 받은 비율이 50퍼센트도 채 되지 않았다.

전미정신질환협회 및 제약회사인 애보트가 2004년 천여 명의 대학생과 부모를 대상으로 실시한 연구에 따르면, 학생들이 학교에서 우울증이나 불안 증세가 있을 때 가족보다는 친구에게 먼저 이야기할 가능성이 크다고 한다. 대학은 학생, 교수, 학부모를 대상으로 정신질환에 대한 인식을 높이고 이와 관련된 선입견을 줄이려고 노력하고 있다. 미국 약물남용 및 정신보건국에 따르면, 2005년부터 90개 이상의 대학이 연방 정부의 지원을 받아 자살 방지나 정신질환 인식 개선 프로그램을 운영하고 있다.

터프츠대학은 매년 10월 주말에 '학부모의 날' 행사 때 학생의 정신건강 문제에 대해서 강연을 개최한다. 미네소타대학의 모든 대학 운영진들이 '편견은 이제 그만^{Stamp Out Stigma}'이라는 구호를 외치면서 총장 연설, 화장실 내 포스터 부착, 교내 미술제 등을 통해 이 캠페인을 홍보하고 있다. 정신건강에 대한 인식 변화와 편견을 없애기 위해 세워진 비영리 기관인 액티브마인드는 현재 전국에 **240개** 이상의 학생 지부를 두고 있다.

정신질환에 대한 인식도 달라지고 있다. 스탠포드대학의 상담 및 심리 서비스센터 소장이자 정신과 의사인 로날드 알버처 박사는 다음과 같이 말한다. "제가 대학에 다니던 시절보다 정신건강에 대해 훨씬 관용적이고 수용적이에요. 학생들 스스로도 훨씬 개방적입니다. 과거보다 긍정적이라고 할 수 있죠."

어떤 학생들은 입학 지원서에 자신의 정신질환을 적기도 한다. 본능적으로 자녀의 상태를 시시각각 확인해야 하는 일부 부모들은 이러한 새로운 분위기에 불안해한다. 대학에서 정신건강을 담당하는 전문가들은 모든 부모가 할 수 있는 몇 가지 조치를 추천한다. 쉴 새 없이 전화를 하는 것은 물론 해당하지 않는다.

전문가들의 조언

대학에 들어가기 전에 대화를 나누어라

전미정신질환협회에 따르면 많은 학생들이 정신건강에 대해서 지식이 전혀 없는 채로 대학에 입학한다. 전문가들은 부모들에게 자녀를 대학에 보내기 전에 우울증과 불안 증세에 대해서 침착하고 객관적인 입장에서 솔직하게 대화를 나눠보라고 조언한다. 알코올중독, 마약 문제처럼 접근하면 된다. 특히 알코올중독이나 기타 정신질환에 대해서 가족력이 있는 경우, 자녀가 이러한 질환에 걸릴 위험이 더 크기 때문에 대화가 더욱 중요하다. 미리 대화를 나눈다면 나중에 본인이 심각한 불안이나 우울증을 느끼거나, 그런 친구가 걱정이 될 때 부모에게 거리낌 없이 이야기할 수 있을 것이다.

대화를 시작하는 좋은 방법 중 하나는, 자녀에게 대학 입학을 앞둔 소감이 어떤지 물어보고 약간 불안하거나 걱정이 되는 것은 당연하다고 알려준다. 부모도 새로운 직장으로 첫 출근을 앞두거나, 대학 새내기 시절에 흥분과 긴장을 느꼈다는 경험담을 들려주는 것도 좋다. 교내 상담센터를 찾아 안전한 환경에서 도움을 받으라고 알려주고, 그러한 서비스를 통해 무엇을 얻을 수 있는지 설명해야 한다.

대부분의 부모들은 자녀의 문제를 본능적으로 알아차리지만, 몇 가지 위험 신호를 알아두는 것도 도움이 된다. 터프츠대학은 상담 및 정신건강센터 홈페이지를 통해 교수진과 교직원이 학생이 위험하다는 것을 알아챌 수 있는 위험 신호 목록을 제공해준다. 이런 신호를 발견한 교수나 교직원은 해당 학생을 상담센터로 보낸다. 이러한 신호 중 몇 가지는 부모들도 관심을 가지고 살펴보는 것이 좋다.

- 우울과 무기력
- 활동 항진

- 알코올이나 마약 복용 또는 과도한 복용

- 수면 장애

- 자신감 저하

- 무력감

- 횡설수설 또는 앞뒤가 맞지 않는 말

- 교우 관계 회피

- 무관심

- 집중 불능

- 과도한 불안 증세

부모는 자녀나 자녀의 친구가 문제가 있을 때 누구에게 도움을 요청할지 알려줄 수 있다. 가장 편리하고 실용적인 도움을 받을 수 있는 곳은 가까이에 있다. 기숙사 책임자, 대학 상담센터나 학생 건강센터, 학생처 등이다. 텍사스대학 오스틴캠퍼스에서는 학생과 교수진이 이상행동 상담번호로 전화를 걸거나 인터넷으로 고민을 상담하도록 되어 있다. 자살 위협이나 스토커 등 심각한 상황이라면 교내 또는 지역 경찰서로 연락하면 된다.

정신 장애 병력이 있는 자녀의 경우

전문가들은 정신 장애 병력이 있는 학생을 둔 부모에게 좀 더 자세히 조언을 해준다. 우선 자녀를 담당하는 심리치료사와 의사, 부모는 자녀가 대학생활에 잘 적응할 수 있을지, 신입생 때 받는 과도기와 관련된 모든 스트레스를 잘 견딜 수 있는지 평가해본다. 조지아 주 에모리대학의 학생상담센터 소장 마크 맥리오드 박사는 이렇게 말했다. "부모가 입학 전에 전화해서 아이가 정신질환 때문에 퇴원한 지 얼마 되지 않았다거나 얼마 전에 자살 시도를 한 적이 있다는 등, 자녀의 상황을 알리면서 참고해달라는 적도 있었어요. 이런 경우, 아이의 상태가 확실히 나아질 때까지 입학을 보류해달라고 권하면 대부분 부모는 어떻게 그럴 수 있느냐며 흥분하죠. 제가 하고 싶은 말은, 아이의 상태가 그 정도로 심각하다면 대학생활을 계속하는 게 안전하지 못할 수도 있다는 거예요." 어떤 부모는 그의 조언을 받아들인다. 부모는 정신보건 담당자와 긴밀히 협조해서 자녀에게 가장 도움이 되는 결정을 내려야 한다. 이럴 때 일부 대학은 입학을 연기하기도 한다.

자녀가 대학생활을 하기에 충분히 건강하다면 부모와 솔직하게 마음을 열고 대화를 해야 한다. 터프츠대학의 상담 및 정신건강 서비스센터의 봉사담당 메릴린 다운스 국장은 부모가 먼저 솔직하게 접근하라고 조언한다. "나도 처음 겪는 일이기 때문에 네가 이 집을 떠날 때 어떤 기분일지 아직 잘 모르겠다. 하지만 너에게 무엇이 최선인지 알고 싶고 함께 노력하고 싶구나. 혹시 엄마가 실수할지도 몰라. 너무 간섭하거나 너무 방치한다는 생각이 들면 바로 알려주렴."

이러한 대화를 나눌 때에는 자녀가 겪고 있는 질환의 임상적인 측면도 다루어야 한다. 텍사스대학 오스틴캠퍼스의 상담 및 정신건강센터 소장 크리스 브라운슨 박사는 이렇게 말한다. "우울증 병력이 있는 학생은 대학에 입학하기 전에 과거 경험에 비추어 우울증 신호를 어떻게 파악하는지 부모와 대화를 나누어야 해요." 공통적인 우울증 증상이 있기는 하지만 사람마다 경우가 다르고, 증상도 다르다. "학생들은 우선 자신의 증상이 어떤지 파악하고, 둘째로 그러한 증상을 발견하면 어떻게 조처해야 하는지 알아야 합니다. 최대한 일찍 증상을 파악하고 도움을 받는다면 좋은 결과로 이어질 가능성이 큽니다."

학기가 시작되기 전에 부모는 자녀의 동의를 받아 교내 상담센터의 심리치료사나 의사에게 연락해서 자녀의 상태를 알려야 한다. 알버처 박사에 따르면 스탠포드대학은 오리엔테이션 기간에 평소보다 많은 학부모나 학생들이 상담센터를 방문한다. 에모리대학의 맥리오드 박사는 다음과 같이 말한다. "전화로 자녀가 불안 증세나 우울증 병력이 있다고 이야기하는 부모도 있어요. 먼저 애기해주는 게 좋죠. 그러면 학생들이 스스로 찾아오기가 더 편해질 것입니다."

상담센터 직원은 학생의 상태에 따라 가족이 다른 기관의 도움을 받도록 도와주기도 한다. "심각한 문제가 있으면 학부모나 학생, 기숙사 직원들에게 사실을 알리는 것이 좋겠다고 조언을 해요. 정신질환과 학습 장애가 있다면 교내 학습지원센터를 통해 도움을 받으라고 권하기도 하죠." 자녀는 상황이 어떤지 꼭 이해해야 하며 부모는 이 과정에서 자녀를 참여시켜야 한다. "특히 신입생이라면 자신이 상황을 통제할 수 있다고 느끼는 것이 가장 중요합니다. 그리고 학교의 지원을 받으면서 자발적으로 참여해야 합니다."

학생과 학부모는 진단 결과와 주변의 도움을 편하게 받아들여야 한다. 학생이 궁금한 점이 있다면 전문가는 진지하게 그 내용에 귀를 기

울여야 한다. 미네소타대학의 보인턴 보건서비스센터 안에 있는 정신
건강클리닉 소장이자 정신과 의사인 개리 크리스텐슨 박사에 따르면
정신질환 진단을 받아들이는 가장 좋은 방법 중 하나는, 해당 질환이
의학적으로 설명될 수 있는 질환임을 강조하는 것이다.

도움을 주선한다

대학의 상담센터는 일반적으로 단기적인 응급 치료를 목적으로 설치되
었다. 매년 시행되는 전국 상담소장 조사를 총괄하는 로버트 갤러허 박
사에 따르면 일반적으로 1년에 4회에서 15회까지 상담 서비스를 제공
하지만 응급 상황이 아니면 며칠씩 기다려야 한다고 말한다. 장기적인
치료가 필요한 학생들은 인근 지역의 심리치료사를 추천해준다. 부모
는 자녀가 원래 치료를 받던 주치의에게 자문을 구해 새로운 심리치료
사를 구할 수도 있다.

　코네티컷 주 하트포드병원 생활연구소에서 의학과 발달 장애를 전공
한 소아청소년 정신과 의사 리사 네미로우 박사는 다음과 같이 말한다.
"학생들의 현재 상태를 알기 위해 담당 심리치료사와 대화를 나누고 싶
다고 말하죠. 정신과 의사로서 부모보다 더 많은 부분을 심리치료사와
합법적으로 상의할 수 있습니다."

　일단 학생이 열여덟 살이 되면 성인이기 때문에 그들의 진료 기록을
누구에게도 공개할 수 없다. 학생의 동의 없이 자녀의 건강 문제에 대
해 부모와 상의할 수 없다. 물론 의료진은 학생이 자신이나 동료 학생
들에게 위협이 될 수 있다고 판단되면 부모와 상담할 수 있다. 부모가

자녀에 관해 중요한 정보를 알고 있다면 심리치료사도 학생의 동의를 얻어 정보를 공유하는 것이 좋다. 환자와 심리치료사의 신뢰관계가 중요하기 때문에 심리치료사는 상담 중 어떤 내용이 오고가는지 공개할 수 없다. 부모에게 상담 내용을 들을 수 있도록 허가된 경우는 예외다.

새로운 출발의 명암

어떤 학생들은 대학 입학이 자신의 과거 정신질환 병력을 묻고 새롭게 출발할 기회라고 생각한다. 미네소타대학의 게리 크리스텐슨 박사는 그러한 시나리오를 너무나 잘 알고 있다. "입학 후 새로운 환경 때문에 신입생들은 자신이 정신 장애를 극복했다고 착각하기도 해요. 그래서 증세가 다시 나타날 때를 준비하지 않죠."

대학이라는 달라진 환경에서 학생들은 새롭고 다양하며 흥미로운 경험을 하지만 치명적인 스트레스를 받을 수도 있다. 자유로운 대학생활, 새로운 룸메이트, 달라진 수면 시간, 학교 식단, 난이도가 높아진 강의에 바로 적응하기가 쉽지 않으며 기존의 상태를 악화시키거나 정신질환이 재발할 수 있다.

중서부의 대규모 대학에 다니는 앤은 고등학교 때 심각한 우울증에 시달렸다. 다행히 꾸준한 상담치료 덕분에 어느 정도 우울증을 극복했다. 대학에 입학할 즈음에는 우울증이 완전히 사라졌고 앤은 새로운 미래를 기대했다. "새로운 출발이었어요. 대학에 들어가서 완전한 행복을 누릴 수 있다고 기대했죠. 친구도 많이 사귀고 파티도 즐기면서 완전히 자유인이 되는 거니까요! 모든 것을 새롭게 시작할 기회라고 생각했어요."

부모가 앤을 기숙사에 데려다 주고 나서 앤은 당당하게 부모를 문 밖으로 밀어냈다. "나 자신을 보여주고 싶었어요. 처음으로 주어지는 혼자만의 시간이었기에 스스로 삶을 꾸릴 수 있고 원하는 것을 누릴 수 있다고 보여주고 싶었죠."

하지만 첫 학기는 앤의 기대와는 정반대로 흘러갔다. "망망대해에 홀로 남겨진 기분이었어요. 누구와도 유대감을 형성하지 못했죠." 친구를 몇 명 사귀기는 했지만 앤의 생각과 새로운 생활은 너무 달랐고 다시 우울증이 나타났다. 식욕도 없었고 학교생활에 대한 의욕도 사라졌다. 하지만 처음에는 우울증이 재발했다는 것을 전혀 알아채지 못했다. 중요한 전환점은 바로 크리스마스 때였다. "집으로 돌아오니 친척들이 모두 나에게 '너무 말랐다. 뼈밖에 안 남았어. 학교가 싫은 거니?' 라고 물었어요. 하지만 정말 끔찍하다고 말할 용기가 나질 않았어요."

친구들은 모두 대학생활을 즐기는 것 같아 친구에게도 털어놓을 수 없었다. 특히 언니가 대학생활을 매우 즐기고 있어서 말을 꺼내기가 더욱 어려웠다. 크리스마스가 지나고 학교로 다시 돌아왔지만 깊은 슬픔과 고립감에 빠져 주말마다 집에 왔다. 다행히도 집은 학교에서 **20**분 거리에 있었다.

"엄마는 나를 보고 무척 안타까워했어요. 내가 힘들다는 것을 아셨죠. 주말마다 같이 산책을 했는데, 그때마다 말없이 함께 걷기만 했어요. 내가 먼저 말을 꺼낼 때까지 기다리셨고 그 자체가 큰 힘이 되었죠." 앤은 각자의 정신질환 문제를 터놓고 얘기했던 친구들 덕분에 봄

학기를 간신히 버텨냈다. 보험이 적용되는지 알 수 없었기 때문에 교내 상담은 신청하지 않았다. "너무 무섭고 엄두가 나지 않아 자세히 알아보지 못했어요."

그해 여름, 앤은 집에 돌아와 새로운 심리치료사에게 집중적인 치료를 받았다. 마침내 학교로 돌아갈 수 있을 정도로 회복되었고, 학교에 다시 돌아와서 심리치료사의 도움을 계속 받으면서 대학생활에 적극적으로 참여했다. 앤은 교내 '액티브마인드' 활동도 열심히 했다. 아직 모든 것이 완전하지는 않았지만 이제 앤은 필요한 도움을 스스로 얻을 수 있었다.

앤의 사례를 보면, 자녀와 부모가 증상을 정확히 인식하고 학교에서 제공하는 도움을 잘 활용해야 한다는 것을 알 수 있다. 처음에 앤은 학교에서 어떤 도움을 받아야 할지 몰랐다. 앤의 부모도 딸의 상태가 얼마나 심각한지 몰랐고, 우울증이 재발한 사실을 빨리 눈치채지 못했다. 대학은 새로운 출발의 기회가 될 수도 있다. 하지만 자녀와 부모는 과거 정신질환이 재발할 가능성에 대비해야 하며, 특히 대학에서 받을 수 있는 새로운 스트레스를 조심해야 한다.

부모의 시야

때로는 부모들이 자녀의 정신 장애를 알면서도 희망과 두려움 때문에 판단력이 흐려지기도 한다. 해당 장애의 복잡한 특성을 잘 이해하지 못하는 부모도 많다. 조슬린은 고등학교 때 거식증을 앓았다. 조슬린이 다녔던 사립고등학교는 학생, 교사, 운영진 등이 조슬린의 상태를 알았고 보호막이 되어주어서 조슬린은 부모의 도움으로 치료를 잘 받았다. 그러나 미국에서 가장 경쟁이 치열한 대학에 지원했을 때 조슬린은 대학 관계자들에게 자신의 거식증에 대해 얘기하지 않았다. "엄마는 내가 대학에 떨어질까 봐 절대 얘기하지 말라고 당부했어요."

대학에 합격했을 때에도 부모와 심리치료사의 당부 때문에 조슬린은 자신의 증상을 말하지 않았다. "대학에서 새로운 정체성을 찾고 싶었어요." 하지만 대학생활은 조슬린의 생각보다 훨씬 힘들고 어려웠다. "누구와 어떻게 무슨 대화를 해야 할지 몰랐어요. 늘 무언가에 쫓기는 느낌이었죠. 심리치료사는 정말 필요할 때만 말하라고 했죠. 결국 외톨이가 되고 말았어요."

대학에 가서도 조슬린은 예전부터 자신을 담당했던 심리치료사와 전화로 상담을 계속했다. 조슬린은 친구들도 잘 몰랐고, 직접적인 도움을 받을 수 없는 상태에서 우울증까지 겪으면서 거식증도 재발했다. "씹는 음식은 아무것도 먹지 않았어요. 종이 맛이 났거든요. 몸무게가 급격하게 줄었죠." 결국 조슬린은 학교를 그만두고 쉬는 동안 새로운 심리치료사를 만나 집중치료를 받았다.

식이 장애가 있는 젊은 여성들이 함께 모이면 파괴적인 식습관을 오히려 부추길 수도 있다. 조슬린의 부모와 심리치료사가 거식증을 말하지 말라고 한 것도 대학이라는 새로운 환경에서 부정적인 영향을 받을까 봐 그랬을 것이다. 동시에 거식증 환자라는 것을 밝히면 유명 대학에 입학할 기회를 잃을지도 모른다는 우려도 있었다. 조슬린의 사례를 보면 정신질환에 대한 사회의 편견 속에서 장애를 극복하는 것이 얼마나 어려운지 알 수 있다.

식이 장애 전문가 마르고 메인 박사는 대학생활에서 어려움을 겪고 있는 많은 환자와 그들의 가족들을 상담했다. 조슬린은 그의 환자는 아니었지만 그녀가 겪은 어려움은 메인 박사에게는 익숙하다. "식이 장애를 겪는 중에 대학에 입학하면 큰 수치심과 부끄러움을 경험합니다. 마치 거대한 벽에 둘러싸인 것처럼 느껴지죠." 조슬린은 식이 장애를 공개하지 않았기 때문에 대학생활에 적응하는 것이 훨씬 더 힘들었다. "자신의 문제를 비밀로 한다면 이를 유지하는 데 상당한 감정적, 육체적 에너지가 소모됩니다. 대학은 자신을 발견하고 새로운 장소, 사람, 아이디어, 관계, 인생관 등을 경험하는 시기예요. 하지만 식이 장애는 새로운 세계에 발을 들여놓지 못하고 새롭게 경험할 수 있는 능력을 말 그대로 무뎌지게 만들죠. 사람들이 식이 장애에 대해 얼마나 무지한지, 정신건강에 대해 얼마나 많은 수치심과 부정적 인식이 따라다니는지 알 수 있을 거예요."

심리 진단 결과를 공개하는 것은 전적으로 개인적인 문제다. "식이 장애가 있는 학생은 대학의 보건센터, 상담센터, 또는 장애복지센터에 그 사실을 알려야 합니다. 물론 그리 심각하지 않다면 공개하지 않는 것도 고려할 수 있죠." 조슬린은 나중에 또 다른 유명 대학에 들어갔는데 그곳의 장애복지센터에 자신의 우울증과 식이 장애를 알렸다. 옳은 결정이었다. 조슬린은 스스로 장애복지센터를 찾아갔다. 조슬린이 새로운 항우울제에 적응하는 동안 센터에서는 필요한 도움을 제공해주었고, 교수들에게 상세한 내용을 공개하지 않아 사생활도 보장되었다.

미네소타대학 관계자들은 캠퍼스에서 그러한 인식을 없애려고 부단히 노력하고 있다. 장애복지 프로그램 담당관 바바라 블랙록은 이러한 캠페인에 앞장서 왔다. "작년에는 1,600명의 학생들이 동참했어요. 그중 600명은 정신과 질병을 앓고 있었으며, 나머지 학생들은 범불안장애나 우울증을 겪고 있었어요."

블랙록 담당관은 '편견은 이제 그만' 이라는 교내 프로그램 덕분에 많은 학생들이 도움을 요청한다고 여겼다. 잘못된 정보와 편견으로 당뇨를 앓고 있는 학생들보다 심리질환을 겪는 학생들이 더 많은 어려움을 겪는다. "어떤 학생은 화장실에 정신 치료제를 깜빡하고 놓아두었는데 룸메이트가 '네가 미친 애인 줄 몰랐어!' 라고 말했다는 거예요."

부모는 자녀가 친구를 사귀지 못하거나 수면 장애를 겪을까 봐 걱정한다. '아이의 질환이 장래의 취직에까지 영향을 끼치진 않을까? 누군가 아이의 질환을 알게 된다면 어떻게 될까?' 이러한 모든 부정적 인식 때문에 문제가 복잡해진다.

부모의 역할

자녀가 자신의 장애를 인식하고 전문가의 도움을 받도록 하는 것이 부모의 역할이다. 적절한 도움을 직접 제공하고 떨어져 있는 자녀와 밀착 관계를 유지하는 것이 부모의 책임이라고 생각할지도 모른다. 하지만 대부분 도움이 되지 않는다. 연구에 따르면 학생들은 부모보다는 친구에게 정신건강 문제를 상담하는 경우가 많다. 브라운슨 박사는 그 이유가 다양하다고 말했다. "부끄러워서 그럴 수도 있고, 특히 마약이나 알코올중독 같은 경우 부모가 자신의 행동을 알까 봐 걱정돼서 그럴 수도 있습니다. 부모와 상의하기에 부적절한 내용이라서 그럴 수도 있죠. 또한 부모에게 필요한 도움을 받은 적이 없기 때문에 말하지 않을 수도 있습니다."

부모가 자녀 문제를 부정하거나 모순적인 태도를 보여서 그럴 수도 있다. 중요한 것은 자녀가 원하는 대화를 이어가고, 부모에게 마음을 털어놓는 것이 친구에게 하는 것만큼 편하다고 느끼게 해야 한다. 부모는 자녀와 솔직한 대화를 나누고 싶다는 좋은 의도지만 현실은 다르다는 것을 이해해야 한다. "부모는 자녀가 학교나 주변에서 도움을 얻을 수 있는 곳을 파악하도록 미리 가르쳐야 합니다. 부모의 가장 중요한 역할은 직접 해주는 것이 아닌 자녀가 필요한 도움을 스스로 받도록 해야 합니다." 여기서 도움이란 상담, 약물, 장애복지센터의 협조, 그리고 때에 따라서는 학업 분량을 줄이는 것 등이 포함된다.

부모는 자녀가 말하는 내용과 방식에 관심을 갖고 귀를 기울여야 한다. 에모리대학의 마크 맥리오드 박사는 다음과 같이 말한다. "자녀의 행동이나 말이 평소와 다르다면 직접 짚고 넘어가야 합니다. 나라면 '오늘 좀 다른 것 같다. 무슨 할 말이 있니?' 라고 물어볼 거예요. 솔직하게 대답하지 않을 수도 있지만 아마 며칠 후에는 말을 꺼낼 겁니다." 자녀가 가끔 울거나 우울한 것처럼 느껴진다면 도움을 요청하는 것이

순서다. 언제, 어떻게 개입할지를 아는 것도 중요하다. 부모는 단순히 일진이 안 좋은 날과 심각한 위기를 구분할 수 있어야 한다.

자녀에게 힘이 되는 대화 시간

부모들은 입학 초기에 자녀와 자주 연락하고 싶어 한다. 경우마다 다르기 때문에 연락 횟수는 부모가 결정하기보다는 심리치료사나 주치의와 상담을 통해 부모와 자녀가 함께 결정하는 것이 좋다. 예를 들어, 부모가 자녀와 연락을 주고받는 횟수를 갑자기 줄이거나 늘리면 자녀는 오해하게 된다.

우리가 인터뷰했던 전문가들은 모두 부모가 자녀와 어떻게, 어떤 주제를 가지고 대화할 것인지를 신중하게 결정해야 한다고 말한다. 너무 자주 전화한다는 것은 부모가 자녀가 잘 적응하는지 불안감을 드러내는 일이다.

메인 박사는 이렇게 말한다. "부모가 자신의 불안감을 어떻게 조절하느냐에 따라서 자녀에게 미치는 영향력이 크게 달라집니다." 걱정이 가득 찬 목소리로 자주 전화를 걸면 자녀의 자신감이 저하된다. 메인 박사는 자녀에게 전화하기보다는 불안감을 다스리도록 심리치료사의 도움을 받아보라고 조언한다.

연락 횟수가 중요한 것이 아니라 내용, 즉 질이 중요하다고 브라운슨 박사는 말한다. "매일 통화한다고 해서 자녀가 부모에게 모든 것을 다 말하진 않아요. 부모와 자주 연락하지만 자신의 정신질환에 대해서 절대 말하지 않는 아이들도 많습니다.”

의미 있는 의사소통을 위해 터프츠대학의 봉사담당 국장은 부모가 자녀의 삶에 진정한 관심을 보이는 것이 중요하다고 강조한다. “‘시험 점수는 어때? 왜 그걸 하고 있니? 이건 했어?’ 라고 묻는 대신, ‘오늘 하루는 어땠니? 수업은 재미있었어? 남자친구는?’ 라고 접근하는 것이 좋습니다. 부모가 자신에게 무관심하기를 바라는 학생은 아무도 없어요. 대부분의 학생들은 부모와 대화하기를 원해요. 하지만 부모가 자녀에게 부담을 주고 학업을 지나치게 걱정한다면 문제가 생겨도 쉽게 말하지 못할 것입니다. 그럴 때는 ‘무엇이든 내가 도와줄 일이 있으면 전화하렴.’ 이라고 자녀에게 솔직하게 말하는 방법도 있습니다.”

학기 중에 언제, 어떻게 연락을 주고받을지 미리 계획을 세우는 것이 특히 중요하다. 주기적으로 연락을 주고받으면 부모는 자녀가 어떤 상황인지 기준을 삼게 된다. 전화나 문자를 계속 하다가 갑자기 연락이 끊기면 부모는 자녀에게 문제가 있다는 것을 알게 되고 개입할 타당한 이유가 생기는 것이다. 반면에 크리스텐슨 박사는 아이가 하루에 서너 번 연락한다면 이는 의존, 우유부단, 향수병, 우울증, 또는 불안감의 표시일 수 있다고 말한다.

부모는 자녀가 심각한 문제를 겪을 때 좀 더 깊이 개입할 수도 있다. 그러한 ‘감시’ 는 정상적이다. 부모들이 합리적으로, 반드시 필요한 상황만 개입한다면 자녀는 부모의 걱정을 이해하고 오히려 도움을 고맙게 여길 것이다.

직감으로 알 수 있는 부모의 본능

자녀에게 심각한 문제가 있다면 대부분의 부모는 아이의 목소리를 듣고 가슴 깊은 곳에서 느껴지는 부모의 본능적인 직감을 통해 알아차릴 수 있다. 우리가 인터뷰했던 심리치료사들은 모두 이러한 상황일 때 전화로 자녀의 심리 상태를 직접 듣기보다는 문자 메시지나 이메일이 낫다고 말한다.

텍사스A&M대학의 팸 매튜 부학장은 아들이 아침 7시에 아들한테 전화가 왔을 때 목소리가 심상치 않다는 것을 즉각 알아차렸다. 거의 말도 못하는 상태에서 아들은 기숙사 방 밖에 앉아 일어날 수도, 옷을 입을 수도, 강의를 들으러 갈 수도 없다고 했다. 수백 마일 떨어진 거리에서 팸은 아들이 곤경에 처했다는 것을 알았다. 나중에 알고 보니 이것은 예고도 없이 갑자기 나타난 기분 장애 증상이었다. 그 전화를 받기 전까지 팸과 남편은 그 사실을 전혀 몰랐다. 팸은 아들을 구하려고 최대한 빨리 비행기를 탔다. 비행기를 갈아탈 때마다 아들에게 전화해서 지금 가는 중이라고 알려주었다. 아들이 다니는 대학의 학과장과 상담센터에도 그 사실을 알렸다. 팸이 아들을 집으로 데리고 갈 때까지 친구들이 아들을 보살펴주었다.

지금 생각해보면 이런 증세가 처음 나타났던 시기는 아들을 기숙사에 데려다 주고 온 다음 날 밤에 통화할 때부터였다. 아들의 목소리에 뭔가 이상한 낌새가 있었다. "두려움보다는 전체적으로 활기가 없었어요. 무기력함, 생기를 잃은 느낌이었죠." 하지만 아들은 늘 학교생활에 열심이었고 청소년기에도 별다른 문제가 없었다. 대학생이 되고 갑자기 문제가 생긴 것이다. 팸은 가능성이 아무리 적다고 해도 그러한 무기력증을 미리 알았으면 좋았을 것이라 생각했다. "아무도 예상하지 못했죠. 어떤 책에서도, 대학생활 준비를 위한 가이드에서도 그런 내용은 보지 못했거든요. 대부분의 정신질환이 초기 성인기에 발병한다는 사실을 아무도 알려주지 않았어요. 그런 말을 들으면 겁은 났겠지만 미리 알게 되어 다행이라고 생각했을 거예요. 나는 심리학자가 아니에요. 좀 더 균형 잡힌 설명을 들었으면 좋았을 거예요."

팸은 현재 잘 지내고 있지만 정신질환이 있는 대학생 자녀를 둔 부모들에게 자신이 힘들게 얻은 교훈을 들려주고 싶어 했다. 우선 입학 후 몇 주 동안은 자녀의 이야기를 열심히 듣고 주기적으로 대화를 하자고 요청해야 한다. 강압적일 필요는 없지만 솔직한 대화를 반드시 나눠야 한다. 걱정할 이유가 있다면 이렇게 말할 수 있다. "엄마는 네가 괜찮은지 확인해야 해. 엄마의 입장을 생각해줬으면 좋겠다." 삼십분 씩 길게 대화할 필요도 없다. 짧은 대화로도 충분하다. 부모와 자녀의 연락 횟수는 자녀의 담당 의사나 심리치료사와 상의해서 함께 결정할 문제다. 연락 계획은 학생의 상태에 따라 주기적으로 조정한다.

팸이 아들을 구하러 가는 동안 아들은 새로운 대학 친구들에게 도움을 받았다. 팸은 그들이 너무나 고마웠다. 현재 아들은 그 학교에 다니지 않지만 아직도 그 친구들과 연락하고 있다. 룸메이트, 친구, 팀원 등 동료 학생들의 헌신과 따뜻한 마음이 정말 중요하다고 의사들은 계속해서 강조한다. 스탠포드대학의 알버처 박사는 이렇게 말한다. "직접 나서서 도움을 주려는 동료가 반드시 있습니다. 그러한 친구가 문제를 겪는 학생에게 상당한 치료 효과를 줄 수 있죠. 다르다고 해서 버림받는 일은 없어요. 아이들은 병을 극복하는 과정을 정상적으로 받아들이고 여전히 공동체의 일부라고 생각하죠."

'액티브마인드'라는 단체는 학생들이 동료 학생들에게 마음을 털어놓는 것을 더 편하게 여긴다고 강하게 확신했다. 설립자이자 대표인 앨리슨 맬먼은 다음과 같이 말했다. "부모는 자녀를 돕기 위해 동맹을 결성하고 지원군을 확보할 필요가 있어요."

친구들의 연락처를 알아놓는 것도 좋은 방법이다. 다만 긴급할 때만 사용해야 한다. 학생들도 친한 친구들에게 자신의 문제를 털어놓고 부모와 연락하는 방법에 대해 서로 이야기하는 것이 좋다. "어떤 이유에서든지 내가 걱정되면 우리 부모님 연락처로 전화해."라고 친구에게 말해두는 것도 한 방법이다.

부모는 자녀의 정신건강이 어떤지 잘 알고 있어야 한다. 이것은 매우 중요한 일이다. 미국인 **5,700**만 명이 정신질환으로 고통받고 있으며 그중 상당수는 대학생이라고 한다.

자녀를 도울 수 있는 최고의 방법은 의사소통에 실질적으로 도움이 되고 자녀에게 힘이 되는 대화 시간을 갖는 것이다. 진정으로 아이들의 삶에 관심을 가지라. 아이들의 말에 귀를 기울이라. 정신질환에 대해 솔직하게 마음을 터놓고 이야기하라.

대학 졸업 후
자녀들의 모습

현재 자신이 성인이라고 생각하거나 성인에 가깝다고 생각할수록
졸업 후의 삶에 대한 만족도가 높았다.
또한 인생에 대한 만족도는
부모와의 긍정적인 관계, 부모에 대한
동료 의식과 비례했다.

에릭은 대학을 졸업하고 보스턴으로 이사한 후 어머니에게 매일 전화해서 궁금한 것을 물어보았다. 사무실, 주방, 세탁소, 슈퍼, 어디서든 전화 한 통으로 어머니의 도움을 받았다. 어머니도 아들에게 자신이 필요한 존재라는 느낌을 받는 것이 좋았기 때문에 에릭의 전화를 늘 반겼다. 에릭은 굳이 다른 사람에게 도움을 받거나 본인 스스로 해답을 찾아야 할 필요를 느끼지 못했다. 대학은 청소년에서 성인기로 이행하는 중요한 준비 기간이다. 하지만 자녀가 그러한 준비를 통해 건강한 성인으로 성장했는지의 여부는, 대학생활 자체가 아닌 대학 기간 동안 부모와 자녀가 어떻게 지냈는지에 달려 있다.

학생들은 학과 공부를 통해 지식과 기술을 배우고, 자신의 정체성을 탐색하고 재발견한다. 모든 것이 제대로 진행된다면 학생들은 타인과 친밀감을 형성하고 독립적인 인격체로 성장하는 법을 배우게 된다. 결국 이들은 졸업 후 사회에서 취직을 하고 지속적인 관계를 형성한다. 부모들은 단순히 졸업장이 아니라 대학이 자녀들에게 사회생활을 잘 준비하도록 도와줄 것이라고 기대한다. 대학 교육에 투자하는 것은 인생에 대한 투자라고 생각한다. 하지만 아무리 의도하지 않았다고 해도 때로는 부모가 걸림돌이 되기도 한다.

졸업 후 대학생의 모습

우리는 대학 기간에 학생과 부모 사이의 의사소통 방법을 관찰한 후, 대학 졸업 직후에 어떤 양상이 나타나는지 궁금해졌다. 학부를 졸업하고 사회나 대학원으로 가거나 집으로 다시 돌아가는 이 시기에 의사소통 패턴에 변화가 있는지 살펴보았다. 호퍼 박사는 논문 준비생 캐서린 티민스와 함께 연구를 시작했다. 지금은 대학을 졸업했지만 첫 번째 연구에 참여했던 미들베리대학 학생들에게 또 다른 설문지를 보냈고, 애비게일은 다른 대학의 학생들과 졸업생들을 다시 인터뷰했다.

얼마 전까지만 해도 분명히 자녀가 졸업하면 연락 횟수는 줄어들었다. 새로운 직장, 첫 아파트, 진지한 남녀 관계 등이 이유였다. 하지만 호퍼 박사와 캐서린이 학생과 부모 사이의 의사소통 패턴을 연구하기 시작한 지 몇 년 되지 않아, 학생뿐만 아니라 직장인들도 언제, 어디서나, 누구와도 연락을 할 수 있었다. 부모도 마찬가지로 그 어느 때보다 자녀의 삶에 깊이 관여한다.

본 후속 연구에 참여한 졸업생들은 대학 때보다 졸업 후에 부모와 더 자주 연락하는 것으로 나타났다. 대학 시절에는 일주일에 **13.4**회였으나 현재는 **16.7**회였다. 재학생과 졸업생 모두 연락 횟수가 전체적으로 증가한 것은 아니라는 것을 보여주기 위해, 우리는 지난 연구에 참여한 학생 중 아직 대학에 재학 중인 학생들^{현재 3, 4학년}에게 설문을 실시했다. 그들에게는 아무런 변화가 없었다. 지난 연구와 같은 결과^{주당 13.4회}가 나타났다. 대학 졸업 직후 부모와 연락이 줄어드는 것이 아니라 오히려 증가한 것이다.

연구에 참여한 졸업생 중, 여성^{주당 17.9회}은 남성^{주당 14.6회}보다 여전히 큰 차이는 없었고 학부생 그룹과 비슷한 수준이었다. 남학생들도 연락 횟수가 줄지 않았다. 학생들의 응답에 따르면 여전히 부모들이 먼저 연락하는 경우가 많았지만, 대학 시절과는 달리 휴대전화보다 이메일을 선호했다. 반면, 젊은이들은 가족들과 연락할 때 휴대전화를 더 많이 사용했다. 부모는 사회생활에 방해가 되지 않고 언제든지 연락할 수 있는 이메일을 사용한다. 그리고 더 조심스러워한다.

한편, 졸업생들은 부모와 연락하는 시간이 좀 더 일정해졌고, 언제 전화하는 것이 가장 좋은지 알고 있다. 집으로 전화를 하면 부모와 더 쉽게 연락할 수 있다. 하지만 전체적으로 부모와 졸업생 모두 대학 시절보다 먼저 전화를 거는 횟수가 많아졌다. 의사소통의 만족도는 여전히 높았고, 응답자 대부분은 여전히 아빠와 더 많은 대화를 원했다.

달라진 졸업생들

성인이 된 자녀들이 대학을 졸업하고 나서도 부모와 그렇게 자주 연락하는 이유가 무엇일까? 한 학생이 "이제는 할 이야기가 더 많아졌고, 부모의 조언이 필요한 부분도 많아졌다."라고 공통적인 답을 얘기해주었다. 부모는 구글보다 빠르게 요리법이나 세금 신고서 작성법을 알려줄 수 있다. 자녀는 아파트 전세금, 짜증 나는 직장 동료에 대해 이야기하면서 부모가 이미 경험하고 깨달은 것들을 잘 활용하고 싶어 한다. 한 졸업생은 "우리의 대화는 저의 새로운 보험 계약이나 아파트 임대와 관련된 내용이었어요."라고 기억을 떠올렸다.

부모는 정신적 지주 역할을 하기도 한다. 자녀들은 부모에게 상당한 위로를 받는다고 응답했다. 주기적으로 대화를 나누지 않는 자녀도 특별히 전화를 많이 하게 되는 시기가 있다고 밝혔다. 한 응답자는 말했다. "힘들 때는 일주일에 대여섯 번 연락하기도 해요. 정말 스트레스가 많을 때는 엄마와 더 자주 전화해요."

대학에서 직장으로 이행하는 것은 고등학교 졸업 후 대학에 입학할 때처럼 엄청난 변화다. 애비게일이 인터뷰했던 학생 중 엘리자베스라는 최근 졸업생은 이러한 어려움에 대해 자세히 설명해주었다. 엘리자베스는 금융서비스 회사의 캠퍼스 홍보 담당자로 일하고 있는데, 직장에는 여름방학도, 봄방학도, 매학기마다 다양한 수업을 통해 느끼는 기대감도 없었다. 회사원에게 외모와 첫인상은 더 중요해졌고 신입직원들은 역할에 맞게 행동하고, 말하고, 옷을 갖춰 입어야 했다. "대학 때 인턴십을 통해 배우긴 했지만 한계가 있어요. 직원이 되니 불확실한 상황 때문에 고민하는 순간이 있고, 그때마다 부모에게 전화를 걸어 일이 잘될 거라는 위로와 확신을 얻었어요."

설문에 참여한 졸업생 중에는 대학 때처럼 지루하거나, 친구를 만나거나, 업무 중간에 시간을 때우기 위해서 부모에게 전화하는 경우도 있었다. 여기서도 마찬가지로 앞 세대와 극명하게 달랐다. 얼마 전만 해도 젊은이들은 혼자서 시간을 보내는 방법을 알고 있었다. 요즘도 그런 젊은이들이 많다. 주변 공원이나 운동장에서 농구를 하고, 자전거를 타고, 음악을 듣고, 책을 읽는다. 예전에는 휴대전화나 컴퓨터가 없었기 때문에 항상 연락하거나 즐길 거리를 찾기가 어려웠다. 외롭거나 지루하면 새로운 친구를 기대하면서 동료나 이웃에게 인사를 건넸다. 기분이 안 좋거나 도움이 필요하면 친구, 이웃, 경험 많은 직장 동료를 찾아갔다. 그러나 혼자서 스스로 문제를 해결하는 사람이 많았고 대부분은 자신의 삶에 대해 책임을 졌고, 그 과정에서 자신에게 더 깊이 의지하는 법을 배웠다.

요즘도 부모의 조언에 의존하지 않는 졸업생들이 있다. 그들은 대학에서 스스로 삶을 꾸리는 법을 배우면서 지금까지 독립심을 키우고 있다. 친구들이 매번 집에 전화하는 것이 이들에게는 이해하기 어렵고 짜증스러운 일처럼 보였다. 하지만 긍정적인 면도 있다. 연구에 참여한 졸업생 중 일부는, 친구들이 서로의 삶에 대해 애기하는 것처럼, 부모와의 대화가 일방적이기보다 상호성이 강화되었다고 응답했다. 이는 성인이 되는 긍정적인 신호다. 학생 시절보다 독립심이 강화되었고 부모가 자신을 성인으로 대접해주는 것이 좋다는 응답자도 있었다. 부모와의 대화는 점점 솔직하고 친밀해졌으며, '더 깊이 있고 의미 있는' 방향으로 변화되었다. 졸업 후, 자녀가 점점 성인이 되고 부모와 자녀를 구분하던 선이 흐려지면서 부모와 자녀의 관계도 변화를 겪었다.

다행히 취직을 하고 어느 정도 경제적으로 독립한 졸업생들은 부모에게 더는 경제적 도움을 받지 않기 때문에 부모를 계속해서 기쁘게 해야 한다는 부담에서 해방된 느낌이라고 말했다. "대학에서는 계속 연락해야 한다는 의무감이 있었지만 대화하는 것 자체가 즐겁기도 했어요." 어머니의 끊임없는 연락 때문에 괴로웠던 몰리는 당시를 회상하며 말했다. 그러한 의무감은 어머니에 대한 깊은 애착과 부모에 대한 경제적 의존에서 비롯된 것이다.

"대학에 다닐 때에는 제가 경제적으로 의존한다는 것을 이용해서 원하지도 일을 시키는 엄마에게 화가 났어요. '통금 같은 건 필요 없을 것 같아요.'라고 말하면, 엄마는 '알았다. 그러면 신용 카드를 내놔라.'라고 협박을 해서 다투곤 했었죠. 이제는 의견 차이가 생겨도 협박할 수단이 없기 때문에 당황스러워하세요." 이렇게 말하며 몰리는 다시 덧붙였다. "대학에서 여기까지 온 것도 큰 변화예요. 아직도 몸만 큰 어린애죠. 여전히 부모님과 어떤 관계를 맺어야 할지 고민하고 있어요."

여전히 알람시계 역할을 하는 부모들

우리는 여전히 부모가 멀리서도 자녀의 삶을 통제하는지 설문을 실시했다. 앞에서 나온 수치와 비슷하거나 크게 줄어들지 않았다. 그 이전은 말할 것도 없고 고등학교나 대학, 그리고 그 이후까지, 과잉보호가 여전히 계속된다는 것을 알 수 있었다. 대학 때 자녀에게 빨래, 청소, 술을 절제하라고 잔소리했던 부모들은 대학 이후에도 여전히 잔소리를 하고 있었다.

성인 자녀를 계속해서 관리하려는 것은 대학 때와 마찬가지로 불행한 결과를 낳는다. 부모와의 관계에 대한 만족도 점수가 가장 낮았던 학생들은 졸업 후에도 부모가 여전히 간섭했다. 부모와의 관계는 계속해서 통제와 갈등으로 점철되었으며, 이들이 부모와 자녀의 관계를 어떻게 평가하는지를 보면 잘 알 수 있다. 특히 문제는 수년간 계속된 행동 패턴에 얽매어 상황을 해결할 방법을 찾지 못한다는 것이다. 부모가 조장한 바로 그 '의존' 때문에 자녀는 부모와의 관계를 거부하지 못한다. 경제적으로도 의존하고 있다면 더욱 그렇다. 자녀가 이런 상황이라면 부모는 다시 생각해보고, 자녀에 대한 통제를 일부분이라도 포기하고 성인에 맞게 자녀를 대우해야 한다.

정서적 지지를 원하는 대학생들

우리는 누가 먼저 연락하는지가 매우 중요하다는 것을 발견했다. 전체적으로는 부모가 먼저 연락하는 경우가 약간 더 많다고 응답했지만, 관계에 대한 만족도가 높을수록 자녀가 먼저 연락하는 경우가 많았다. 이들은 부모를 동료처럼 평가했으며, 친구들에게 하듯 부모에게 전화를 걸어 슬픈 일과 기쁜 일을 애기하고 부모의 일상에 귀를 기울였다. 최근에 졸업한 한 학생은 이렇게 말했다. "저는 부모님을 좋아하고 대화하는 것을 즐거워해요. 친구라고 생각하죠. 부모님은 저를 잘 이해해주고 제가 스스로 하도록 내버려두세요. 부모님과 대화하고 싶을 때 언제든지 편하게 연락하고 있어요.”

반면 자녀 곁을 맴도는 부모는 전화나 이메일을 대부분 먼저 하는 편이다. 한 학생은 이렇게 표현했다. “엄마는 항상 저를 너무 챙겨 속상하게 만들어요. 저는 이제 어린애가 아니니 그만 하라고 말하죠.” 많은 학생들은 그보다는 조금 소극적이다. 지나친 간섭을 불편하게 생각하지만 직접 거절하기보다는 피하는 방법을 택한다.

우리의 연구에 참여했던 졸업생들은 부모에게 ‘지금 직장이나 대학원이 끝나면 다음에 무엇을 할 계획이니?’ 라는 질문을 받는 게 싫다고 답했다. 부모의 정서적 지지를 기대하는 졸업생들조차도 단지 지지만 원할 뿐 부모에게 문제를 해결해달라고 요구하지 않았다. 한 학생은 이렇게 말했다. “피곤하고 외로울 때면 엄마가 해야 할 목록을 주세요. 너무 많아서 시도해볼 엄두가 나지 않을 정도죠.”

장래 계획과 함께 졸업 직후에 가장 금기시되는 주제는 성과 돈 문제다. 요즘 누구를 만나고 있는지 물어보는 것도 기피 대상이다. 성별에 따라 대화 주제도 차이가 있었다. 한 응답자는 이렇게 말했다. “아빠하고는 주식이나 투자 얘기를 하고, 엄마하고는 인간관계나 건강 문제를 얘기해요. 두 분이 일, 미래, 집 문제에 대해 조언을 해주시죠.”

부모가 조언해주는 내용도 각각 다르다. “엄마는 감정적이어서 내면의 성찰을 통해 제 문제를 바라보기를 원해요. 반면 아빠는 현실적이고 경험주의자죠.” 금융위기도 영향을 끼친 듯하지만 때로는 서로 상반되는 의견을 주기도 한다. “아빠는 다른 직장을 알아보거나 대학원에 가는 게 좋겠다고 하고, 엄마는 지금 직장을 계속 다니기를 원하세요."

인생에 대한 만족도

우리는 최근 졸업생들에게 자신이 성인기에 얼마나 근접했다고 생각하는지 의견을 물었다. 다행히도 이들은 대학 때보다는 성인기에 더 가까워졌다고 생각했다. 자세하게 답변해준 졸업생도 있었다. "저는 좀 더 성인에 가까워졌다고 생각해요. 취직도 했고, 일상생활에서 어른들과 함께 교류도 해요. 어느 정도 성숙했고 넓은 관점에서 우선순위를 다시 조절하게 됐어요. 그리고 이런 변화가 부모님과의 관계를 더 가깝게 만들었다고 생각해요." 반대로 부모와 갈등이 심하다고 평가한 졸업생은 자신을 성인으로 인식하는 비율이 낮았다. 여전히 부모에게 경제적으로 의존하는 졸업생도 마찬가지였다. 성인기 인식에 대한 다른 연구 결과와 일치했다.

그리고 현재 인생에 대한 만족도가 어느 정도인지 물었다. 전체적으로 이러한 만족도는 성인기로 이행을 어떻게 인식하는지와 관계가 있었다. 현재 자신이 성인이라고 생각하거나 성인에 가깝다고 생각할수록 졸업 후의 삶에 대한 만족도가 높았다. 또한 인생에 대한 만족도는 부모와의 긍정적인 관계, 부모에 대한 동료 의식과 비례했다. 삶에 대한 만족도가 가장 낮은 경우 부모와의 관계도 원만하지 않았다. 성인이 된 자녀의 삶을 계속해서 관리할 수 있다고 생각하는 부모들은 이 결과에 주목해야 할 것이다.

높은 만족도와 긍정적인 변화

분명히, 부모와의 관계는 이 시기에도 계속해서 큰 영향을 끼친다. 본 연구에 참여한 대부분의 응답자들은 계속해서 부모와 친밀한 관계를 유지했으며 분명한 특징을 보였다.

이 시기에 부모와 관계가 만족스러울수록 갈등과 통제는 적고, 동료 의식, 위로와 이해, 상호성은 높게 나타났다. 우리가 인터뷰한 학부모 뿐만 아니라 졸업생의 상당수는 이러한 새로운 관계를 통해 높은 만족감을 느낄 수 있어 기쁘다고 응답했다.

스물네 살 엘리자베스는 현재 부모와 가까운 관계를 유지하고 있으며, 거의 매일 문자나 전화로 대화한다. 엘리자베스는 본인의 독립성을 자랑스럽게 여기며, 이는 부모의 양육 방식 덕분이라고 얘기했다. 부모가 숙제하라고 절대 잔소리하지 않았고, 스스로 할 수 있다고 자신을 믿어주었다고 말했다. "저는 결정을 내리고 제 미래를 책임지는 것을 즐거워해요." 현재 부모님과 두 시간 정도 떨어진 곳에 살고 있지만 함께 시간을 보내는 것을 좋아한다. 애비게일과 인터뷰한 날에도 엘리자베스는 삼촌의 쉰 번째 생일을 축하하기 위해 부모님과 샌프란시스코에서 즐거운 주말을 보낼 예정이라고 말하며 부모님을 만나러 갔다.

진로 상담자들의 현실적인 조언

자녀가 대학을 졸업하고 사회에 발을 내디딜 때 부모가 어떻게 도울 수 있는지 각 대학의 진로 상담사들은 현실적인 조언을 해준다. 이들은 부모와 지극히 가까운 관계를 유지하는 대학생들, 특히 부모의 규제나 도움에 의존해왔던 학생들이 사회에서 잘 적응하기 위해 애쓰는 현장에서 일하는 사람들이다.

위스콘신대학의 화이트워터캠퍼스는 입학 초기에 가족들에게 회사가 신입직원에게 무엇을 원하는지 설명해준다. 위스콘신대학의 진로 및 리더십계발센터 소장 론 버콜츠는 다음과 같이 말했다. "우리는 학생들이 자기 힘으로 해야 하고 독립심을 키워야 한다고 이야기해요."

버콜츠 소장은 신입생 오리엔테이션에서 다양한 부모들에게 강의를 한다. 대부분은 부모가 자녀의 독립을 돕는 방법에 대한 내용이다. 이는 자녀가 열정을 찾고, 기업이 원하는 능력을 키우는 데 도움이 된다. 예를 들어, 부모는 자녀가 결석할 때 기숙사로 바로 달려가기보다는 다양한 캠퍼스 활동에 참여하도록 격려할 수 있다.

캠퍼스 투어 가이드로 봉사하거나 캠퍼스 활동 기획에 참여해서 조직 능력과 의사소통 기술을 익힐 수 있다. 외국에서 공부하는 것은 유연성을 키우고 스스로 사고할 수 있는 좋은 기회다. 기업이 원하는 것은 바로 이러한 경험과 능력이다. 또 다른 방법은, 학생들이 2학년 때쯤 자신의 이력서를 써보게 하는 것이다. 자신이 입사하고 싶은 회사에서 제공하는 인턴십이나 기타 프로그램에 참여하려면 어떤 부분을 보충해야 하는지 한 눈에 알 수 있다.

"부모들은 고개를 젓기도 하고 끄덕이기도 해요. 오리엔테이션이 끝날 때마다 7~8명의 부모들이 와서 '그렇게 하려고 노력하고 있어요.'

라고 말하죠." 버콜츠 소장의 말이다. 부모들이 정말 그렇게 하고 있을 까? "확인할 방법은 없지만, 자녀가 점차 독립하고 자신의 삶을 책임지 기 시작하면서 어떻게 도와야 하는지를 배우려는 부모들이 분명히 있 습니다."

다른 대학도 진로 상담사들이 신입생 오리엔테이션에서 학부모와 학 생이 함께 이러한 노력을 시작하도록 도와준다. 학생들이 교내에서 일 자리를 구하거나, 전공을 선택하거나, 4년 내내 혹은 그 이후에도 여름 인턴십 지원을 도와주는 등 계속해서 참여를 유도한다. 물론 취직이나 대학원 진학이 점차 현실화되는 3학년 때부터 가장 큰 도움을 줄 수 있다. 대 부분의 학생들이 전공을 정하고, 진로 상담사들이 전공에 맞춰 직업 선 택을 도와주는 시기다. 부모들도 동참한다. 노스웨스턴대학에서는 대 학 진로 서비스를 소개받는 경로 3위가 부모였다. 노스웨스턴대학의 진로 상담센터 소장 로니 던랩은 다음과 같이 말했다. "엄마가 가라고 해서 왔다는 학생도 있었어요. 우리에게는 반가운 일이예요. 학부모를 돕는 것이 우리의 역할이라고 생각하죠."

어느 정도 맞는 말이다. 던랩 소장이나 버콜츠 소장과 같은 진로 상 담직원들은 부모의 참여를 원하지만 지나친 간섭은 싫어한다. 일부 소 수이기는 하지만 점점 더 많은 부모들이 어떤 것이 적절한 행동인지를 잊는 경향이 있다. 예를 들어, 재학생이나 졸업생들에게 취업 서비스를 제공하는 '익스피어런스' 라는 회사에서 대학생들을 대상으로 실시한 조사에 따르면, 응답자 중 25퍼센트는 취업 준비를 포함해 부모의 개 입이 짜증 나거나 부끄럽다고 말했다. 익스피어런스의 CEO 제니 플로렌은 부모의 지나친 간섭이 전혀 줄어들지 않는다고 말했다.

진로 상담사, 기업, 청년 구직자 등을 대상으로 실시한 인터뷰를 보면, 부모가 자녀의 전공 선택에 영향을 미치는 것과 마찬가지로, 자녀의 직업까지 결정을 했다. 대학의 진로 상담사들은 특정한 전공과 학위를 받아야 특정한 직업을 가질 수 있다는 부모들의 기대를 바로잡느라 애쓰고 있다. 익스피어런스의 또 다른 조사에 의하면, 재학생이나 졸업생의 60퍼센트가 롤모델이 직업 선택에 영향을 준다고 밝혔다. 롤모델 1위와 2위는 누구였을까? 교사나 교수[46퍼센트], 그리고 부모[41퍼센트]였다.

부모의 불안과 간섭

경제 침체는 부모의 간섭에 더욱 불을 붙인다. 듀크대학의 진로 상담 센터 소장 윌리엄 라이트 스웨들은 말했다. "요즘 미국에는 자신이 일하는 조직, 그 조직 안에서 자신의 역할이 안전하다고 자신 있게 말하는 사람은 거의 없습니다."

부모들은 자녀가 안정적인 직장에 취직할 수 있는 전공, 평생 고용을 보장해주는 전공을 택해야 한다고 재촉한다. 자녀와 직업에 대한 비현실적인 기대다. 경제 전문가들은 직장인들이 일생에 서너 번 직장뿐 아니라 직업도 바꿀 수 있다고 한다. "스물두 살의 젊은이가 은퇴할 때 어떤 직업을 갖게 될지는 아무도 모릅니다." 부모가 안정적인 직업을 찾는 것은 이해가 되지만 아이들에게는 오히려 독이 된다. "부모가 자녀를 재촉하면 학생들은 정말 필요한 기술을 습득하거나, 해당 분야를 탐색하거나, 열정을 발견할 만한 시간적 여유를 갖지 못합니다. 집중과 확신은 탐색과 발견을 통해 이루어지는 것이지 재촉한다고 되는 것이 아닙니다."

라이트 스웨들 소장은 부모가 자녀에게 맞지 않는 직업을 강요할 때 부모가 올바른 시각을 갖게끔 유머감각을 발휘한다. 입학 초부터 그러한 내용을 강조한다. 최고의 의과대학으로 유명한 듀크대학은 훌륭한 의사를 꿈꾸는 학생들이 모이는 곳이다. 가족들은 실망하겠지만, 일부 학생들은 어려운 의예과 수업이 시작되면 자신의 생각을 바꾼다. "가족 중에 의사가 필요해서 그러는 거라면 부모 중 한 명이 의대에 갈 수 있도록 도와주겠다고 농담을 해요."

이렇게 농담을 하는 이유는 그러한 적응이 학생뿐만 아니라 부모들에게도 어렵다는 것을 깨닫게 하기 위해서이다. 하지만 그 농담 뒤에는 라이트 스웨들 소장이 언급했고, 다른 진로 상담사들도 공감하는 우려와 좌절감이 포함되어 있다. "부모가 의사결정을 주도한다면 자녀가 폭발적인 성장과 열정적인 삶을 경험하거나 성인으로서 자신의 직업, 인생, 가족을 스스로 꾸려나가는 법을 배우는 기회를 과연 가질 수 있을지 의문입니다."

일부 진로 상담사들은 학부모와 학생 중간에서 고민하기도 한다. 부모는 자녀가 특정한 직업을 선택하지 않도록 설득해달라고 전화를 걸어온다. 우리가 인터뷰한 진로 상담사들은 그러한 요청을 거부하고 부모가 직접 학생과 대화를 나눠보라고 권한다. 한편 이들은 학생과 함께 역할 연기도 하면서 자신의 계획을 바꾸고 싶다는 생각을 부모에게 잘 전달할 수 있도록 돕기도 한다.

지나친 개입과 부정적인 결과

자녀의 삶에 개입하는 부모는 자녀의 진로 선택에도 적극적으로 참여한다. 이력서나 커버레터를 봐주거나 주변 인맥을 활용하는 등, 상당히 정상적인 방법으로 자녀를 돕는 부모도 있다. 본 연구에 따르면 부모의 33퍼센트는 이력서를 검토해주고, 25퍼센트는 커버레터를 확인해준다고 응답했다.

좀 더 적극적인 부모도 있다. 이력서와 커버레터를 대신 써주거나, 교내 취업 박람회에서 채용 담당자를 만나 자녀와 만날 수 있게 하고, 채용 대행사에 면접 약속도 잡고, 면접 장소까지 자녀와 함께 가기도 한다. 청년 구직자들은 이러한 행동이 도움이 되지 않는다고 말한다. "제가 취직하려는 회사에 엄마가 연락한다면 담당자는 깜짝 놀랄 거예요." 미네소타대학을 최근 졸업한 마커스는 이렇게 말했다. 그는 홍보 분야에 취직하기 위해 구직을 하는 중이다. 대학의 진로 상담사 중 상당수는 이러한 행동이 지나치며 자녀의 구직 활동에 오히려 해가 된다고 지적한다. 익스피어런스의 CEO 제니 플로렌에 따르면 부모들이 학생의 아이디로 로그인해서 지원서를 작성하고 면접도 신청한다고 말한다. 플로렌은 선을 넘어도 한참 넘었다고 말하면서 부모들이 과잉보호에서 손을 떼도록 조심스럽게 권고한다.

"코치가 되는 것과 대역 배우가 되는 것은 완전히 다릅니다." 로니 던랩 소장은 노스웨스턴대학에서 정기적으로 직원을 채용하는 한 은행의 사례를 들려주었다. 몇 년 전, 그 은행의 채용담당자로부터 한 학부모가 과도하게 간섭한다는 얘기를 전해들었다. 그 부모의 자녀가 그 은행에서 아주 좋은 자리에 면접을 봤는데, 결과가 나오지 않자 면접자의 아버지가 견딜 수가 없어서 직접 은행을 찾아가 진행 상황을 물어본 것이다. 그 학생은 결국 채용되지 못했다. 실제로 최종 합격했는지는 모르지만, 아버지 때문에 탈락할 수밖에 없었다고 던랩 소장은 설명했다.

노스웨스턴대학은 신입생 오리엔테이션에서 이와 유사한 사례를 들면서 그러한 행동을 방지하려고 노력한다. 던랩 소장은 한 단계 더 나아가 자녀의 취직을 위해 부모가 해야 할 일과, 하지 말아야 할 일이 무엇인지 조언해달라고 회사를 운영하는 학부모에게 요청하기도 한다. 경영자들, 특히 젊은 경영자들은 부모가 얼마나 개입하고 싶어 하는지 이해한다고 한다. 회사에서 가장 중요하게 생각하는 것은 부모의 응원이지 간섭이 아니다. 취업 준비와 면접에서 성공하도록 자녀를 격려하고 뒤에서 지원할 수 있지만 직접 회사로 전화해서는 안 된다.

자녀의 취업을 위해 부모가 도울 수 있는 일

우리가 인터뷰한 진로 상담사들은 부모에게 자녀가 학교의 취업 서비스를 활용하도록 권장해달라고 말한다. 하지만 부모가 대신 취업 준비를 해서는 안 된다. 우선 학생들은 스스로 이력서나 커버레터를 쓰고,

면접 기회를 준 회사에 감사 편지를 보낼 수 있다. 부모와 함께 이력서를 검토할 수는 있지만 학생이 직접 작성해야 한다. 던랩 소장의 말에 따르면 이것은 매우 중요하다. "취업 준비에 필요한 각 단계를 스스로 해봐야지 자녀의 실력이 커집니다. 자신의 경력 관리에 필요한 일종의 기술이기 때문이죠. 지원하려는 회사와 근무 환경이 어떤지 직접 알아봐야 해요. 그 내용이 자신의 머릿속에 있어야 면접할 때 잘 활용할 수 있습니다."

텍사스 주 셰넌도어에 위치한 채용 대행 서비스 미어도르의 질 에반스 실먼 부사장은 부모가 자녀의 면접 준비를 돕기 위해 어떤 예상 질문이 나올지 자녀에게 알려줄 수 있다고 말한다. 미어도르는 지역적, 다양한 업체의 임시직, 정규직 채용을 담당하는 업체다. 예를 들어, 부모는 자녀와 가상 면접을 해볼 수도 있다. 가장 일반적인 질문은 다음과 비슷할 것이다. "자신의 능력과 경험으로 볼 때 이 일을 본인이 맡아야 할 적합한 이유는 무엇인가?" 면접에 합격하려면 간단하고 인상적으로 답변하고, 해당 직종에서 요구하는 기술에 맞추어 자신의 능력을 설명할 수 있어야 한다.

하지만 부모는 경제적인 문제를 지나치게 강조하지 않도록 조심해야 한다. 면접자가 회사의 복지혜택이 어떤지 질문하는 것은 어려운 일이다. 부모가 그런 내용을 주입시켰다는 것을 보여줄 뿐이다. "지원자들이 질문하는 내용을 보면 자기들이 무엇을 묻는지조차 모른다는 게 눈에 보여요." 실먼 부사장에 따르면 길어야 6개월만 근무하는 임시직 지원자가 연금을 묻는 일도 있었다고 한다.

취업에 필요한 의사결정 능력

부모의 개입이 늘어나면서 학생들은 기업이 원하는 인재와 정 반대의 모습으로 성장했다. 아이러니한 일이다. 미국대학고용협회의 **2009**년 조사에서는 청년 구직자들에게 가장 필요한 능력을 발표했는데, 추진력과 의사소통 능력이 첫 번째였다. 부모가 계속해서 자녀의 대변인 역할을 하거나 의사결정을 대신 내려준다면 아이들은 그러한 능력을 기를 수 없다. 자녀에 대한 사랑이 넘치는 이러한 부모 때문에 기업은 이미 그 여파를 경험하고 있다. 대기업과 중소기업 관계자들은 스스로 의사결정을 내리지 못하거나, 신속히 문제를 해결하지 못하는 신입직원이 있다고 어려움을 토로했다.

로버트해프인터내셔널은 세계 최대의 채용 대행사 중 하나이다. 이 회사의 남부 캘리포니아와 애리조나 지역 총괄 사장인 브렛 굿은 추진력, 자립심, 스스로 빠르게 사고하는 능력을 갖춘 인재를 찾고 있다. 내부에서 일하든, 외부 고객과 일하든 요즘 같은 경제 상황에서는 꼭 필요한 자질이다. "경영진을 크게 축소한 조직의 경우, 의존할 수 있는 안전장치가 많지 않기 때문에 빠른 문제 해결이 요구됩니다."

하지만 **10**여 년간 신입직원 채용 업무를 맡으면서, 그는 특히 지난 몇 년 동안 구직자 특성이 점차 변하는 것을 느낄 수 있었다. "요즘은 정말 유능하고 기술에도 밝은, 훌륭한 졸업생들이 많아요. 하지만 자신이 유능하고 스스로 의사결정을 내릴 수 있다고 믿는 사람, 다른 부서로 의사결정을 미루거나 결정을 하기 전에 동료나 주변 인맥을 통해 의견을 구하는 사람으로 점점 나뉘고 있습니다."

때로는 부모가 그러한 인맥 중에 포함되기도 한다. 젊은 직원들과 의사결정을 상의하거나 그들의 코치와 멘토가 누구인지 알기 위해 일대일 면담을 하면서 굿 사장은 이러한 사실을 어렵게 알게 되었다. 사회에 발을 내딛는 젊은이들은 진로에 관한 멘토를 찾을 시간이 없다. 멘토를 찾을 때까지는 사회 경험이 있는 부모와 상의할 수밖에 없었다. "10년 전의 경험과 비교하면, 요즘은 부모가 그러한 인맥, 멘토, 코치 역할을 하는 경우가 훨씬 많아졌어요."

브렛 굿 사장에 따르면 회사 일을 부모와 상의하려는 경향은 자녀의 의사결정 과정을 지연시킨다. 고객을 잃거나 다른 고객과 관련된 업무 처리를 지연시킨다면 경력 자체가 위험해질 수도 있다. 그들의 결정은 다른 의사결정에 영향을 주기 때문에 신속하게 이루어져야 한다. "중대한 결정을 내리는 것도 아니에요. 신입직원들이 내릴 수 있는 사소한 문제들이죠."

안타깝게도 요즘 같은 경제 상황에서는 이러한 비효율성에 대해 그다지 너그럽지 못하다. 필수적인 의사결정 기술을 습득하지 못한 직원들은 해고당할 수 있다. 엔터프라이즈 렌터카에서도 이 같은 문제가 나타나고 있다. 인사과장 안젤라 쿤더트는 이렇게 말한다. "우리 회사는 매우 진취적이에요. 직원들이 마치 자기 사업처럼 일해주길 기대하죠." 쿤더트 과장은 경영지원 수습직원들에게 이러한 회사의 기대를 설명해주었다. 신입직원들 중에는 이를 어려워하기도 한다. 이들은 지점장과 함께 업무를 배우고 몇 달간 별도로 교육도 받는다. "고객이 찾아

와서 화를 낼 때 우리는 직원이 문제를 해결하고, 고객을 만족시키길 원해요. 어떤 직원은 옳은 결정을 내리기도 하지만 스스로 그런 역할을 불편해하는 직원도 있어요. 그들은 스스로 처리하지 않고 상사에게 달려갑니다.”

엔터프라이즈는 매년 8,000명의 경영지원 수습직원을 채용하며, 이들에게 스스로 해결책을 마련하라고 격려하면서 이러한 문제에 대처하고 있다. 더욱 자세한 설명을 위해 쿤더트 과장은 이메일로 다음과 같은 상황을 설명했다. 수습직원들은 대부분 자동차 수리소나 정비소에서 고객을 끌어온다. 이들을 지점으로 데리고 와서 자동차를 렌트하도록 권유하는 것이다. 어떤 경우는 지점에 도착한 후에야 그 고객의 면허가 만료되었다는 것을 알게 된다. 일부 수습직원들은 지점장의 승인이 필요하다거나 ‘운’이 있어야 한다고 생각하면서, 지점장에게 어떻게 할지 묻는다. 하지만, 한 수습직원은 재빨리 고객을 가까운 교통국으로 데리고 가서 면허증을 갱신하는 동안 함께 기다려주었다.

“고객이 잘못하기는 했지만 수습직원이 조금만 희생하고 고객의 신뢰를 얻어 문제를 쉽게 해결했던 사례입니다. 모든 사람이 그렇게 문제를 해결하지 못할 수도 있어요. 하지만, 경영교육 프로그램에서 우리는 자율성과 스스로 사고하는 업무 방식을 강조합니다. 요즘 세대는 처음부터 그러한 업무 방식을 따르지는 않지만, 우리의 교육 프로그램을 배우면서 변하고 있어요. 일상적인 결정을 내릴 때 상사에게 의존하기보다는 자율적으로 결정을 내리는 법을 배우고 있습니다.” 쿤더트 과장은 문제의 원인 중 하나는 많은 신입직원들이 의존적인 방식으로 양육 받았기 때문이라고 지적했다. 스스로 결정을 내리는 것에 익숙하지 않다는 것이다.

부모와 함께하는 구직 활동

요즘 부모들은 몇 년 전에는 상상할 수 없었던 방법으로 자녀의 사회생활에 개입을 한다. 일부 부모는 선을 넘기도 한다. 기업의 취업 담당자들은 취업 박람회에 학생들과 함께 나타나는 부모들이 점점 늘어난다고 말했다. 몇 년 전만 해도 있을 수 없는 일이었다. "부모가 치어리더 역할을 하고 있었어요. 부스를 가리키며 '저 회사에 가서 얘기해 봐라.'라고 코치하면서 직접 부스를 방문하기도 해요."

위스콘신 주 매디슨에 있는 세계적인 보안 소프트웨어 업체인 **PKWARE**의 인사 담당 태미 맥코맥 부장은 말했다. 맥코맥 부장은 회사 부스를 방문하는 학부모들에게 항상 정중하게 대하는 것을 원칙으로 삼고 있다. 학부모가 자녀와 함께 방문하면 두 사람과 모두 대화를 나눈다. 하지만 자녀가 다른 곳을 둘러본다고 하면서 부모만 와서 이력서를 제출하는 경우는 받지 않는다. 대신 부모에게 이력서는 자녀가 직접 내야 한다고 정중하게 권한다. 구직 활동의 첫 단계인 이력서 제출은 학생의 역할임을 강조한다. 성인이 된 자녀의 구직 활동에 부모가 이처럼 적극적으로 개입하는 모습을 보면서 맥코맥 부장을 비롯한 인사 담당자들은 "이 지원자는 과연 혼자서도 일할 수 있을까?"라는 의문을 갖게 된다고 말했다.

엘리자베스는 캠퍼스 취업 박람회에 학생과 함께 참석한 어머니를 보고 같은 의문을 가졌다. 그 학생보다 불과 몇 살밖에 많지 않지만 엘리자베스는 이해가 되지 않았다. "옳지 않다고 생각했어요. 그 나이라면 혼자서 결정을 내리고 스스로 처리하는 전문가다운 태도가 있어야해요. 아직 성숙하지 못하다는 증거밖에 안 되죠. 스스로 결정을 내릴수나 있을지 의심이 듭니다."

실제 면접 장소까지 따라가는 부모도 있다. 맥코맥 부장이 전 직장인밀워키의 유명한 로펌에서 인사 업무를 담당했을 때, 경쟁이 치열한 여름 인턴 선발을 위해 하루 종일 진행된 면접에 어머니와 함께 온 학생이 두 명이나 있었다. 두 지원자 모두 로스쿨 2학년이었다. "정말 충격이었죠." 그는 어머니들에게 자녀를 따라오지 않는 게 좋을 것 같다고조심스럽게 말했다. 그리고 어머니들을 인근 백화점과 박물관으로 안내해주었다. 파트너 변호사들이 그 사실을 알았다면 당장 두 지원자를탈락시켰을 것이다. 결국 두 명의 지원자는 모두 탈락했다.

취업 박람회나 면접에 자녀를 따라가는 부모는 자녀의 독립적인 업무 능력과 인격적 성숙이 어느 정도인지 심각하게 생각해봐야 한다. 맨해튼에 있는 TV 프로덕션 업체인 KPI의 생산 총괄 전무인 크리스틴사밧은 이렇게 말했다. "나 같으면 그런 사람을 절대 채용하지 않을 겁니다. 촬영할 때 다음 단계에서 무엇을 해야 할지 미리 계획을 세워야하기 때문에 우리는 스스로 일할 수 있는 적극적인 사람을 뽑습니다."
KPI는 MSNBC, 히스토리 채널, 디스커버리 채널 등에 방영되는 프로그램을 위해 전 세계를 누비며 촬영하기 때문에 더욱 적극적인 사람을원한다.

취직 제의에 대한 부모의 개입

일단 면접이 끝나면 많은 부모들은 취직 제의에 대해서도 간섭한다. 취직이 힘든 요즘 상황에서도 최근 졸업생들은 부모님과 먼저 상의하기 전에는 취직 제안에 답하지 않는다. 브렛 굿 사장에 따르면 로버트 해프 인터내셔널에서는 일반적으로 "제안 감사합니다. 저의 멘토와 주변 분들과 상의하고 싶습니다."라는 답장이 온다고 한다. 40퍼센트 정도는 부모의 의견을 구한다. 첫 직장뿐만 아니라 두 번째, 세 번째 직장을 구할 때도 마찬가지다. 엔터프라이즈에서도 상황은 같았다.

"부모와 상의하고 싶다는 지원자들을 보게 된 게 지난 3~4년 사이인 것 같네요. 10년 전에는 그런 얘기는 들어보지도 못했죠. 이제는 75퍼센트 정도가 제안을 바로 수락하지만 더 생각해보겠다는 사람도 있고, 그중 4분의 1은 부모님과 상의해보겠다고 말합니다." 임시직인 경우에도 부모와 먼저 상의하겠다는 후보자들이 있다고 미어도르의 질 실먼 부사장은 언급했다.

면접에 따라다니는 부모처럼 심각한 것은 아니지만, 이러한 행동은 예비 전문가들에게 기대되는 모습은 아니다. 예를 들어, 라이스대학 직업개발센터의 상담사들은 기업에 그러한 내용을 밝히지 말라고 조언한다. 앞으로 다닐 회사가 부모의 의견을 구한다는 말을 어떻게 받아들일지 생각해보라고 말한다. 직업개발센터 부소장인 재키 힝에 따르면, 학생들은 그런 얘기를 들으면 웃는다. "부모와 상의하는 학생이라도 독립적인 존재가 되고 싶은 마음은 여전히 있어요."

분명히 첫 직장에 취직하는 것은 설레면서도 복잡한 일이다. 최근 졸업생들은 익숙하지 않은 복지 제도, 연봉 수준 등에 대한 수많은 정보가 제공된다. 요즘 신입직원들 중에는 부모님이 볼 수 있도록 복지 제도에 대한 설명서를 부모님께 보내달라고 회사에 요청하기도 한다. 엔터프라이즈는 부모와 가까운 관계를 유지하는 신입직원들에게 관대한 것으로 알려진 기업으로, 그 정도는 유별난 경우도 아니라고 말한다.

조언을 통해 자녀를 도우라

다양한 기업에 있는 400명 이상의 인사 담당자를 대상으로 2006년에 의미 있는 조사가 실시된 적이 있다. 해당 조사에서는 신입직원들에게 필요한 핵심 능력으로 프로 의식, 업무 윤리, 팀워크, 구두 의사소통 능력, 비판적 사고, 문제 해결 능력 등을 꼽았다. '일하는 가족을 위한 기업연합', '21세기형 인재를 위한 파트너십', '인재관리학회'와 공동으로 실시한 컨퍼런스 프로그램 국장 메리 라이트는 이같이 설명했다.

해당 조사 결과를 잘 살펴보며 부모가 자녀의 직장생활을 어떻게 도울 수 있는지 알 수 있다. 미어도르의 질 실먼 부사장도 이 의견에 적극적으로 동의한다. "무엇보다도 부모는 훌륭한 윤리 의식, 근태, 시간 엄수, 정직, 헌신 등의 자질을 길러줄 수 있습니다. 이것이 바로 기업이 원하는 것이죠."

실먼 부사장이 10년 전에 텍사스 주의 기업들에게 직원의 가장 중요한 자질 두 가지가 무엇이냐고 물었을 때 "첫 번째는 매일 출근하는 것, 두 번째는 제시간에 출근하는 것."이라는 대답을 들었다. 이러한 자질은 이미 직장생활을 하는 사람들에게는 간단하고 분명한 일이지만 정규직으로 일해본 적도 없고, 시간 엄수에 대한 개념이 엄격하지 않은 학생들은 새겨들을 만한 이야기다.

실먼 부사장은 자녀가 학교에 다닐 때처럼 부모가 직장으로 전화해서 자녀를 잘 부탁한다는 인사를 들은 적도 있었다. 좋은 의도였겠지만, 이러한 부모의 개입은 신입직원이 전문가로 인정받고 직장에서 승진하는 데 방해가 된다. 성인기로 성장하는 데에도 방해가 된다.

인사 전문가들과 진로 상담사들은 부모가 자녀에게 직장의 구조를 이해하고 전문가다운 행동이 어떤 것인지 이해하도록 도울 수 있다고 조언한다. 많은 기업들은 젊은 직원들이 기본적인 회사생활을 인식하지도, 이해하지도 못한다고 지적한다. 직장생활 경험이 있는 부모가 사내정치가 무엇인지, 동료와 잘 지내는 것이 왜 중요한지 설명해주면 도움이 될 것이다. 자녀의 업무 평가가 만족스럽지 못한 경우, 자녀에게 평가 결과가 합리적인지, 성과를 개선하려면 무엇이 필요하다고 생각하는지 솔직하게 생각해보도록 권유할 수 있다. 젊은 직원들은 문제 해결 능력을 키워야 한다. 계속해서 부모의 의견을 구한다면 그러한 능력은 키울 수 없다.

또한 자녀가 직장에서 멘토를 찾도록 조언하는 것도 좋은 방법이다. 메리 라이트 국장은 이렇게 말했다. "부모와 상의하는 것도 좋지만 제가 경험한 가장 좋은 방법은, 직장 내에서 멘토를 찾는 것이었어요." 각 조직마다 미묘한 문화가 있습니다. 멘토가 없다면 그러한 내용을 절대 이해할 수 없죠."

출장, 사내 파티, 사무실에까지 나타나는 엄마

일부 회사들은 부모가 자녀의 직장에까지 개입하는 새로운 현상을 경험하고 있다. PKWARE에 입사한 한 신입직원은 샌프란시스코에서 열린 컨퍼런스에 어머니를 데리고 왔다. 다른 직원들이 배우자를 데리고 가는 것을 보고 회사 측에 요청한 것이다. "나라면 그런 생각은 못할 것 같아요." 인사 담당 부장인 태미 맥코맥에게는 충격적인 일이었다.

어머니를 데려가는 것이 다른 사람의 눈살을 찌푸리게 할 수 있다는 것을 알면서도 그런 요구를 한다는 것이 대단하다고 생각했다. 회사는 그 어머니를 다른 직원의 배우자처럼 대우했고, 호텔은 무료지만 항공료와 식비는 내도록 요청했다. 두 사람은 컨퍼런스가 끝난 후에도 계속 머무르면서 긴 주말 연휴를 보냈다.

맥코맥 부장은 여름과 겨울에 열리는 PKWARE의 사내 파티에 참석하는 부모도 있다고 말했다. 다른 직원들은 동료의 부모를 친절히 대한다. "동료들은 '말씀 많이 들었어요.' 라고 말했어요. 엄마를 한 번도 초대한 적이 없는 저로서는 죄책감을 느끼기도 해요. 십중팔구 대부분 엄마가 오는 경우가 많죠." 하지만 이렇게 부모를 초대하는 것이 아직 일반적이지는 않다.

오하이오 주에 있는 PKWARE의 데이튼 사무소에서 최근에 파티를 열었는데 한 여직원이 장난삼아 어머니를 데이트 상대로 소개해 동료들의 웃음을 자아내기도 했다고 맥코맥 부장이 설명했다. 미어도르의 사내 피크닉이나 바비큐 파티에 어머니를 모시고 오는 젊은 여직원들을 볼 수 있다. "이들은 '다른 사람을 데려와도 된다고 하셨죠? 라고 나에게 물어보죠. 물론 저는 배우자로 생각했습니다.”

부모와 직장인 자녀가 이메일, 전화, 문자, 심지어 소셜 네트워킹 등을 통해 서로 연락하는 것은 이제 직장 문화의 일부가 되었다. 코네티컷 주 스탬포드에 있는 콘에어의 브룩 칼슨 사업개발 부사장은 현재 여러 직원을 눈여겨보고 있다. “사무실에 들어가면 ‘엄마, 이따가 전화할게요.’ 라는 얘기를 흔히 듣습니다.” 칼슨 부사장은 이렇게 말하며 4년 전에는 그렇게 전화를 끊는 모습을 거의 볼 수 없었다고 덧붙였다. 태미 맥코맥 부장은 업무 중에 페이스북을 너무 많이 해서 한 남자 직원에게 몇 번 경고한 후 징계 조치를 내렸는데, 해당 직원은 나름 해명하기를 어머니와 대화했다고 말했다.

부모가 자녀의 직장을 방문하는 일은 이제는 드문 일이 아니다. 레베카는 좋은 성과를 내고 있는 새 직장을 엄마에게 보여주려고 사무실로 엄마를 초대했다. “제 사무실, 제가 점심을 먹는 곳, 동료들을 엄마에게 보여주고 싶었어요.” 레베카의 동료들은 “재밌다.”라고 말했다. 특히 한 동료는 레베카의 순진함과 적극적인 성격에 대해 “‘밤비’가 회사에 부모님을 모시고 왔네.”라고 말하며 계속 놀렸다. “저는 ‘그래, 부모님을 모시고 왔어. 그리고 난 그게 뿌듯해.’ 라고 대답해주었죠.”

직장 내 부모의 역할에 대한 문화적 차이

직장 내 부모의 역할이 어느 수준까지가 적절한지에 대한 세대 차이, 그리고 요즘 세대와 문화적인 부분에서 차이가 존재한다. 엔터프라이즈, PKWARE와 같은 기업들은 좀 더 개방적이다. 태미 맥코맥 부장은 이렇게 말했다. "우리는 보안 소프트웨어 회사입니다. 평균 연령은 마흔 둘이고 젊고 발랄하며 역동적입니다. 그런 문화 때문에 좀 더 개방적인 편이죠." 하지만 자녀, 배우자, 부모와의 전화가 일상적이라고 해도, 일부 직장에서는 선을 긋는다. 몰리의 사무실은 공간이 협소한 편이어서 입사 후 처음 몇 주 동안은 엄마와 통화하는 내용이 동료나 상사한테 모두 들렸다. 엄마에게 눈치를 주려고 몰리는 "엄마, 또 전화했어요?"라고 말하며 전화를 받자, 뒤에서 사람들이 웃는 소리가 들렸다. 몰리에 따르면 엄마는 재빨리 눈치를 챘고, 딸의 직장생활에 폐가 될까 걱정했다고 한다.

어떤 회사들은 단호하게 부정적인 입장을 취한다. 특히 독립적이며 진취적인 업무 태도를 강조하는 스트레스가 심한 직종이라면 더욱 그렇다. 배리 프랭크는 세계적으로 유명한 미디어, 엔터테인먼트, 스포츠 기업 중 하나인 **IMG**의 미디어스포츠 프로그래밍 담당 부사장이다. 그는 수많은 유명 스포츠 인사들에게 멘토 역할을 했으며, 자신의 인턴이나 신입직원들에게 요구하는 자질에 대해 엄격하다. "무엇을 하라고 지시하지 않아도 스스로 할 줄 아는 사람을 원해요. 대학에서 3~4년을 보냈기 때문에 무엇을 할 수 있는지 보고 싶어요. 저에게 자신의 능력을 보여줘야 하죠."

프랭크 부사장은 신입직원들이 구체적인 업무 결정이 아니라 기업연금 납부액에 대해 부모와 상의하는 것은 현명하다고 생각한다. 그는 부모가 자녀의 멘토 역할을 할 수 있다고 본다. 하지만 실무적인 의사결정을 내리는 데 부모가 도와주는 것은 도무지 이해할 수 없다고 말했다. "그게 무슨 도움이 되는지 모르겠어요. 비행기 조종사가 부모에게 '오늘 비행하기에 구름이 너무 많나요?'라고 물으면 어떻겠어요." 그는 농담 삼아 얘기했다. 사내 파티나 출장에 엄마와 동행하는 것에 대해 그는 "소름 끼친다."고 표현했다. 자녀의 발달을 방해할 뿐만 아니라 해당 직원이 가족으로부터 제대로 독립하지 못했음을 보여주는 일이라고 지적했다.

때로 부모의 영향은 눈에 보이진 않더라도 큰 영향을 준다. 엔터프라이즈의 경우, 어떤 부모는 자녀의 부서 이동에 대해 회사와 직접 상의하기도 했다. 엘리자베스는 젊은 직원들과 함께 회사 내의 다양한 기회에 대해 상의했는데 먼저 생각해보고 결정하겠다고 말하는 어린 직원들이 있었다. "그리고 나중에 '부모님과 상의해봤는데……'라고 얘기해요. 상당수의 대화가 부모님 얘기로 시작하죠. 정말 스스로 결정을 내린 건지, 부모님의 의견을 전달하는 건지 모르겠어요." 엘리자베스는 이에 대해 실망감을 느낀다. "가장 좋은 것은 자녀를 믿고 놓아주는 거예요. 때로는 부모에게 전화를 걸어 '공들여 자식을 키웠다는 것을 이해해요. 하지만 이제는 자녀를 놓아주고, 스스로 옳은 결정을 내릴 수 있다고 믿어 주세요.'라고 말하고 싶을 때가 있습니다."

고등학교나 대학에서 부모와 자녀 사이에 관찰되는 양상은 대학 이후에도 계속된다. 부모가 전화, 문자, 이메일 등을 언제 보내는 것보다 자녀가 주도적으로 부모에게 연락하는 졸업생들이 부모에 대한 만족도가 높았다. 당연히 이들은 본인의 성인기 이행에 대해 긍정적으로 평가했다. 부모가 계속해서 전화로 조언과 지시를 하는 경우는 그러한 자아인식을 확립하기 어려웠다.

자녀의 구직 활동을 도울 때는 부모가 아니라 자녀에게 가장 좋은 것을 생각해야 한다. 비싼 등록금을 지불했기 때문에 아이가 경제적으로 안정된 직업을 선택하길 바라고 그러한 기대를 접기가 쉽지 않을 것이다. 하지만 결국 매일 직장에 출근하고, 자신이 선택한 일을 중심으로 삶을 꾸려가는 것은 자녀의 몫이다. 따라서 스스로 직업을 선택하는 것은 자녀가 행복해지는 중요한 요소다.

또한 부모는 자녀의 구직 활동을 도울 때 기업이 원하는 자립심을 키워줘야 한다. 이력서 작성을 도와주는 것은 괜찮을지 모르지만 대신 써주는 것은 바람직하지 않다. 청년 구직자들도 모든 구직 활동을 스스로 책임져야 한다. 그러한 능력은 앞으로 살아갈 때 큰 도움이 될 것이다. 새 직장에서 납부할 연금 액수를 결정할 때는 부모의 도움이 적절하지만, 연봉 재협상까지 관여해서는 안 된다. 자녀가 취직하면 부모는 자녀를 어떻게 도와야 할지 신중하게 생각해야 한다. 마찬가지로 자녀가 직장에서 자신의 행동에 책임을 지고, 회사의 문화를 익히고, 신뢰할 수 있는 직원이 되고, 직장에서 멘토를 찾도록 도와야 한다.

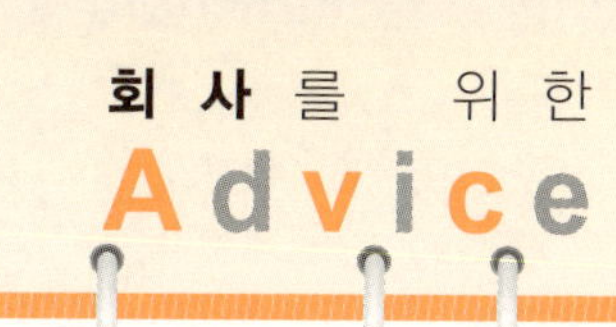

오늘날의 기업들은 부모와 지나치게 친밀한 관계를 유지하는 젊은 직원들의 분위기에 적응하려고 애쓰고 있으며, 문화적 변화의 중심에 서 있다. 이러한 직원들은 다양한 재능이 있지만 부모에 대한 지나친 의존과 아이폰의 유혹으로 바람직하지 않은 모습을 보이기도 한다.

기업들도 알다시피, 관리자들은 신입직원들에게 자신의 일에 스스로 책임져야 한다는 것을 분명히 알려줘야 한다. 그래야지만 문제 행동을 개선할 수 있다. 출근 시간을 지키고, 직장에서 처신하는 방법을 배우고, 동료나 상사와 적절한 관계를 맺는 법을 가르칠 필요가 있다. 자녀의 성공을 돕는 길은 부모가 무엇이 적절한지 알고 있고, 자녀에게 그 방법을 가르쳐주는 것이다.

성숙한 아이와
행복한 부모

이번 연구와 언론 보도에 대해 젊은 세대뿐만 아니라 부모, 교육 관계자, 기업이 우려하는 것이 당연하다. 일부 대학생들은 부모와 너무 자주 대화하거나 부모의 과잉보호에 너무 익숙해진 나머지, 발달이 정체되고 다음 단계로 이행하지 못하고 있다. 많은 대학생들은 스스로 공부하거나, 졸업 후 자신의 삶을 스스로 관리하지 못한다.

취직 후에도 스스로 결정을 내리지 못해서 직장에 피해를 끼치고 있으며, 사내 행사에 엄마를 동행하기도 한다. 이러한 행동이 지나치다는 것을 이해하지 못한다. 모든 가족이 그렇진 않지만 이러한 추세는 우리의 문화에 조금씩 스며들면서 자녀 양육과 가족들이 연락을 주고받는 방식에 영향을 주고 있다.

바람직한 양육을 위해서는 통신기술을 현명하게 활용해야 하며, 의

도적인 노력이 필요하다. 그렇게 하려면 미리 생각하고 계획을 세워야
한다. 그래야지만 만족스러운 관계를 유지하면서 자녀가 스스로 돌보
고 타인에 대해 책임지는 건강하고 독립적인 성인으로 성장할 수 있다.

양육 도구로 휴대전화를 사용하려면 과도한 이메일 관리처럼 자기
절제가 필요하다. 우리는 업무 생산성을 높이려고 이메일이 일에 방해
가 되지 않게 한다. 알림음을 끄고, 일에 집중하고, 정해진 시간에만 수
신을 확인한다. 물론 우리가 이메일을 항상 효과적으로 관리한다고 할
수는 없지만, 성장하는 자녀와 연락을 주고받을 때에도 통신기술을 적
절히 사용하는 것은 좋다. 원칙만 세우면 된다. 부모들에게 왜 그렇게
자주 자녀와 대화하는지 이유를 울었다. 그러자 "그렇게 할 수 있으니
까요."라는 아주 간단한 답이 돌아왔다. 하지만 그렇다고 자주 연락할
필요는 없다.

좀 더 주의를 기울인다면 초기 성인기 자녀와 관계를 더욱 발전시키
면서도 자녀의 성장도 도울 수 있다. 언제, 왜, 어떻게, 무엇을 이야기
할지에 의식적으로 초점을 맞추는 것이다. "지금 이 전화를 꼭 해야 할
까? 전화를 하는 것이 나를 위해서인가, 아이를 위해서인가? 내가 말하
려는 내용을 가장 잘 전달하는 방법은 전화, 문자 중 어떤 것인가? 감
시한다는 느낌을 주지 않으면서 내 생각을 전하는 방법은 없을까?" 자
신에게 먼저 물어보라.

우리의 연구 결과에 따르면 자녀를 지나치게 통제하고 과도하게 간
섭하는 전화는 연령을 막론하고 바람직하지 않으며, 특히 성인기 문턱
에 있는 자녀에게는 더욱 부정적이었다. 자녀의 발달을 방해할 수 있

다. 하지만 의사소통이 얼마나 쉬워졌는지를 생각하면, 자녀의 대학 입학 후 부모가 자신의 행동을 바꾸기가 어려울 수도 있다. 얼마 전까지만 해도 아이들은 부모에게 모든 것을 사사건건 얘기하지 않고 새로운 대학생활을 스스로 헤쳐나갔다. 문제가 있으면 일요일 밤에 전화할 때 간단하게 말하는 정도였고, 그때는 이미 문제가 어느 정도 해결되거나 정신적인 충격도 이미 극복한 경우가 대부분이었다. 룸메이트 문제는 다른 친구와 상의하고, 첫 작문 숙제에 대한 신랄한 비판은 친구와 점심을 먹으며 대화를 하는 사이, 오히려 도움이 되는 비판이라는 것을 깨달으면서 금방 극복하곤 했다. 집에 전화해야만 해결하는 경우는 거의 없었다.

이제 부모와 자녀는 매일 대화할 수 있게 되었다. 하지만 반드시 그래야만 할까? 의사소통에 대한 욕구, 자녀를 놓아주어야 한다는 사실에 부모들이 어떻게 대처할 수 있을까? 자녀에게 가장 좋은 것은 무엇일까? 때로는 부모들의 심리적인 안정을 위해 전화하기도 한다. 하지만 초기 성인기의 자녀들에게 바람직하지 않다. 마찬가지로, 자녀들도 스스로 해결해야 하는 문제를 가지고 부모에게 전화를 한다. 이럴 때 특히 부모가 회피하거나 거절하기 어려울 수 있다.

우리의 조언은 광범위한 심리 연구나 지식뿐만 아니라, 자체 연구 결과와 언론 보도에 기반을 둔 것이다. 자녀와 가까운 관계를 유지하고 연락을 지속하면서도 대학생 자녀가 성숙하기 위해 적절한 거리를 두는 일이 가장 어렵다.

일찍부터 책임의식을 가르쳐라

자율성 강화가 주제인 학부모 오리엔테이션에서 한 부모는 이번 강의가 대학에 입학하는 아들뿐만 아니라, 아직 집에 있는 아들한테도 도움이 되었다고 말했다. 어린 아들을 위해 미리 준비하는 것이 얼마나 중요한지 깨달은 것이다. 고등학생 자녀를 둔 부모라면 자녀의 독립을 위해 대학생활을 어떻게 준비시켜야 하는지 지금부터 생각해봐야 한다. 빨래 등 간단한 집안일은 스스로 하고, 부모의 도움 없이 등교하는 일은 적은 노력만으로도 충분히 할 수 있다. 집을 떠나기 전에 미리 익혀야 한다. 크게는 돈 관리, 작게는 아주 어려운 숙제나 일을 잘 해내는 능력 등이 포함된다.

이러한 준비를 잘한 부모들은 몇 가지 조언을 한다. 앞에서 살펴봤던 샘의 어머니 샐리는 운동을 통해 아들에게 자립심을 키워주었다. "아이들이 어릴 때부터 독립심을 키워주었어요. 운동을 통해 스스로 장비를 챙기고, 연습 일정을 확인하는 법을 배우게 했죠."

대학 진학 때는 자녀의 생각에 의견을 제시하는 역할에 충실하고, 결정 과정에 도움이 될 만한 관련 정보를 제공한다. 예를 들면, 경제적 지원의 중요성을 가르치는 것이다. 지원 과정을 최대한 스스로 하도록 하고, 정보를 수집하고, 학교에 연락하고, 면접 일정을 잡고, 마감일 체크리스트를 작성하게 한다. 이 모든 것을 통해 자녀는 지원 과정에 대해 책임의식을 갖고, 직접 시간과 노력을 투자해서 대학생활을 하게 된다. 관심 있는 대학을 함께 방문할 수는 있지만, 둘러본 후 다시 차로 왔을 때는 자녀가 먼저 말할 때까지 부모의 의견은 접어두는 것이 좋다. 자녀가 어떤 대학에 지원하는지 다른 부모가 물어보거나 입시관리처장과 대화를 할 때, '우리'라는 표현을 하지 말아야 한다. '우리'라는 표현은 그 어떤 단어보다도 부적절할 수 있다.

대학에 지원할 때 샘은 교수들과 친밀한 관계를 형성할 수 있는 작은 대학이 자신에게 잘 맞는다고 생각했다. 운동 팀원으로 선발되면, 이를 통해 또 다른 지원군을 얻을 수도 있었다. 부모와 상의하긴 했지만 자신의 결정이었다. 웨스트코스트에 있는 집과 정 반대 쪽에 있는 대학이 1지망이었다. 그 대학을 방문했을 때 아들이 너무나 열광하는 모습을 보면서 아버지는 그곳이 1지망이 될 것이라고 확신했지만 어머니는 너무 멀다는 점과 아들의 ADHD 증세 때문에 걱정이 많았다. 하지만 근처 도시에 형과 사촌들이 살고 있다는 점이 어머니의 불안감을 떨치는 데 도움이 되었다.

대학 입학 전 얼마나 자주 연락할지 결정하라

자녀가 대학에 입학하기 전에, 얼마나 자주 연락하면 좋을지 자녀에게 의견을 구한다. 다음에는 최대한 부모의 통제를 줄이고, 공통점을 찾으려고 노력하라. 자녀가 이미 대학에 진학했고 아직 그러한 대화를 나누지 못했다면 지금이라도 시도하라. 놀라운 사실을 발견할지도 모른다. 본인의 의사소통 패턴을 솔직하게 얘기해야 한다. 이러한 대화는 십 대 자녀와 성숙한 관계를 형성하기 위한 바람직한 준비 단계다. 자녀에게 독립심을 키우려면 다른 학생들처럼 매일 통화할 필요가 없다고 확인시켜 주는 것도 한 방법이다. 첫 학기가 끝난 후에는 그러한 방법이 자녀와 부모에게 모두 효과적이었는지 의견을 나누는 것이 좋다.

정기적인 대화 시간을 정하라

휴대전화의 높은 접근성 덕분에 즉흥적인 대화를 즐길 수 있다. "지금 막 연습 끝났는데 코치님이 토요일부터 경기에 나가라고 하세요!" 자녀의 삶을 볼 수 있는 전화를 통해서 즐거움을 발견할 수 있다. 그러한 순간을 함께 나누는 것을 싫어할 사람이 어딨겠는가?

하지만 좀 더 긴 통화를 할 수 있는 여건이 되고, 자녀가 자세한 얘기를 나누기를 원하고, 부모도 가족의 소식을 전하기를 바란다면, 부모와 자녀 모두가 그동안 못한 얘기를 할 수 있는 적합한 시간대를 찾아야 한다. 그러나 '정기적' 연락과 '즉흥적' 연락의 중간에서 언제 전화를 걸지 주의해야 한다.

한 어머니가 딸에게 전화를 했는데, 딸이 전화를 받고 당황한 적이 있었다. 딸은 뭔가 문제가 있어 금요일 밤에 집에서 전화가 온다고 생각했기 때문에 즉시 전화를 받았다. 하지만 어머니가 그냥 수다를 떨려고 전화를 했고, 딸은 그 사실을 믿을 수 없었다. 그래서 빨리 전화를 끊고 싶었다. 어머니는 즉흥적인 연락도 너무 지나치면 문제가 된다는 것을 어렵게 배웠다.

샘의 어머니는 샘과 형이 대학에 입학할 때 독립할 준비가 되었다고 말했다. "아이들은 '엄마도 엄마의 인생을 사세요!' 라고 말해요. 내가 이메일로 너무 많은 질문을 하면 아예 답장을 하지 않거나 준비가 될 때 대답하죠." 샘의 어머니는 아이들이 보고 싶지만 각자 독립해서 스스로 삶을 꾸려야 한다는 것을 잘 알고 있었다.

조심스럽고 신중하게 접근하라

대학생활의 첫 몇 개월은 불안하고, 변화가 많으며, 설렘으로 가득하다. 특히 이 시기에는 정서적인 신호에 관심을 가져야 한다. 하지만 이 시기부터 일정한 패턴이 형성되기 때문에 지나치게 감시해서는 안 된다. 자녀의 설렘과 기쁜 일, 슬픈 일을 함께 나누는 것을 즐기되, 매일 전화하라고 요구하거나 그러한 기대가 있다는 뜻을 비쳐서는 안 된다. 예를 들면, "어제는 연락이 없었는데, 무슨 일 있었니?"라는 말은 삼가야 한다.

비상연락처로 룸메이트의 휴대전화 번호를 알아두는 것도 좋다. 언제 비상연락처를 사용할지도 미리 정해야 한다. 갑자기 여행을 가거나, 가족이 사고를 당하거나, 병에 걸리는 등 연락이 안 되는 특별한 경우만 사용해야 한다. 우리가 인터뷰했던 학생들의 말에 의하면, 이틀 정도 연락이 없더라도 특별히 다른 문제만 없다면 걱정할 필요가 없으므로 안심해도 좋다고 말한다.

누가 먼저 연락을 하는지 유의하라

우리의 연구에 따르면 자신들이 먼저 연락하는 대학생들은 부모와의 관계를 중요하게 여겼다. 자신이 언제 연락할지를 선택하는 것은 자녀가 올바른 방식으로 독립심을 키우는 데 중요한 요소다. 반대로, 부모가 먼저 전화한다고 응답한 학생들은 부모와의 관계에 대한 만족도가 낮은 것으로 나타났다.

그렇다고 부모에게 전화하지 말라는 것은 아니다. 대부분 전화를 먼저 걸지 않도록 주의하고, 자녀가 먼저 전화를 거는 것이 좋다. 균형을 잡도록 노력하라. 자녀에게 연락하고 싶다는 충동이 들면, 그 연락이 누구의 욕구를 충족시키는지 생각하라. 주로 여러분의 욕구라면 기다리고, 자녀가 먼저 연락하도록 기회를 줘야 한다. 자녀가 부모가 먼저 전화하기를 바란다면 스스로 전화할 확률이 낮다. 누가 먼저 전화하는 것이 중요하다.

샘은 대학생활 동안에 부모와 다시 가까워져서 일주일에 두세 번씩 전화했다. "부모에게 연락하고 싶은 상황은 다양해요. 집에 전화를 걸어 '식구들 목소리가 듣고 싶었는데, 모두 어디에 갔어요?'라고 음성 메시지를 남기기도 하죠. 경기에서 이기면 전화를 걸어 학교 홈페이지를 확인해보라고 하기도 합니다." 가끔씩 아들의 경기를 보려고 부모가 멀리에서 찾아오면 샘은 기쁘게 부모를 맞았다.

아버지를 참여시켜라

우리의 연구를 통해 발견한 확실한 사실 중 하나는 많은 학생들, 특히 딸들이 아버지와 더 많은 대화를 원한다는 것이다. 부모가 수화기를 바라보면서 아이들이 전화하기만을 기다리던 시대는 지났고, 휴대전화 덕분에 이제는 일대일로 연락을 주고받기가 쉬워졌다. 그러나 어머니가 주로 전화를 더 많이 받기 때문에 아버지들이 소외감을 느끼기도 한다. 우리는 어머니에게 자녀와 연락할 때 아버지를 참여시키라고 조언한다. 여기서도 마찬가지로 매주 시간을 정해서 전화하면 부모 모두 대화에 쉽게 참여할 수 있다. 그리고 주중에 가끔 일대일로 통화를 주고받으면 된다. 부모가 따로 산다면 각자 직접 참여할 수 있는 방법을 생각해보는 것이 좋다.

우리는 아버지들이 먼저 연락하고 전화를 더 많이 할 뿐만 아니라, 자녀가 대화하고 싶을 때 언제나 대화할 준비가 됐다는 것을 보여주라고 조언한다. 자녀의 전화를 환영한다는 것을 보여주어라. 필요한 경우 전화받기 좋은 시간을 정하는 것도 좋다. 짧게 통화하기 편한 시간을 정하되 가끔 통화할 수 있는 방법도 생각해야 한다. 우리가 실시한 연구와 인터뷰에서 알게 된 것처럼 자녀들은 아버지의 통화를 고맙게 생각할 것이다.

"다음 주말에 너를 만나러 가려고 하는데, 괜찮은지 모르겠다." 이처럼 자녀들이 미리 읽고 생각해야 할 내용이 있으면 이메일이 전화보다 훨씬 유용하다. "공부하러 뉴질랜드에 가면 어떨까 생각 중이예요." 이런 의견을 제시할 때도 좋은 방법이 될 수 있다. 이메일은 집에서 찍은 사진이나, 신문 기사, 친척이 보내준 글 등을 손쉽게 보내는 좋은 도구다. 많은 학생들은 아버지가 이메일을 통해 이러한 방식으로 연락하는 경우가 많다고 응답했다. 특히 공통 관심 분야의 뉴스 기사를 전달해줄 때가 많았다. 학생들은 이러한 작은 관심에 감동을 받는다. 아버지가 자주 전화하지 않아도, 이메일은 아버지가 자녀를 생각하고 있음을 보여주는 좋은 방법이다.

학생들은 가끔 카드나 편지를 받는 것도 좋아한다. 쉽게 전화를 걸 수 있는 요즘 시대에 편지와 카드는 더욱 중요해졌다. 집에서 만든 쿠키와 함께 적절한 시기에 '응원종합 선물세트'를 보내면 언제나 환영받을 것이다. 전화가 훨씬 간단하다고 해서 모든 연락을 휴대전화로 해서는 안 된다.

스스로 삶을 꾸릴 수 있도록 거리를 두고 선을 지켜라

대학생들은 자신의 삶을 위해 인생을 스스로 탐색해야 하는 충분한 정서적 공간이 필요하다. 자녀의 모든 것을 알고 싶고, 고등학생처럼 계속해서 자녀의 일부가 되고 싶다는 생각이 들지도 모른다. 아이들의 삶은 이제 훨씬 흥미로워졌다. 하지만 대학생이 된다는 것은 사생활에 선을 긋는 법을 배운다는 것을 의미한다. 자녀는 여러분과 상의하기 전에 여자친구와의 관계를 좀 더 두고보겠다고 생각할 수도 있다. 마음에 드는 상대가 나타났을 때 부모보다는 새로운 룸메이트와 먼저 상의하는 것은 새로운 친구와 신뢰를 쌓기 위한 바람직한 단계다. 모든 것을 부모와 먼저 상의하는 학생들은 여전히 정서적으로 자립하지 못해서 그럴 수도 있다.

대부분의 학생들은 대화하고 싶은 내용과 그렇지 않은 내용에 대해 아주 분명한 입장을 보인다. 우리의 관찰에 따르면 학생들이 항상 솔직하진 않았지만, 자신의 경계를 지키려고 나름대로 방법을 터득했다. 가장 이상적인 부모는 아이들의 사생활을 존중하되 건강과 안전을 증진시키는 방법으로 아이들이 경계를 설정하도록 돕는 것이다. 음주량을 묻거나 금주하라는 요구는 도움이 되지 않지만, 과음에 대한 연구 결과를 인식하게 하는 것은 도움이 될 수 있다. 대학 입학 전이나 방학 중에 이러한 대화를 직접 나눠보는 것이 가장 좋다.

우리의 연구에 참여한 학생 중 한 명은 어머니를 "수다쟁이 캐시"라고 불렀다. 어머니가 자기와 항상 대화하기를 원한다는 것이다. 여러 학생들은 부모의 질문이 사생활 침해로 느껴진다고 응답했다. 이는 자녀에게 부담을 줄 수 있다. 자녀가 어떻게 지내는지 듣고 싶다는 것을 강조하되, 자녀가 어디까지 얘기할지 스스로 결정하게 해야 한다.

자녀의 영역을 존중하라. 대학생 자녀에게 페이스북으로 '친구 요청'을 먼저 하지 말아라. 페이스북은 아이들의 소셜 네트워크이며 정체성을 실험하는 공간이다. 자신이 원하는 사람을 친구로 초대하도록 스스로 결정하게 하라. 졸업 후 자녀들이 사회생활을 시작하면 소셜 미디어를 통해 부모와 연락하고 싶다고 생각할 수도 있다. 그때가 되면 대부분의 사람들은 소셜 미디어의 공공성을 알게 되고 보이는 것에 대해 더욱 조심하게 된다. 학부모 방문 행사 때 부모가 캠퍼스를 방문하면 가급적 좋은 모습을 보여주어라. 자녀의 새로운 삶에 일부가 되려고 안간힘을 쓰는 부끄러운 부모의 이야기는 이미 대학가에 넘쳐나고 있다.

감정폭발에 대응하는 법을 배우라

대학생이 집에 전화해서 불만을 토로할 때는 도움을 요청하는 것이 아니라 그저 들어줄 사람이 필요하다는 것을 기억해야 한다. 불평할 때마다 위로하거나 개입해야 한다고 생각하지 마라. 자녀의 두려움 "시험공부를 하나도 안 했는데…… 정말 망칠 것 같다.", 짜증 "룸메이트가 너무 더러워서 절대 친구가 될 수 없다.", 또는 불만 "식당 운영 시간이 너무 이상하다." 등에 함께 휩쓸리기 쉽다. 대학생활은 적응이 필요한 시기이며, 자녀의 성장 과정의 일부라는 것을 기억하라. 자녀는 스스로 문제를 해결하는 법을 배워야 한다. 뒤로 물러서서 크게 숨을 들이키고 자녀의 말을 들어라. 성급하게 달려들어 문제를 해결하려는 태도는 좋지 않다.

물론 항상 쉬운 것은 아니다. 감정에 휩싸인 자녀의 전화를 받는 일이 부모에게는 견디기 힘들 수 있다. 오리엔테이션에 참가한 한 부모는 자녀의 전화를 받으면 필요 이상으로 화를 낸다는 사실을 한참이 지나서야 깨달았다고 한다. 시간이 지나면서 그 부모는 자녀가 도움을 요청하는 것이 아니라 단지 감정을 쏟기 위해 전화한다는 것을 깨달았다. 한 번 쏟아내고 나면 나중에는 기분이 나아진다. 하지만 그러한 격정적인 대화를 나누고 난 후, 부모는 불안감을 느끼고 분노하고, 폭발할 듯한 자녀의 기분을 그대로 흡수해서 걱정으로 승화시킨다.

자녀를 배려해 나중에 다시 전화를 해보면 아이는 무슨 말을 했는지 거의 기억하지 못했다. 잠이 오지 않을 정도로 걱정했던 부모는 배신감을 느꼈다. 그래서 급한 일이면 메시지를 남길 것으로 생각하고 낮에 걸려오는 전화는 대부분 받지 않고 나중에 다시 연락했다. 이 전략은 성공적이었다. 이제 부모는 아이의 기분이 진정된 후에 대화를 한다. 이것은 모두를 위하는 길이었다.

어떤 부모는 자녀의 감정을 있는 그대로 받아들이며 좀 더 적극적으로 수용하지만, 이제 막 성인기에 들어서는 자녀들에게는 부모에게 감정을 배출하는 것 외에 다른 방법이 있음을 알려주는 것이 좋다.

물론 듣고 싶지 않은 주제로 대화를 나누기가 좀처럼 쉽지 않다. 샘의 부모는 이렇게 말한다. "부모들은 '안 돼.' 라고 말하기가 어려워요. 예전에는 자녀가 부모에게 큰 영향을 주지 않았지만 이제는 달라졌어요. 부모가 자녀의 삶으로 훨씬 쉽게 빨려들고 있죠. 이런 면에서는 전자 족쇄가 자녀 양육을 더 어렵게 만드는 것 같아요."

경청하는 연습

많은 부모들은 자녀가 어릴 때부터 '자녀가 들을 수 있도록 말하는 방법, 자녀가 말할 수 있도록 듣는 방법'에 대한 강의를 들었다. 직접 얼굴을 맞대고 대화할 기회도 제한되었고, 휴대전화 통화가 대부분이기 때문에 이러한 경청 기술은 대학 시절에 특히 중요하다. 하지만 경청에 대해 다시 교육받는 기회는 많지 않다.

기본적으로 뒤를 돌아보는 법을 배우라고 권하고 싶다. 자녀가 전화를 걸어 아쉬운 듯이 "룸메이트가 나랑 대화를 더 자주 했으면 좋겠어요."라고 말했을 때 부모는 그러한 대화를 진전시킬 수도, 아예 중단시킬 수도 있다. "룸메이트가 너에게 말을 자주 걸었으면 좋겠다는 뜻이니?"라고 되묻는다면 그 내용을 더 자세히 알고 싶다는 표현이다. 이런 대화는 상황을 더욱 진전시키며, 생각을 더 깊게 할 수 있도록 자녀에게 다시 공을 넘기는 것이다. 자녀는 "네, 맞아요. 밤에 돌아오면 룸메이트는 항상 책을 읽어요. 그때 대화를 좀 더 나누고 싶어요."라는 식으로 대답할 것이다.

자녀가 스스로 문제를 해결하기 시작하면서 대화는 점점 진전될 수 있다. "그래 나도 그런 룸메이트가 있었어.", "룸메이트를 바꿔달라고 학과장에게 부탁해봤니?"라고 말하거나, "룸메이트랑 대화하려고 노력해봤니?"라는 질문이 도움이 될 것이다. 해결책에 대한 조언은 되도록 삼가라. 성급하게 조언하지 말고 경청하라. 자녀가 이야기하고, 문제를 파악하고, 자신이 해결하도록 기다려야 한다.

롤플레이 연습

친한 친구에게 "이 일을 계속 해야 할지, 직업을 바꿔야 할지 모르겠어."라고 말한다고 가정하자. 친구가 보일 수 있는 다음 세 가지 대답을 생각해보자.

① 말도 안 돼! 네가 항상 하고 싶었던 일이잖아.

② 일 년 더 해보고 결정해도 늦지 않아.

③ 너에게 맞는 일인지 확신이 없니?

어떤 대답을 듣고 싶은가? 그 이유는? 각각의 대답에 따라 대화는 어떻게 이어질 것으로 예상되는가? 대답에 따라 당신의 기분은 어떨 것 같은가? 당신은 뭐라고 얘기할 것인가?

자녀가 당신에게 전화를 걸어 "수학 전공을 관두고 싶어요. 저는 인류학이 정말 좋아요."라고 말한다고 하자. 당신이 위와 같이 대답한다고 했을 때, 각각의 대답을 듣고 아들이 어떤 기분이 들 것 같은가? 예상되는 결과는 무엇인가?

강압적이지 않은 언어를 사용하라

가정, 학교, 직장에서 사용하는 언어에 따라 자신의 자율성이 존중받고 있거나 그렇지 않다고 느낀다. 부모는 되도록 '해야 한다.' 라는 단어는 사용하지 말아야 한다.

"오늘 밤에 연극 리허설에 가지 말고 공부해야 한다." 또는 "연봉이 높은 전공을 선택해야 한다."라는 말을 들은 자녀는 위축되기 쉽다. 이런 대화는 부모와 자녀 사이를 차단하며 부모의 역할을 믿음직한 지원군이 아닌 경찰로 만들어버린다.

호퍼 박사의 워크숍에 참가한 부모들은 대학 1학년 때 발생하기 쉬운 공통적인 주제를 중심으로 롤플레이를 연습했다. 미리 주의를 받았는데도 자신들이 '해야 한다.'라는 말을 얼마나 많이 쓰는지를 보고 많은 부모들이 크게 놀랐다고 한다.

부모들은 수시로 무언가를 '해야 한다.'라는 말을 듣는 자녀 역할을 하면서 기분이 어땠는지, 어떻게 하면 적극적인 경청으로 더 큰 효과를 얻을 수 있는지 의견을 나누었다. 이러한 방식으로 스스로 훈련하는 일이 쉽지 않지만, 연습할 가치가 있다. 그 효과는 즉시 나타난다. 아래는 연습할 수 있는 몇 가지 시나리오다.

롤플레이 연습

당신이 어떻게 대답할지 고민하게 만드는 수많은 주제 중 하나가 바로 자녀의 전공 변경이다. 몇 가지 주제를 연습해보고, 대화를 단절시키기보다는 진전시키는 대답을 생각해보자.

① 룸메이트랑 관계가 좋지 않다. 어떻게 해야 할지 모르겠다.

② 너무 스트레스가 심하다. 리포트를 세 개나 써야 하고 원정경기도

나가야 한다. 할 일이 너무 많아 과연 다 할 수 있을지 모르겠다. 아카펠라 오디션 본 얘기를 했었나? 이번 주말에는 스키도 타기로 했다.

③ 정말 재미있는 친구를 사귀게 되었다. 이런 친구는 처음이다. 내가 정말 그렇게 생각했는지 다시 생각하게 되었다.

④ 미적분에서 C를 받았다! 수강신청을 철회하고 싶다.

부모와 자녀의 가치관이 대립할 경우

대학은 신념과 가치관을 다시 검토해보고 새롭게 성장하는 시기이며, 스스로 가치관을 확립하는 과정을 겪어야 한다. 일부 가족에게는 이 과정이 혼란스러울 수도 있다.

특히 부모와 자녀의 신념과 가치관이 대립한다면 더욱 그렇다. 자녀가 더는 교회에 가지 않겠다고 말하거나, 논란이 많은 정치 집회에 참석하겠다고 하거나, 성정체성 문제로 얘기를 꺼내는 경우 가장 곤란하다. 그러한 대화는 정말 쉽지 않다.

하지만 문을 열어두고 수용적인 자세로 자녀의 말을 개방적으로 받아들이려고 노력하라. 부모와 대화하기 싫은 주제가 무엇인지 학생들에게 물었을 때, 대부분은 정치와 종교라고 답했다. 이러한 내용이 너무 어려운 주제라면 말을 꺼내지 않는 것도 현명한 선택이다.

독립적인 의사결정을 응원하라

자율성을 위해서는 현명하고 독립적인 의사결정이 필요하다. 타인과 절대 상의하지 말라는 뜻이 아니다. 자녀가 어떠한 결정을 스스로 내릴 수 있는지 파악하고, 스스로 의사결정을 내리는 데 확신을 갖도록 돕는다. 대학에서는 크고 작은 다양한 선택을 해야 한다. 어떤 강의를 들을지, 일찍 일어나 수업을 들을지 잠을 더 잘지, 어떤 동아리에 가입할지, 어떤 파티에 참석할지, 해외 유학을 할지, 가게 되면 어디로 갈지, 무엇을 전공할지 등이다.

자녀가 어떻게 결정하는 게 좋을지 상의를 해오면 부모가 직접 결정을 내리기보다는 바람직한 의사결정 능력을 키워주도록 최선을 다하라. 상담사와 면담한 후 강의를 선택하는 등 자녀가 부모 없이도 결정을 내리기 시작하면, 자녀의 독립심에 박수를 보내라. "영어와 경영학 중에 무엇을 전공할지 모르겠어요. 엄마는 어떻게 생각하세요?"라고 자녀가 물으면 의견을 제시하기 전에 "너는 어떻게 생각하는지 좀 더 자세히 얘기해볼래?"라고 물어보라.

대학에서 제공하는 도움을 적극 이용하라

청소년기나 초기 성인기에 배워야 하는 중요한 것은 언제, 어떻게, 어디서 도움을 요청할지 파악하는 능력이다. 자신이 원하는

 대학은 학생들의 학업이나 발달 관련 요구를 충족시키려고 다양한 서비스를 제공하고 있다. 교수나 조교의 업무 시간을 공지하거나 즉석에서 도움을 제공하는 것도 그러한 서비스의 일환이다. 하지만 놀랄 정도로 적은 수의 학생들만이 이러한 도움을 활용하고 있다. 수업 시간에 다룬 내용을 질문하거나 강사의 도움을 받거나 보고서 주제를 상의하는 것도 학생이 강사와 친해질 수 있는 방법이다.

《**Making the Most of College** 알찬 대학생활 만들기》의 저자 리처드 라이트 하버드대 교수는 학생들에게 매 학기마다 적어도 한 명의 교수와 친해지는 것을 목표로 삼으라고 제안한다. 이것은 명령이 아닌 조언으로 자녀에게 권해볼 만한 좋은 방법이다.

그 밖에 도움을 얻을 수 있는 곳이 많다. 리포트를 작성할 때는 대학에서 '합법적인 도움'으로 규정하는 곳을 알아두고 필요할 때 이들을 활용하는 방법을 배워야 한다. 해당 과목이나 학과를 담당하는 강사나 조교가 있을 때는 강의계획서에 정보를 명시하기도 한다. 일부 학교는 교내 작문센터를 운영하고 있으며, 작문 강사들과 시간 약속을 잡거나 근무 시간에 찾아가 도움을 받을 수 있다. 자녀가 부모에게 첨삭이나 수정을 해달라고 전화하거나 이메일을 보내는 경우, 이러한 대안을 권하는 것도 좋은 방법이다.

대학 홈페이지는 수많은 정보가 있으며, 자녀들은 여기에서도 도움을 얻을 수도 있다. 물론 부모도 직접 그러한 정보를 파악하고 준비할 수 있다. 자녀가 룸메이트 문제를 해결할 방법을 모르거나 우울증을 겪는 친구를 어떻게 도와야 할지 몰라 부모에게 정서적 도움을 요청할 때 특히 유용하다. 자녀에게 기숙사 담당 교직원을 찾아가도록 권한다. 대부분 그러한 대화를 할 수 있는 비슷한 또래 학생이나 학생처, 상담 서비스 등을 활용할 수 있다.

내적 기준을 수립하게 하라

부모는 자녀가 인정에 기대지 않고, 최대한 일찍 내적 기준과 자아 존중감을 키우도록 도와야 한다. 스스로 할 수 있는 일을 배운다면 자신감과 능력을 키울 수 있을 것이다. 다른 사람에게 모든 성적을 보고할 필요가 없게 되면 결과에 대해 책임을 지게 된다.

미들베리대학과 미시간대학의 약 1,000여 명의 학생들을 대상으로 실시한 조사에 따르면, 58퍼센트는 부모가 가끔 학점을 궁금해한다고 응답했으며, 이들 중 절반은 종종 그런다고 말했다. 만약 당신이 그러한 부모라면 왜 그러는지 이유를 곰곰이 생각해보라. 예전부터 계속된 습관은 아닐까? 무엇보다 중요한 것은 무엇을 위해 학점을 알려는 것인지, 그로 인해 어떤 영향이 미칠지 예상해야 한다.

연구를 통해 우리는 학생들의 50퍼센트가 학점에 대해 부모로부터 보상받는다는 것을 알게 되었다. 나이를 불문하고 이것은 바람직한 방법이 아니다. 내적 동기를 억제할 수 있기 때문이다. 특히 학점에 대해 책임지며, 자신이 한 일에 자부심을 갖고, 실수를 통해 배워야 하는 대학생 때는 더욱 치명적이다. 학생들이 과정보다 결과를 중시한다면 부정행위를 서슴지 않게 할 수도 있다.

자신의 학점을 부모에게 말했을 때 어떻게 반응할지 생각해보라. 자녀가 전화를 걸어 "엄마! 저 유럽 역사 시험에서 A를 받았어요!"라고 말한다고 생각해보자. 대부분 "네가 해낼 줄 알았다. 정말 잘했어. 너무 뿌듯하다."라는 식으로 반응한다.

성공을 인정하는 이러한 대화는 과연 어떤 결과를 가져올까? 스스로 성취하려고 학점에 쏟아 부은 노력과 습득한 지식에 대한 피드백이라고 생각하지 않는다. 오히려 부모를 만족시키려고 더 많은 것을 이루려는 욕구가 생기게 된다. 가장 바람직한 것은 내적인 동기가 생겨 배우고 싶다는 열망을 갖게 되고, 그 내용을 완전히 익히겠다는 목표를 향해 계속 노력하는 것이다.

반대로 다음과 같은 반응을 생각해보라. "대단하다. 기분이 어떠니?" 이러한 반응은 대화를 진전시키며 "정말 좋아요! 이번에 정말 열심히 공부했거든요. 어젯밤에는 복습 강의도 듣고 친구들과 스터디도 했어요. 정말 도움이 된 것 같아요."라는 대화로 이어질 것이다. "A라니! 정말 열심히 공부했구나!"라는 반응도 마찬가지다.

심리학자 캐롤 드웩은 후자의 반응은 학생이 공부를 열심히 하도록 동기를 부여하는 반면, '능력에 대한 피드백^{너는 정말 똑똑해!}'은 학생이 그러한 이미지를 유지하려고 하고 지적인 위험 감수는 회피하게 만든다고 보고했다.

건강한 상호관계

자녀가 당신을 부모가 아닌 한 인간으로 바라보도록 하는 것은 자녀의 자율성을 키우는 데 필요한 심리적 단계 중 하나다. 전문가들은 이러한 인식이 일반적으로 다른 단계보다 후기에 나타난다는 것을 발견했으며, 우리의 연구 결과에서는 대학 첫 학기에 그러한 변화가 관찰되었다. 부모와 대학생 자녀 사이에 이루어지는 모든 대화의 장점 중 하나가 바로 이러한 인식을 얻는 데 도움을 준다.

부모가 자신의 일을 이야기하거나 현재 겪고 있는 상황에 대해 의견을 구한다면, 일방적으로 대학생활을 보고받는 것보다 훨씬 더 긴밀하고 상호적인 관계가 형성된다. 자녀는 부모도 자신의 삶이 있음을 깨닫기 시작한다. 이것은 부모와 자녀가 인간 대 인간으로서 관계를 형성할 뿐 아니라 자녀의 자율성을 키우는 데에도 큰 도움이 된다.

도움이 되는 개입, 방해가 되는 개입

자녀의 자율성을 키우도록 도와주는 것과 자녀가 같이 살진 않지만 여전히 도움을 주거나 필요한 존재가 되고 싶다는 부모의 바람이 갈등을 빚기도 한다. 스스로 많은 것을 해보는 것이 아이에게 가장 큰 도움이 된다는 것을 기억하라.

자녀가 혼자 할 수 있는 일을 부모에게 해달라고 부탁할 때는 신중하게 생각하라. 직접 도와주기보다는 자녀가 방법을 깨달을 수 있도록 돕는 것이 좋다. 때로는 자녀가 직접 도와달라고 부탁할지도 모르지만, 부모가 자신들의 얘기를 기꺼이 들어주기 때문에 투정을 부리는 것일 수도 있다. 자녀의 불만을 듣고 부모가 직접 행동을 취해야 한다고 생각해서는 안 된다.

꼭 필요한 경우가 아니라면 바로 수화기를 들고 대학으로 전화하는 일은 삼가는 것이 좋다. 불필요하게 걱정할 필요가 없는 경우가 있고, 부모의 간섭 때문에 대학 관계자가 오히려 학생을 덜 배려할 수도 있다. 연습 시간을 늘려달라고 코치에게 전화하거나, 과제 점수가 낮아 교수에게 전화하거나, 음식이 맛이 없다고 교내 식당 담당자에게 연락하거나, 룸메이트를 바꿔달라고 학과장에게 연락하는 것은 피해야 한다. 건강이나 안전 문제가 있다면 물론 조치를 취해야 한다.

예를 들어, 룸메이트가 단순히 성격이 맞지 않아서가 아니라 실제로 위험한 상황이거나, 자녀가 식이 장애가 있어서 도움을 받아야 한다면 부모가 나서야 한다. 하지만 우선 자녀가 그 문제를 해결하려고 스스로 어떤 노력을 했는지 살펴본 후에 스스로 더 노력할 수 있는 부분이 있는지 확인한다. 부모의 개입은 최후의 수단이다. 순서가 바뀌어서는 안 된다. 대학 총장들은 이것저것 신경 쓸 일이 많은데 사소한 일 때문에 "식당 음식이 맛이 없다고 합니다." 부모들의 전화를 수도 없이 받는다면 중요한 업무에 집중하기 어려울 것이다. 그러한 학생의 이름은 기억에 남기 마련이다.

자녀의 직장에도 간섭하지 마라. 회사가 부모들에게 좀 더 개방적이

어야 한다는 주장도 있지만 전체적으로 보면 바람직한 생각은 아니다. 회사는 당신이 아니라 당신의 자녀를 고용한 것이다. 자녀는 동료, 상사와 함께 효과적으로 일하는 방법을 배울 필요가 있다. 자녀의 직장을 찾을 때는 조심해야 한다. 일부 직장에서는 그러한 행동이 비웃음을 살 수도 있으며 자녀가 독립심이 부족한 직원으로 인식될 가능성이 높다.

장기적인 목표를 기억하라

부모라면 당연히 자녀가 만사형통하기를 바란다. 하지만 이 때문에 부모와 자녀가 순간의 목표에 지나치게 집중하기도 한다. 리포트를 고쳐주거나 대신 써준다면 당장은 좋은 점수를 받을 것이다. 그 점수는 전체 성적표에서 중요한 부분을 차지할 것이고 결국 대학원 진학에 중요한 역할을 하게 될 것이다. 물론 맞는 말이다. 하지만 더욱 중요한 장기적 결과를 먼저 신중하게 생각해본다면 그러한 도움이 자녀의 미래에 전혀 도움이 되지 않음을 알 수 있을 것이다.

룸메이트를 바꿔달라고 학과장에게 전화하거나, 수강신청할 과목을 찾아주거나, 자녀가 휴대전화를 걸어 도와달라는 온갖 요청이 모두 해당된다. 자녀가 대학에 다니는 동안 글을 잘 쓰는 능력을 키울 수 있다면 그것이 더 좋지 않을까?

그 과정에서 어떤 사람이 길러지는지 기억해야 한다. 자녀가 어떤 사람이 됐으면 좋겠는가? 직장, 미래의 배우자, 친구, 동료

 자녀의 대학 시절, 그리고 그 이후에도 친밀한 관계를 유지하면서 자녀의 독립을 돕는 것은 자녀의 성인기 이행을 돕는 긴 여정에서 필요한 능력 중 하나다.

이 책에서 다룬 내용을 가지고 배우자나 다른 학부모, 자녀와 함께 대화를 나눠보길 바란다. 통신기술의 발달로 자녀를 돕고 싶은 부모의 의도가 미묘하게 변했을 수도 있다. 또한 시대가 변하면서 새롭게 바뀐 이러한 표준들이 건강한 양육에 바람직하지 않다고 판단되면 어떻게 바꾸는 게 좋을지 함께 대화를 나눠보길 바란다. 남들도 똑같이 하니까 문제 없을 거라고 생각한다면 십 대 자녀뿐만 아니라 부모도 잘못 생각하고 있는 것이다.

최근 관찰되는 지나치게 잦은 의사소통은 바로 그러한 사고방식에서 벗어나는 것이다. 연락 횟수를 줄이도록 노력하자고 동료 학부모들과 약속할 수도 있다. 횟수는 적지만 더 깊은 대화를 통해 자녀는 친구, 교수, 상담사, 그리고 그 밖의 다른 사람들과도 발전된 관계를 맺을 수 있을 것이다. 지금까지 살펴본 첫처럼 이 시기는 부모에게도 가장 행복한 시간이 될 수 있다. 이 책이 부모와 자녀 모두에게 큰 도움이 되기를 바란다.

스마트한 시대, 불안한 양육의 미래!

아이를 망치는 부모

초판 1쇄 인쇄 2011년 12월 10일
초판 1쇄 발행 2011년 12월 15일

지은이 | 바바라 호퍼, 애비게일 설리반 무어
옮긴이 | 이혜상

펴낸이 | 김경수
기획, 책임 총괄 | 박향미
책임 기획 | B LAB
편집 | 배은경
마케팅 | 김형열

제작 | 팩컴 AAP(주)
펴낸곳 | 팩컴북스
출판등록 | 2008년 5월 19일 제 381-2005-000074호
주소 | 463-867 경기도 성남시 분당구 정자동 159-4 젤존타워 2차 8층
전화 | 031-726-3666
팩스 | 031-711-3653
이메일 | pacombooks@hanmail.net
값 | 13,800원

ISBN 978-89-97032-04-4 13590